U0218688

国外优秀数学教材系列

那些年你没学明白的数学

——攻读研究生必知必会的数学

[美] 托马斯·A. 加里蒂（Thomas A. Garrity）著
赵 文 李 娜 房永强 译

机 械 工 业 出 版 社

本书是为准备攻读硕士研究生的同学准备的数学入门读物。本书用通俗的语言和非严谨的介绍给出了多个数学分支的概貌。这些数学分支包括线性代数、实分析、向量值函数的微积分、点集拓扑、经典 Stokes 定理、微分形式和 Stokes 定理、曲线和曲面的曲率、几何学、复分析、可数性和选择公理、代数、勒贝格积分、傅里叶分析、微分方程、组合学和概率论、算法。

本书适合攻读电子类、信息类、材料类、生物类、化工类、机械类等工程类专业研究生的读者阅读。本书也可作为一学期课程的教材使用。

前　言

数学是令人振奋的。我们生活在数学史上最伟大的时代。在20世纪30年代，有些人担心20世纪早期的数学越来越抽象，这可能会导致数学家们从事没有成果的愚蠢智力练习，也可能会导致数学分裂成完全不同的分支，就如同自然哲学被分成了物理学、化学、生物学和地质学那样。但是事实却恰恰相反。从第二次世界大战开始，人们越来越清楚地意识到数学有着统一的规律。曾经被分开的领域现在互相支撑着彼此。学习和研究数学值得倾注一生。

数学是复杂的。很不幸的是，人们并没有那么擅长数学。尽管学习数学可以说是一种享受，但是它仍然需要勤奋及自律。我几乎不认识把数学看作一门简单学科的数学家。事实上，大多数情况下，在几杯啤酒下肚后，他们会承认自己在数学上的愚钝。这也是一名即将攻读研究生的学生所必须面对的障碍，即怎样解决数学的深刻性与我们浅薄的数学知识间鲜明的反差。研究生院的学生流失率如此之高的部分原因也在于此。就算在最好的学校里有最高的留存率，通常也只有一半的人最终能获得博士学位。甚至在排名前二十的学校里，有时也会有80%的研究生不能毕业，尽管这些研究生比起一般人来说更加擅长于数学。很多人认为数学是一个能使他们发光发热的领域。可是突然在研究生院里他们被同样甚至更优秀（或者看起来更优秀）的人所包围。更糟的是，数学本身还是一种精英教育。学校不会为了使初学者感觉良好而背离自己的教育方式（这不是学校的工作，其工作是探索数学领域）。事实上，有更简单的谋生方式（尽管对于数学家来说可能不太令人满意）。所以“你必须被逼着成为一个数学家”这句话是有道理的。

尽管如此，数学还是令人兴奋的。挫折应该能够被学习和最终开拓（或发现）崭新数学领域的兴奋感而战胜。归根结底，成为一名数学研究者是进入研究生院学习的主要目标。和其他创作相同，数学的研究也会造成情绪的起伏。只有从事规律和乏味的工作才不会有情绪上的高峰和低谷。研究生面对的一部分困难就是学着怎样去处理他们情绪的低谷期。

本书的目标。本书的目标之一是至少给出有关主题的粗略介绍，这些主题是顶尖研究生都应该知道的。很不幸的是，对于研究生和研究工作来说，因为所需的知识要比在大学短短四年时间所学到的知识多得多，所以几乎没有新生能完全理解这些主题，不过还好，所有人都至少知道这些主题中的一部分。不同的人了解的主题不同，这也有力地表明了与他人合作的好处。

本书还有另外一个目标。许多非数学工作者突然发现他们需要知道一些严密的数学知识。阅读教材对于他们来说十分困难。本书的每一章都会提供一些有关他们感兴趣的主题的提纲。

为了能找出一些数学领域的暗示，面对一个新定义时，读者应该尽力找出一个简单的例子和一个简单的反例。顺便说一下，反例就是一个几乎满足但不完全满足定义的例子。但是，除了找出这些例子之外，读者还应该考虑基础定义被给出的原因。这使得如何研究数学被分裂成了两种思潮。一种是从合理的但不单纯的定义开始，然后证明关于这些定义的定理。通常定理的叙述都是很复杂的，包含很多不同的情形和条件，并且证明也相当复杂，需要很多特定的技巧。

另一种，也是在20世纪中期用得很多的一种方法，即花费大量时间研究基础定义，目的是使定理被更清晰地陈述，并且有直截了当的证明。在这种思潮下，每当在证明中用到一个技巧的时候，就意味着要进行更多的工作。这也意味着定义本身需要得到理解，即使仅仅是在解决为什么要提出此定义的水平上。但是通过这种方式，定理能够被清晰地陈述和证明。

在这种方法中，例子成了关键。对于一些基本例子，大家已经熟知了它们的性质。这些例子会使抽象的定义和定理形象化。事实上，这些定义的产生是为了给出相应的定理，以及与之相关的例子，这也是我们所期待的答案。只有那样，定理才能被应用到新的例子和那些我们不了解的情形中。

例如，导数的正确概念是切线的斜率，这是比较复杂的。但是无论选择什么定义，横线的斜率（即一个常函数的导数）必须是零。如果导数的定义不满足横线的斜率是零，那么这个定义一定被认为是错误的，而不是这个直观的例子是错误的。

再如，考虑平面曲线的曲率定义，这个内容将在第7章详述。它的公式有些别扭。但是无论定义是什么，它必须满足直线的曲率是零，还要满足圆上每一点的曲率都相同且半径较小的圆的曲率要比半径较大的圆的曲率大（这反映了一个事实，在地球上保持平衡要比在篮球上更容易）。如果曲率的定义不能做到这点，我们就会拒绝定义，而不是拒绝例子。

因此我们有必要了解一些关键的例子。每当我们试图去解开一个新学科的技术难题时，了解这些例子不但会帮助我们解释为什么定理和定义是这个样子的，而且会帮助我们预测定理应该是什么样子的。

当然这是模糊的预测，并且我们忽略了一个事实，就是初次的证明几乎都是不完美的，其中充满了技巧,因为掩盖了其中的事实。但是在学习基础知识时，我们仍要寻找关键的想法和定理，然后了解它们是怎么塑造定义的。

对过于追求严谨者的警告。本书没有对所有主题都做到严格处理。在风格和严谨性上都有一些经过深思熟虑的松动。我将尽力使关键点被大家所理解，并且以大多数数学家互相交谈的方式来写。本书的严谨程度达不到研究性论文的程度。

任何知识学科中都有三个任务：

1. 提出新想法；
2. 验证新想法；
3. 交流新想法；

很难说在数学（或在其他任何一个领域）中人们如何提出新想法。在数学中最多有一些启发，例如考虑某些事是否是唯一的或者是否是规范的。数学家变得至高无上是在他们验证新想法的时候。我们的标准是必须有严格的证明，除此之外其他都不行。这就是数学文献如此可靠的原因（并不是指不犯错误，而是指其通常不会犯重大错误）。事实上，我只能说如果任何规律都有验证的严格标准，那么这个规律必然是数学中的某部分。当然，一个主修数学的学生在大学前几年的主要任务就是学习什么是严格的证明。

不幸的是，我们在传授数学知识方面做得并不好。每一年都有数亿人学习数学课程。你在街上或在飞机上遇到的人大都已经学习过大学数学了。但是有多少人喜欢数学呢？又有多少人根本没有了解数学真实的部分呢？但本书不是写给飞机上的某些随机人群的，而是写给新入学的研究生以及那些原本很喜欢数学但是却经常因为数学乏味且严密而对它避而远之的人们的。不严谨没有关系，只要在不严谨的时候你能意识到并且清楚地把它标记出来就好。

参考书目的评论。本书中有很多主题。尽管我希望我能完全了解每个主题的文献，但是那是不可能的。参考书目是由同事们的建议、我所教过的书和我使用过的书共同拼凑组成的。我很确信还有许多我所不了解的出色教材。如果你有很喜欢的教材，请发电子邮件到 tgarrity@ williams. edu 告诉我。

创作本书时，Paulo Ney De Souza 和 Jorge-Nuno Silva 正在写《伯克利数学问题》[26]，这是一

本非常出色的题集,其中的问题都是在这几年伯克利数学系的资格考试（通常在研究生的第一年或第二年举行）中出现的。从很多方面上说，他们的书都是对本书的完善，因为他们的作品是在你想要检验自己的计算能力时要看的，而本书则专注于潜在的数学直觉。例如，你想学习复分析，应该首先通过阅读本书的第 9 章来了解复分析的基础知识，然后再选择一本好的复分析教材并且完成书后的大部分习题，再用 De Souza 和 Silva 的书中的问题来对你所掌握的知识进行最终测验。

最后，Mac Lane 所著的《数学，形式和功能》[82] 一书也是非常棒的。它提供了数学中大部分问题的概述。我把此书在这里列出是因为此书没有被很自然地引用。二年级和三年级的研究生应该考虑阅读此书。

致谢。首先，我要感谢 Lori Pedersen 的出色工作，他为本书制作了插图和图表。

在这几年里很多人都给了我们反馈及想法。Nero Budar，Chris French 和 Richard Haynes 是本书原稿早期的一个版本的学生读者。Ed Dunne 给出了很多必要的建议和帮助。在威廉姆斯学院 2000 年的春季学期，Tegan Cheslack-Postava，Ben Cooper 和 Ken Dennision 逐行地检查了此书。其他给出建议的人有 Bill Lenhart，Frank Morgan，Cesar Silva，Colin Adams，Ed Burger，David Barrett，Sergey Fomin，Peter Hinman，Smadar Karni，Dick Canary，Jacek Miekisz，David James 和 Eric Schippers。在完成本书的最后时期，Trevor Arnold，Yann Bernard，Bill Correll，Jr.，Bart Kastermans，Christopher Kennedy，Elizabeth Klodginski，Alex Koronya，Scott Kravitz，Steve Root 和 Craig Westerland 提供了很多帮助。Marissa Barschdorff 排版了本书原稿的一个很早的版本。威廉姆斯学院数学与统计系是创作这本书的一个好地方。我要感谢威廉姆斯学院的所有同事。本书最后的版本是我在密歇根大学进行学术休假时完成的，密歇根大学也是一个非常适合研究数学的地方。我要感谢剑桥大学出版社的编辑 Lauren Cowles，还有剑桥大学出版社的 Caitlin Doggart。Gary Knapp 从始至终都为我提供精神支持并且对原稿的早期版本进行了严密的、详细的阅读。我的妻子 Lori 也给了我很多必要的鼓励并且花费很多时间查找错误。对于以上所有人致以我深深的谢意。

最后，在作品完成之际，Mizner 英年早逝。在他的记忆中我醉心于此书（虽然毫无疑问他不会同意本书主题的选择以及大多数的介绍，他一定会取笑本书缺乏严密性）。

关于数学的结构

如果你看现代期刊中的文章，就会发现文章主题的范围非常大。我们应该怎样着手理解所有这些主题呢？事实上，这个问题确实存在。人们不能清晰地从一个研究领域转换到另一个。不过也并不是所有的转换都是混乱的。在数学上，我们至少有两种方式处理某种类型的结构。

等价问题

数学需要知道何种情况下事物相同或等价。所谓相同是指把一个数学分支同另一个区分开来的东西。例如，拓扑学会考虑两种几何体（数学上称为两种拓扑空间）是相同的，如果其中一个能够通过扭转、弯曲但不通过切开而变成另一个。因此从拓扑学的角度来看，我们有

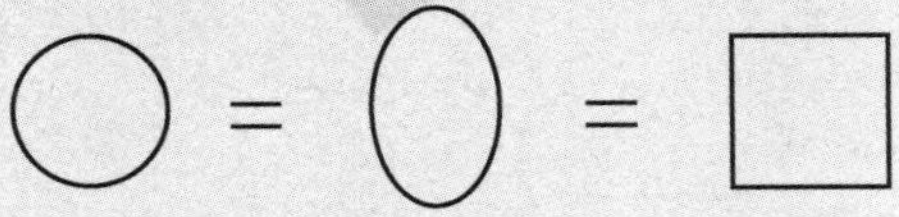

对于微分拓扑学，如果一个几何体能够被平滑地弯曲和扭转成另一个，则两个几何体是相同的。平滑的意思是不能包括锐利的边缘。那么

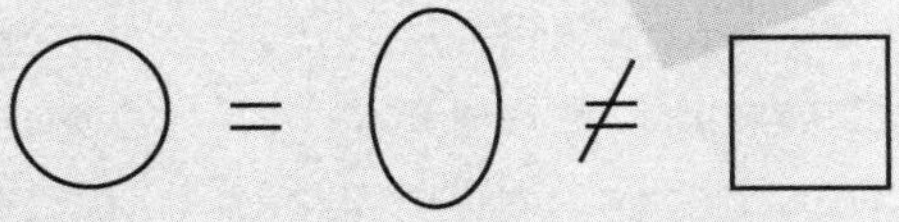

正因为正方形有四个角，它与圆不等价。

对于微分几何，等价的概念要更加严格。在这里两个几何体相同不仅要求一个能够被平滑地弯曲和扭转成另一个，而且还要求曲率一致。因此在微分几何中，圆不再等同于椭圆

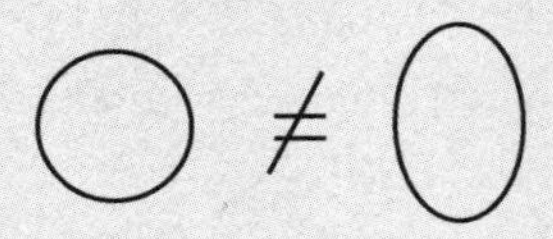

作为在数学中处理结构的第一种方法，我们可以把数学的一个领域看成是由确定对象组成的，与这些对象之间等价的定义联系起来。我们可以通过给出的映射或者函数来解释对象之间的等价性。

在大多数章节的开头,我们会列出这些对象和主题中关键的对象之间的映射。通过给出的映射，等价问题就是决定两个对象何时相同的问题。

如果等价问题很易于处理某组对象，那么相应的数学分支就不再起作用。如果等价问题解决起来太难，并且没有解决问题的已知方法，那么相应的数学分支也将不再起作用，这当然是由相反的原因造成的。数学的热门领域正是那些在等价问题上有着大部分却不全面答案的领域，但是仅通过一部分答案，我们能说明什么?

在这里介绍不变性的概念。我们以一个例子开始。对于圆来说，作为一个拓扑空间，它当然不同于两个圆，(见下图)

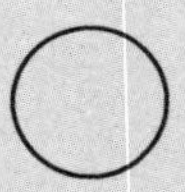 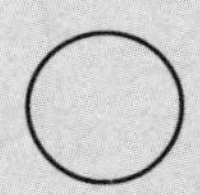

因为一个圆只有一个连通分支，而两个圆有两个连通分支。我们把每个拓扑空间同一个正整数对应起来，这个正整数就是拓扑空间的连通分支数。因此我们有

拓扑空间⟶正整数。

要注意的是，一个空间的连通分支数在拓扑等价性的概念下（在弯曲和扭转下）不可以改变。故而我们说连通分支数是一个拓扑空间的不变量。因此，如果两个空间对应不同的数字，那就意味着它们有不同的连通分支数，那么这两个空间在拓扑学上就不等价。

当然，两个空间即使有相同的连通分支数但仍然可能是不同的。例如，圆和球都只有一个连通分支，但是它们是不同的。这可以通过观察每个空间的维数来区分，空间的维数也是一个拓扑不变量。拓扑学的目标是找出足够多的不变量来保证总是能够判定两个空间是相同的还是不同的。这个工作还没有完成。(见下图)

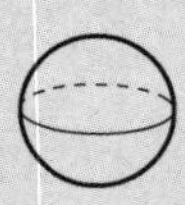

大多数的代数拓扑不是把每个空间映射成不变的数字，而是映射成其他类型的代数对象，例如群和

环。类似的方法会贯穿整个数学。这使得数学的不同分支间有了巨大的相互作用。

函数的研究

这才是我们每天晚上睡觉之前都应该唱的圣歌

函数描述了世界。

看起来完全不同的现实情形可以被相同种类的函数所描述，这在很大程度上使数学有了崇高的地位。例如，想想有多少不同的问题可以被归结为寻找函数的最大值或最小值问题。

数学的不同领域研究不同种类的函数。微积分研究从实数到实数的可微函数，代数研究一次、二次多项式（在中学）和多项式列（在大学)，线性代数研究线性函数或矩阵乘法。

因此在学习数学的一个新的领域时，你总是能够找出这个领域中有趣的函数。所以在大多数章节的开头，我们会列出将被研究的函数。

物理学中的等价问题

物理学是一门实验科学，因此物理学中的问题必须由实验解答。但是实验是用来做观测的，它通常是由一些可计算的量来描述，如速度、质量或者电荷。因此，物理实验通常由实验室读取的数据来描述。更简单地说，物理学最终是

盒子中的数据。

在这里，盒子是指用来进行测量的不同种类的实验室设备。但是不同的盒子（不同的实验室设置）会产生不同的数据，即使它们物理基础是相同的。这种差异甚至会发生在单位选择这种烦琐问题上。

更深入地，假如你正在设定一个系统的物理状态的模型来作为一个微分方程的解，为了写出微分方程，必须要选定一个坐标系。坐标系所允许的变化由物理学决定。例如，牛顿物理学和狭义相对论不同就是因为各自都有不同的允许坐标变化。

因此在物理学是“盒子中的数据”时，真正的问题归结为何时不同的数据代表着相同的物理规律。这是一个等价问题。数学的重要性由此体现（这部分解释了在物理学中对于高等数学急迫的需要)。物理学家需要找到物理不变量，通常物理学家把这叫作“守恒定律”。例如，在经典物理中，能量守恒也可以被叙述为表示能量的函数是一个不变的函数。

目　录

主题概要

0.1 线性代数

线性代数研究线性变换和向量空间，或者换种说法就是研究矩阵乘法和向量空间 $\mathbf{R}^n$。你应该知道怎样将抽象的向量空间语言和矩阵语言进行互译。尤其是给出向量空间的一个基，你应该知道怎样把任意一个线性变换表示成一个矩阵。进一步来说，给出两个矩阵，你应该知道如何判定这两个矩阵事实上是否代表在不同种选择的基下的相同线性变换。线性代数基本定理即有关给出一个矩阵何时可逆的许多等价描述。你应该完全了解这些定理。你还应该明白在线性代数中很自然地就出现特征向量和特征值。

0.2 实分析

你应该知道并且理解用 ε 和 δ 语言描述的极限、连续、微分和积分基本定义。使用 ε 和 δ 语言更加容易理解函数一致连续的含义。

0.3 向量值函数的微积分

反函数定理是为了表明一个可微函数 f: $\mathbf{R}^n \to \mathbf{R}^m$ 局部可逆当且仅当它的导数的行列式（Jacobi 矩阵）非零。你应该明白向量值函数可微是什么意思，为什么它的导数一定是一个线性映射（因此可以表示成一个矩阵，即 Jacobi 矩阵）及怎样计算 Jacobi 矩阵。另外，你还应该知道隐函数定理，并且明白为什么它与反函数定理密切相关。

0.4 点集拓扑

你应该理解怎样根据开集定义一个拓扑，怎样根据开集表示连续函数的定义。一定要明白 $\mathbf{R}^n$ 上的标准拓扑，至少要到理解 Heine-Borel 定理的水平。最后，你应该知道度量空间是什么并且知道怎样使用度量去定义开集，并由此定义一个拓扑。

0.5 经典 Stokes 定理

你应该了解向量场的积分。特别是你应该知道怎样计算它，并且知道它背后的几何解释。你要理解向量场的旋度和散度、函数的梯度和沿曲线路径积分。然后，你应该知道微积分基本定理的经典扩展，即散度定理和 Stokes 定理。你尤其应该理解为什么会对微积分基本定理做推广。

0.6 微分形式和 Stokes 定理

流形是自然出现的几何体。微分 k-形式是解决流形积分的工具。你应该知道定义流形的不同方式，怎样定义它，并且知道微分 k-形式，怎样取 k-形式的外微分。你也应该能够把 k-形式和外微分的语言翻译成第 5 章中向量场、梯度、旋度和散度的语言。最后，你应该知道 Stokes 定理的描述，在（$k+1$）维流形的边界上，有关于流形中 k-形式外微分的积分，你应该理解为什么在此边界上 k-形式积分的等式是完全定量的。你还需要理解前一章的散度定理和 Stokes 定理为什么是本章 Stokes 定理的特例。

0.7 曲线和曲面的曲率

曲率的所有表现都是试图度量几何对象的切空间方向的变化率。你应该知道怎样计算平面曲线的曲率、空间曲线的曲率和挠率，还有根据 Hesse 矩阵计算空间中曲面的两个主曲率。

0.8 几何学

不同的几何学被建立在不同的公理化系统。给出一条直线 l 和不在 l 上的一点 p，欧式几何认为存在唯一一条过点 p 的直线平行于 l，双曲几何认为可以存在多于一条过点 p 的直线平行于 l，而椭圆几何认为不存在平行于 l 的直线。你应该了解双曲几何、单椭圆几何和双椭圆几何的模型。最后，你还应该理解为什么这些模型的存在表明所有这些几何学都是相互一致的。

0.9 复分析

本章要点就是理解当函数可以被解析时的多种等价描述。这里我们关注函数 $f: U\to\mathbf{C}$，其中 U 是复数域 $\mathbf{C}$ 中的一个开集。你应该知道如果这样一个函数 $f(z)$ 满足下列等价条件中的任意一个，则它是解析的。

a）对于所有的 $z_0\in U$，

$$\lim_{z\to z_0}\frac{f(z)-f(z_0)}{z-z_0}$$

存在。

b）函数 f 的实部和虚部满足柯西-黎曼方程

$$\frac{\partial \mathrm{Re} f}{\partial x}=\frac{\partial \mathrm{Im} f}{\partial y}$$

$$\frac{\partial \mathrm{Re} f}{\partial y}=-\frac{\partial \mathrm{Im} f}{\partial x}$$

c）如果 γ 是 $\mathbf{C}=\mathbf{R}^2$ 中的任一逆时针简单回路，z_0 是 γ 内部的任意复数，则

$$f(z_0)=\frac{1}{2\pi i}\int_\gamma\frac{f(z)}{z-z_0}\mathrm{d}z$$

这是柯西积分公式。

d）对于任意复数 z_0，在 $\mathbf{C}=\mathbf{R}^2$ 中存在 z_0 的一个开邻域，在这个开邻域上

$$f(z)=\sum_{k=0}^{\infty}a_k(z-z_0)^k$$

是一个一致收敛级数。

进一步，如果 f: $U \to \mathbf{C}$ 是解析的且 $f'(z_0) \neq 0$，那么在 z_0 处，函数 f 是保形的（如保角的），它可以看作是从 $\mathbf{R}^2$ 到 $\mathbf{R}^2$ 的映射。

0.10 可数性和选择公理

你应该知道一个集合是可数无限集是什么意思。特别是，你应该了解整数集和有理数集是可数无限集，而实数集是不可数的无限集。你还应该了解选择公理以及其他貌似古怪的等价描述。

0.11 代数

群，抽象代数学习的基本对象，是对几何对称的代数解释。你应该了解群的基础知识（至少到 Sylow 定理的水平，它是理解有限群的重要工具）以及环和域的基础知识。你还应该知道 Galois 理论，它提供了有限群和寻找多项式根之间的联系，因此展示了抽象代数与中学数学的关联。最后，你应该了解表示群论的基础知识，它介绍了怎样把抽象的群与矩阵群联系起来。

0.12 勒贝格积分

你应该了解勒贝格（Lebesgue）测度和积分背后的基本思想，至少要到了解勒贝格控制收敛定理的水平，还要了解零测度集的概念。

0.13 傅里叶分析

你应该了解怎样找到一个周期函数的傅里叶（Fourier）级数，一个函数的傅里叶积分，傅里叶变换以及傅里叶级数怎样与 Hilbert 空间关联起来。进一步，你应该理解怎样使用傅里叶变换去简化微分方程。

0.14 微分方程

物理学、经济学、数学以及其他学科都在试图找出微分方程的解。你应该知道微分方程的目标是找到一个满足含导数方程的未知函数。由于受到的限制比较少，常微分方程总是有解的。而对于偏微分方程的情形，在大多数情况就不是如此简单，甚至通常无法得知解是否存在。你还应该熟悉三种传统的偏微分方程：热传导方程、波动方程和 Laplace 方程。

0.15 组合学和概率论

基本的组合学和基础概率论都可以归结为计数问题。你应该知道

$$\binom{n}{k}=\frac{n!}{k!\,(n-k)!}$$

是从 n 个元素中取出 k 个元素的取法数。$\binom{n}{k}$和多项式的二项式定理间的关系对于很多计算来说非常有用。你应该理解基础概率论。你尤其应该理解样本空间、随机变量（包括它的含义以及它作为一个函数的定义）、期望及方差这些概念。你应该理解为什么计数参数对于计算有限样本空间的概率至关重要。概率和积分计算的联系可以在不同版本的中心极限定理中找到，而你应该了解中心极限定理的思想。

0.16 算法

你应该理解一个算法的复杂性是什么意思，至少要到理解 P = NP 问题的水平。你应该了解基本图论，例如，为什么树是理解很多算法的一种自然结构？数值分析是研究估计数学中计算问题的答案的算法。作为其中一个例子，你应该理解估计多项式根的牛顿法。

第1章 线性代数

基本对象：向量空间
基本映射：线性变换
基本目标：矩阵可逆性的等价

1.1 介绍

尽管有点夸张，但我们仍可以说一个数学问题能够求解仅当它能够被简化成一个线性代数问题。并且线性代数问题可以最终简化成线性方程组的求解，它涉及矩阵的运算。这是贯穿教材，更是贯穿数学领域的。线性代数对于计算来说是至关重要的一个工具（更准确地说，是各种工具的一个集合）。

线性代数的作用不仅仅在于我们能够用它处理矩阵因而解线性方程组。有关这些具体对象的抽象向量空间和线性变换的思想让我们看到了许多看似不同的学科之间共同的概念联系（当然，这是每个优秀抽象概念都具备的）。例如，在某种程度上，线性微分方程解的研究与用三次多项式来建立汽车罩的模型有相同的感觉，因为线性微分方程的解空间和描述车罩的三次多项式空间构成了向量空间。

在第6节我们讨论了线性代数基本定理，我们对于判别何时包含 n 个未知数和 n 个方程的线性方程组有解给出了多种等价方式。这些等价条件中的每一个都很重要。正是它们赋予了线性代数魅力。

1.2 基本向量空间 $\mathbf{R}^n$

典型的向量空间是 $\mathbf{R}^n$，所有的 n 元实数组集如下

$$\{(x_1,\cdots,x_n)\mid x_i\in\mathbf{R}\}。$$

正如我们在下面的部分将会看到的，我们能够把两个 n 元数组相加得到另一个 n 元数组，这使它成为一个向量空间

$$(x_1,\cdots,x_n)+(y_1,\cdots,y_n)=(x_1+y_1,\cdots,x_n+y_n)$$

并且我们能够把每个 n 元数组与一个实数 λ 相乘

$$\lambda(x_1,\cdots,x_n)=(\lambda x_1,\cdots,\lambda x_n)$$

因而得到另一个 n 元数组。当然每一个 n 元数组通常被称为一个向量，而实数 λ 为数量。当 $n=2$ 和 $n=3$ 时，这些就会变成我们中学学过的平面向量和空间向量。

从 $\mathbf{R}^n$ 到 $\mathbf{R}^m$ 的自然映射由矩阵乘法给出。写出一个列向量 $\boldsymbol{x}\in\mathbf{R}^n$

$$\boldsymbol{x}=\begin{pmatrix}x_1\\ \vdots\\ x_n\end{pmatrix}$$

类似地，我们能够写出 $\mathbf{R}^m$ 中的一个向量作为一个 m 元列向量。设 $\boldsymbol{A}$ 是一个 $m\times n$ 矩阵

$$\boldsymbol{A}=\begin{pmatrix}a_{11} & a_{12} & \cdots & a_{1n}\\ \vdots & \vdots & & \vdots\\ a_{m1} & a_{m2} & \cdots & a_{mn}\end{pmatrix}$$

则 $\boldsymbol{Ax}$ 是个 m 元数组

$$\boldsymbol{Ax}=\begin{pmatrix}a_{11} & a_{12} & \cdots & a_{1n}\\ \vdots & \vdots & & \vdots\\ a_{m1} & a_{m2} & \cdots & a_{mn}\end{pmatrix}\begin{pmatrix}x_1\\ \vdots\\ x_n\end{pmatrix}=\begin{pmatrix}a_{11}x_1+\cdots+a_{1n}x_n\\ \vdots \qquad\qquad \vdots\\ a_{m1}x_1+\cdots+a_{mn}x_n\end{pmatrix}$$

对于 $\mathbf{R}^n$ 中的任意两个向量 $\boldsymbol{x}$ 和 $\boldsymbol{y}$，任意两个数量 λ 和 μ，我们有

$$\boldsymbol{A}(\lambda\boldsymbol{x}+\mu\boldsymbol{y})=\lambda\boldsymbol{Ax}+\mu\boldsymbol{Ay}$$

在下一节中我们将会使用矩阵乘法的线性性质来产生向量空间之间的线性变换的定义。

现在把所有这些与线性方程组的解关联起来。假设我们已知 b_1，

…，b_m 和 a_{11}，…，a_{mn}。我们的目标是找到满足下列方程组的 n 个数 x_1，…，x_n：

$$\begin{gathered}a_{11}x_1+\cdots+a_{1n}x_n=b_1\\ \vdots\\ a_{m1}x_1+\cdots+a_{mn}x_n=b_m\end{gathered}$$

线性代数中的计算通常会简化到解线性方程组。当只有几个方程的时候，我们能够手动找出解，但是当方程的数量增加时，计算将迅速地从愉快的代数运算变成符号运算的噩梦。这些可怕的问题不是出现在单个理论中，而是出现在试图去追踪许多个微小的细节中。换句话说，它是一个簿记问题。

写出

$$\boldsymbol{b}=\begin{pmatrix}b_1\\ \vdots\\ b_m\end{pmatrix},\boldsymbol{A}=\begin{pmatrix}a_{11}&a_{12}&\cdots&a_{1n}\\ \vdots&\vdots&&\vdots\\ a_{m1}&a_{m2}&\cdots&a_{mn}\end{pmatrix}$$

并且未知数为

$$\boldsymbol{x}=\begin{pmatrix}x_1\\ \vdots\\ x_n\end{pmatrix}$$

那么我们可以用更简洁的形式重新书写我们的线性方程组

$$\boldsymbol{Ax}=\boldsymbol{b}$$

当 $m>n$ 时（当方程的个数比未知数的个数多时），一般来说我们认为方程组没有解。例如，当 $m=3$ 而 $n=2$ 时，这在几何上对应于平面上的三条直线没有公共交点。当 $m<n$ 时（当未知数的个数比方程的个数多时），一般来说我们认为方程组有很多解。在 $m=2$，$n=3$ 的情况下，这在几何上对应于空间上的两个平面相交于一条直线。线性代数中的大多数工具都是用来解决剩下的 $m=n$ 的情形。

因此我们想找出 $n\times1$ 的列向量 $\boldsymbol{x}$ 来解 $\boldsymbol{Ax}=\boldsymbol{b}$，其中 $\boldsymbol{A}$ 是已知的 $n\times n$ 矩阵，$\boldsymbol{b}$ 是一个已知的 $n\times1$ 列向量。假设方阵 $\boldsymbol{A}$ 有逆矩阵 $\boldsymbol{A}^{-1}$（这意味着 $\boldsymbol{A}^{-1}$ 也是一个 $n\times n$ 矩阵，更重要的是 $\boldsymbol{A}^{-1}\boldsymbol{A}=\boldsymbol{I}$，其中 $\boldsymbol{I}$ 是单位矩阵）。那么我们的解就是

$$\boldsymbol{x}=\boldsymbol{A}^{-1}\boldsymbol{b}$$

因为

$$\boldsymbol{Ax}=\boldsymbol{A}(\boldsymbol{A}^{-1}\boldsymbol{b})=\boldsymbol{Ib}=\boldsymbol{b}$$

因此解线性方程组的问题就变成了什么时候 $n\times n$ 矩阵 $\boldsymbol{A}$ 有逆矩阵。(只要逆矩阵存在，那么就有它的计算方法。)

在第6节陈述的线性代数基本定理在本质上就是何时一个 $n\times n$ 矩阵有逆矩阵的许多等价条件的列表，因此它对于理解什么时候线性方程组有解是十分重要的。

1.3 向量空间和线性变换

研究线性方程组的抽象方法是从向量空间的概念开始的。

定义 1.3.1 一个集合 V 是实数集[⊖] $\mathbf{R}$ 上的一个向量空间，如果存在映射：

1. $\mathbf{R}\times V\to V$，表示为 $a\cdot \boldsymbol{v}$ 或者 $a\boldsymbol{v}$ 对于所有的实数 a 和 V 中的元素 $\boldsymbol{v}$；

2. $V\times V\to V$，表示为 $\boldsymbol{v}+\boldsymbol{w}$ 对于向量空间 V 中的所有元素 $\boldsymbol{v}$ 和 $\boldsymbol{w}$，有下列性质：

a) 存在集合 V 中的元素 $\mathbf{0}$ 使得对于所有的 $\boldsymbol{v}\in V$ 有 $\mathbf{0}+\boldsymbol{v}=\boldsymbol{v}$；

b) 对于所有的 $\boldsymbol{v}\in V$ 存在元素 $(-\boldsymbol{v})\in V$ 且 $\boldsymbol{v}+(-\boldsymbol{v})=0$；

c) 对于所有的 $\boldsymbol{v}$，$\boldsymbol{w}\in V$，有 $\boldsymbol{v}+\boldsymbol{w}=\boldsymbol{w}+\boldsymbol{v}$；

d) 对于所有的 $a\in\mathbf{R}$ 和 $\boldsymbol{v}$，$\boldsymbol{w}\in V$，有 $a(\boldsymbol{v}+\boldsymbol{w})=a\boldsymbol{v}+a\boldsymbol{w}$；

e) 对于所有的 a，$b\in\mathbf{R}$ 和 $\boldsymbol{v}\in V$，有 $a(b\boldsymbol{v})=(ab)\boldsymbol{v}$；

f) 对于所有的 a，$b\in\mathbf{R}$ 和 $\boldsymbol{v}\in V$，有 $(a+b)\boldsymbol{v}=a\boldsymbol{v}+b\boldsymbol{v}$；

g) 对于所有的 $\boldsymbol{v}\in V$，$1\boldsymbol{v}=\boldsymbol{v}$。

为了与常见用法保持一致，向量空间的元素称作向量，$\mathbf{R}$（或者使用的其他域）中的元素称作数量。我们注意到在最后一部分给出的空间 $\mathbf{R}^n$ 显然满足这些条件。

向量空间之间的自然映射就是线性变换。

定义 1.3.2 一个线性变换 $T:V\to W$ 是从向量空间 V 到向量空间 W 的一个函数，使得对于任意实数 a_1，a_2 和 V 中的任意向量 $\boldsymbol{v}_1$，$\boldsymbol{v}_2$，有

$$T(a_1\boldsymbol{v}_1+a_2\boldsymbol{v}_2)=a_1T(\boldsymbol{v}_1)+a_2T(\boldsymbol{v}_2)。$$

从 $\mathbf{R}^n$ 到 $\mathbf{R}^m$ 的矩阵乘法给出了线性变换的一个例子。

⊖ 实数可以被复数代替，在任何领域都可以（在第11章“代数”中将会对其定义）。

定义 1.3.3 向量空间 V 的子集 U 是 V 的一个子空间，如果 U 本身是一个向量空间。

实际上，根据下列命题，检验一个向量空间的一个子集是否是一个子空间通常是很容易的，证明留给读者。

命题 1.3.1 向量空间 V 的子集 U 是 V 的一个子空间，如果它对于加法和数量乘法封闭。

给出一个线性变换 $T:V\to W$，V 和 W 都有自然出现的子空间。

定义 1.3.4 如果 $T:V\to W$ 是一个线性变换，那么 T 的核是

$$\ker(T)=\{\boldsymbol{v}\in V \mid T(\boldsymbol{v})=0\},$$

T 的像是

$$\mathrm{Im}(T)=\{\boldsymbol{w}\in W \mid \text{存在 } \boldsymbol{v}\in V \text{ 使得 } T(\boldsymbol{v})=\boldsymbol{w}\}。$$

核是 V 的一个子空间，因为如果 $\boldsymbol{v}_1$ 和 $\boldsymbol{v}_2$ 是核中的两个向量，a，b 是任意两个实数，那么

$$\begin{aligned}T(a\boldsymbol{v}_1+b\boldsymbol{v}_2)&=aT(\boldsymbol{v}_1)+bT(\boldsymbol{v}_2)\\&=a\cdot\boldsymbol{0}+b\cdot\boldsymbol{0}\\&=\boldsymbol{0}。\end{aligned}$$

同理我们可以证明 T 的像是 W 的一个子空间。

如果曾唯一出现的向量空间是 $\mathbf{R}^n$ 中的列向量，那么这种抽象是愚蠢的。情况并不应该如此。这里我们只看一个例子。设 $C^k[0,1]$ 是定义在单位区间 $[0,1]$ 上的所有实值函数的集合

$$f:[0,1]\to\mathbf{R},$$

f 的 k 阶导数存在且连续。因为这样的任意两个函数的和，任意一个这样的函数与数量的乘积都仍会在 $C^k[0,1]$ 中，所以我们得到一个向量空间。尽管我们在下节中才会正式定义维数，但是我们仍要说 $C^k[0,1]$ 是无限维的（因此绝不是 $\mathbf{R}^n$）。我们可以把导数看作从 $C^k[0,1]$ 到低一阶导数的函数集合 $C^{k-1}[0,1]$ 的线性变换

$$\frac{\mathrm{d}}{\mathrm{d}x}:C^k[0,1]\to C^{k-1}[0,1]。$$

$\dfrac{\mathrm{d}}{\mathrm{d}x}$ 的核由那些 $\dfrac{\mathrm{d}f}{\mathrm{d}x}=0$ 的函数组成，即常函数。

现在考虑微分方程

$$\frac{\mathrm{d}^2f}{\mathrm{d}x^2}+3\frac{\mathrm{d}f}{\mathrm{d}x}+2f=0。$$

设 T 是线性变换

$$T=\frac{\mathrm{d}^2}{\mathrm{d}x^2}+3\frac{\mathrm{d}}{\mathrm{d}x}+2\boldsymbol{I}:C^2[0,1]\to C^0[0,1]。$$

找到原始微分方程的一个解 $f(x)$ 的问题现在变成了找到 T 的核中的一个元素。这表明了一种可能性（这确实是真的），就是线性代数的语言能够被用来理解（线性）微分方程的解。

1.4 基、维数和表示为矩阵的线性变换

我们的目标是定义向量空间的维数。

定义 1.4.1 一组向量 $(\boldsymbol{v}_1,\cdots,\boldsymbol{v}_n)$ 构成向量空间 V 的一个基，如果给出任意的 $\boldsymbol{v}\in V$，存在唯一的系数 a_1，…，$a_n\in\mathbf{R}$，使得 $\boldsymbol{v}=a_1\boldsymbol{v}_1+\cdots+a_n\boldsymbol{v}_n$。

定义 1.4.2 向量空间 V 的维数是它的一个基所含向量的数目，记为 $\dim(V)$。

无论选哪组基，基中元素的个数总是相同的。这件事并不那么显而易见，所以为了使向量空间维数的定义更好地被理解，我们需要下述定理（在此不做证明）。

定理 1.4.1 向量空间 V 的所有基所含向量的数目相等。

对于 $\mathbf{R}^n$，标准基为

$$\{(1,0,\cdots,0),(0,1,\cdots,0),\cdots,(0,\cdots,0,1)\}。$$

因此 $\mathbf{R}^n$ 是 n 维的。当然如果定理不正确，上述维数的定义也将是错误的，并且我们需要另一个定义。这可以作为在介绍中提到的数学定义原则的一个例子。关于维数对具体实例的意义，我们有更直观的理解：直线应该是一维的，平面应该是二维的而空间应该是三维的。之后我们能得到一个严格的定义。如果这个定义对于我们已经理解的三个例子可以给出“正确”答案，某种程度上我们就认为这个定义确实描述了维数的含义。于是我们可以把这个定义应用到我们不能直观理解的例子中。

把基的想法联系起来的是以下定义。

定义 1.4.3 向量空间 V 中的向量 $\boldsymbol{v}_1$，…，$\boldsymbol{v}_n$ 是线性无关的，如果从

$$a_1\boldsymbol{v}_1+\cdots+a_n\boldsymbol{v}_n=\boldsymbol{0}$$

可以推出所有的系数 a_1，…，a_n 必须全为 0。

直观上，如果一组向量都指向不同的方向，则它们是线性无关的。那么基是可以线性表出向量空间的一组线性无关的向量，在这里线性表出的意思是

定义 1.4.4 向量空间 V 可以由一组向量 $\boldsymbol{v}_1$，…，$\boldsymbol{v}_n$ 线性表出，如果对于任意的 $\boldsymbol{v}\in V$，都存在 a_1，…，$a_n\in\mathbf{R}$，使得 $\boldsymbol{v}=a_1\boldsymbol{v}_1+\cdots+a_n\boldsymbol{v}_n$。

现在我们的目标是表明在固定向量空间 V 和 W 的基的情况下，有限维空间中所有的线性变换 $T:V\to W$ 怎样表示为矩阵乘法。

首先固定 V 的一个基 $\{\boldsymbol{v}_1,\cdots,\boldsymbol{v}_n\}$ 和 W 的一个基 $\{\boldsymbol{w}_1,\cdots,\boldsymbol{w}_m\}$。在看线性变换 T 之前，我们需要表明怎样把 n 维空间 V 中的每个元素表示成 $\mathbf{R}^n$ 中的一个列向量，怎样把 m 维空间 W 中的每个元素表示成 $\mathbf{R}^m$ 中的一个列向量。给出 V 中任意向量 $\boldsymbol{v}$，根据基的定义，存在唯一的一组实数 a_1，…，a_n，使得

$$\boldsymbol{v}=a_1\boldsymbol{v}_1+\cdots+a_n\boldsymbol{v}_n。$$

因此，我们把向量 $\boldsymbol{v}$ 表示成列向量

$$\begin{pmatrix}a_1\\ \vdots\\ a_n\end{pmatrix}。$$

类似地，对于 W 中的任意向量 $\boldsymbol{w}$，存在唯一的一组实数 b_1，…，b_m 使得

$$\boldsymbol{w}=b_1\boldsymbol{w}_1+\cdots+b_m\boldsymbol{w}_m。$$

这里我们把 $\boldsymbol{w}$ 表示成列向量

$$\begin{pmatrix}b_1\\ \vdots\\ b_m\end{pmatrix}。$$

注意到我们已经分别在 V 和 W 中的向量与 $\mathbf{R}^n$ 和 $\mathbf{R}^m$ 中的向量间建立了一个对应。更准确地说，我们能够证明 V 同构于 $\mathbf{R}^n$（意味着存在一个从 V 到 $\mathbf{R}^n$ 的一对一的线性变换）并且 W 同构于 $\mathbf{R}^m$，必须强调的是只有在基已经选定的情况下，实际的对应才会存在（这意味着当同构存在时它不是规范的；这个问题很严重，因为在实际中

没有基可以选是很不幸的)。

现在我们想要把线性变换 $T:V\to W$ 表示成一个 $m\times n$ 矩阵 $\boldsymbol{A}$。对于向量空间 V 的每一个基向量 $\boldsymbol{v}_i$，$T(\boldsymbol{v}_i)$将是 W 中的向量。因此存在实数 a_{1i}，…，a_{mi}使得

$$T(\boldsymbol{v}_i)=a_{1i}\boldsymbol{w}_1+\cdots+a_{mi}\boldsymbol{w}_m。$$

我们想要看到线性变换 T 对应一个 $m\times n$ 矩阵

$$\boldsymbol{A}=\begin{pmatrix} a_{11} & a_{12} & \cdots & a_{1n} \\ \vdots & \vdots & & \vdots \\ a_{m1} & a_{m2} & \cdots & a_{mn} \end{pmatrix}。$$

给出 V 中的任意向量 $\boldsymbol{v}$，$\boldsymbol{v}=a_1\boldsymbol{v}_1+\cdots+a_n\boldsymbol{v}_n$，我们有

$$\begin{aligned} T(\boldsymbol{v}) &= T(a_1\boldsymbol{v}_1+\cdots+a_n\boldsymbol{v}_n) \\ &= a_1T(\boldsymbol{v}_1)+\cdots+a_nT(\boldsymbol{v}_n) \\ &= a_1(a_{11}\boldsymbol{w}_1+\cdots+a_{m1}\boldsymbol{w}_m)+\cdots+a_n(a_{1n}\boldsymbol{w}+\cdots+a_{mn}\boldsymbol{w}_m)。\end{aligned}$$

但是当向量空间和不同列空间对应时，它可以被看作矩阵 $\boldsymbol{A}$ 和对应于向量 $\boldsymbol{v}$ 的列向量的乘法

$$\begin{pmatrix} a_{11} & a_{12} & \cdots & a_{1n} \\ \vdots & \vdots & & \vdots \\ a_{m1} & a_{m2} & \cdots & a_{mn} \end{pmatrix}=\begin{pmatrix} a_1 \\ \vdots \\ a_n \end{pmatrix}=\begin{pmatrix} b_1 \\ \vdots \\ b_m \end{pmatrix}。$$

注意，如果 $T:V\to V$ 是从一个向量空间到它自身的线性变换，那么它的对应矩阵是 $n\times n$ 方阵。

给出不同的向量空间 V 和 W 的基，与线性变换 T 相关的矩阵就会变化。于是这里自然出现了一个问题，即如何判定两个矩阵事实上代表着相同的线性变换，只不过是在不同的基下。这将是第 7 节的讨论目标。

1.5 行列式

我们接下来的任务是给出矩阵行列式的定义。事实上，我们将会给出行列式的三个可替换描述。这三个描述是等价的，每一个都有其优点。

我们的第一种方法是定义 1×1 矩阵的行列式，然后递归地定义 $n\times n$ 矩阵的行列式。

因为 1×1 矩阵就是数字，于是下面的定义并不奇怪。

定义 1.5.1 1×1 矩阵 $\boldsymbol{a}$ 的行列式是实值函数

$$\det(\boldsymbol{a})=a。$$

这不是特别重要。

在给出一般的 $n\times n$ 矩阵行列式的定义之前，我们需要给出一些符号。对于一个 $n\times n$ 矩阵

$$\boldsymbol{A}=\begin{pmatrix}a_{11} & a_{12} & \cdots & a_{1n}\\ \vdots & \vdots & & \vdots\\ a_{n1} & a_{n2} & \cdots & a_{nn}\end{pmatrix},$$

用 $\boldsymbol{A}_{ij}$ 表示从 $\boldsymbol{A}$ 中删掉第 i 行和第 j 列后得到的 $(n-1)\times(n-1)$ 矩阵。例如，如果

$$\boldsymbol{A}=\begin{pmatrix}a_{11} & a_{12}\\ a_{21} & a_{22}\end{pmatrix},$$

那么 $\boldsymbol{A}_{12}=(a_{21})$。

类似地，如果

$$\boldsymbol{A}=\begin{pmatrix}2 & 3 & 5\\ 6 & 4 & 9\\ 7 & 1 & 8\end{pmatrix},$$

那么

$$\boldsymbol{A}_{12}=\begin{pmatrix}6 & 9\\ 7 & 8\end{pmatrix}。$$

因为我们已经定义了 1×1 矩阵的行列式，现在我们就根据介绍，假定我们已知任意 $(n-1)\times(n-1)$ 矩阵并且使用它去寻找 $n\times n$ 矩阵的行列式。

定义 1.5.2 设 $\boldsymbol{A}$ 是一个 $n\times n$ 矩阵。那么 $\boldsymbol{A}$ 的行列式为

$$\det(\boldsymbol{A}) = \sum_{k=1}^{n}(-1)^{k+1}a_{1k}\det(\boldsymbol{A}_{1k})。$$

因此对于矩阵

$$\boldsymbol{A}=\begin{pmatrix}a_{11} & a_{12}\\ a_{21} & a_{22}\end{pmatrix},$$

我们有

$$\det(\boldsymbol{A})=a_{11}\det(\boldsymbol{A}_{11})-a_{12}\det(\boldsymbol{A}_{12})=a_{11}a_{22}-a_{12}a_{21},$$

这是我们印象中的行列式。上述 3×3 矩阵的行列式为

$$\det\begin{pmatrix}2 & 3 & 5\\ 6 & 4 & 9\\ 7 & 1 & 8\end{pmatrix}=2\det\begin{pmatrix}4 & 9\\ 1 & 8\end{pmatrix}-3\det\begin{pmatrix}6 & 9\\ 7 & 8\end{pmatrix}+5\det\begin{pmatrix}6 & 4\\ 7 & 1\end{pmatrix}。$$

虽然这个定义的确描述了行列式，但是它掩盖了很多行列式的用途和它背后的直觉。

描述行列式的第二种方式已经被建立到了行列式重要的代数性质中。它突出了行列式的函数性质。

把 $n\times n$ 矩阵 $\boldsymbol{A}$ 记为 $\boldsymbol{A}=(\boldsymbol{A},\cdots,\boldsymbol{A}_n)$，其中 $\boldsymbol{A}_i$ 表示第 i 列

$$\boldsymbol{A}_i=\begin{pmatrix}a_{1i}\\ a_{2i}\\ \vdots\\ a_{ni}\end{pmatrix}。$$

定义 1.5.3 $\boldsymbol{A}$ 的行列式被定义为唯一的实值函数

$$\det:矩阵\to\mathbf{R}。$$

满足

a) $\det(\boldsymbol{A}_1,\cdots,\lambda\boldsymbol{A}_k,\cdots,\boldsymbol{A}_n)=\lambda\det(\boldsymbol{A}_1,\cdots,\boldsymbol{A}_n)$；

b) $\det(\boldsymbol{A}_1,\cdots,\boldsymbol{A}_k+\lambda\boldsymbol{A}_i,\cdots,\boldsymbol{A}_n)=\det(\boldsymbol{A}_1,\cdots,\boldsymbol{A}_n)$，$k\neq i$；

c) $\det(单位矩阵)=1$。

因此，如果把矩阵的每一个列向量看作 $\mathbf{R}^n$ 中的一个向量，行列式则可以看作一种从 $\mathbf{R}^n\times\cdots\times\mathbf{R}^n$ 到实数的特殊函数。

为了能够使用这个定义，我们需要证明这样一个矩阵空间上的函数存在且唯一满足条件 a 到 c。存在性可以通过检验我们对行列式满足这些条件的第一个（归纳的）的定义而得到，尽管检验的计算很烦琐。唯一性的证明可以在大多数的线性代数教材中找到。

行列式的第三个定义是最具有几何意义的但也是最模糊的。我们把一个 $n\times n$ 矩阵 $\boldsymbol{A}$ 考虑成一个从 $\mathbf{R}^n$ 到 $\mathbf{R}^n$ 的线性变换。然后 $\boldsymbol{A}$ 把 $\mathbf{R}^n$ 中的单位立方体映射成某种不同的对象（一个平行体）。根据定义，单位立方体的体积为 1。

定义 1.5.4 矩阵 $\boldsymbol{A}$ 的行列式是单位立方体的像的体积，且带有正负符号。

这个定义并不明确，因为定义像的体积的具体方法并没有给出。

事实上，大多数人会把像的带有正负符号的体积定义为通过前两个定义中的行列式得到的值。尽管会失去大部分的几何意义，但是这仍可以做到严格。

让我们看一些例子：矩阵

$$A=\begin{pmatrix}2&0\\0&1\end{pmatrix}$$

把单位正方形变成

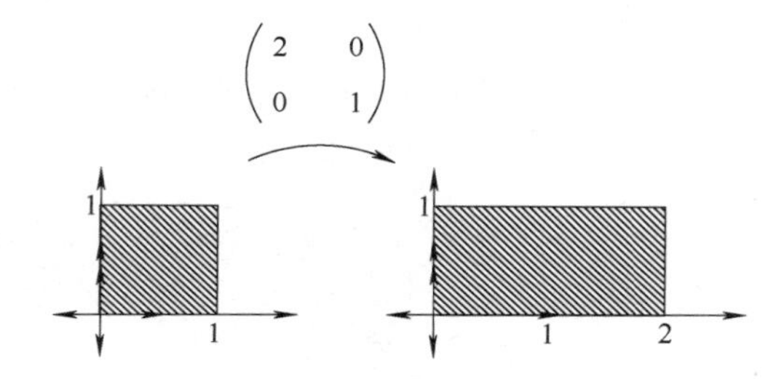

因此区域加倍了，我们可以得到

$$\det(A)=2。$$

体积有正负符号意味着如果单位立方体边的方向改变了，那么我们要在体积的前面加上负号。例如，考虑矩阵

$$A=\begin{pmatrix}-2&0\\0&1\end{pmatrix}。$$

图像为

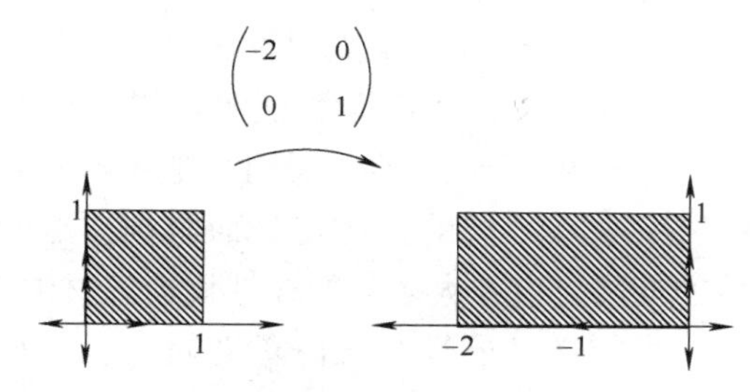

注意到两侧的方向翻转了。因为区域仍然加倍，根据定义得到

$$\det(A)=-2。$$

要严格地定义取向有些棘手（我们会在第6章解决这个问题），但是它的意义很明显。

行列式有很多代数性质。例如，

引理 1.5.1 如果 A 和 B 是 $n\times n$ 矩阵，那么

$$\det(\boldsymbol{AB})=\det(\boldsymbol{A})\det(\boldsymbol{B})。$$

这可以通过一长串的计算或者通过单位立方体体积改变的行列式定义而证明。

1.6 线性代数基本定理

这里介绍线性代数基本定理。(注意:我们还没有定义特征值和特征向量,但是会在第8节介绍。)

定理 1.6.1 (基本定理) 设 $\boldsymbol{A}$ 是一个 $n\times n$ 矩阵。则下列命题是等价的

1. $\boldsymbol{A}$ 是可逆的;
2. $\det(\boldsymbol{A})\neq 0$;
3. $\ker(\boldsymbol{A})=0$;
4. 如果 $\boldsymbol{b}$ 是 $\mathbf{R}^n$ 中的一个列向量,存在 $\mathbf{R}^n$ 中唯一的列向量 $\boldsymbol{x}$ 满足 $\boldsymbol{Ax}=\boldsymbol{b}$;
5. $\boldsymbol{A}$ 的列向量组线性无关;
6. $\boldsymbol{A}$ 的行向量组线性无关;
7. $\boldsymbol{A}$ 的转置 $\boldsymbol{A}^{\mathrm{T}}$ 可逆(这里,如果 $\boldsymbol{A}=(a_{ij})$,那么 $\boldsymbol{A}^{\mathrm{T}}=(a_{ji})$);
8. $\boldsymbol{A}$ 的所有特征值都非零。

我们可以根据线性变换重述这个定理。

定理 1.6.2 (基本定理) 设 $T:V\to V$ 是一个线性变换。则下列命题等价

1. $\boldsymbol{T}$ 是可逆的;
2. $\det(\boldsymbol{T})\neq 0$,其中行列式由 V 上基的一个选择定义;
3. $\ker(\boldsymbol{T})=0$;
4. 如果 $\boldsymbol{b}$ 是 V 中的一个向量,则在 V 中存在唯一的向量 $\boldsymbol{v}$ 满足 $T(\boldsymbol{v})=\boldsymbol{b}$;
5. 对于 V 的任意一个基 $\boldsymbol{v}_1,\cdots,\boldsymbol{v}_n$,像 $T(\boldsymbol{v}_1),\cdots,T(\boldsymbol{v}_n)$ 线性无关;
6. 对于 V 的任意一个基 $\boldsymbol{v}_1,\cdots,\boldsymbol{v}_n$,如果 S 表示 T 的转置线性变换,那么像 $S(\boldsymbol{v}_1),\cdots,S(\boldsymbol{v}_n)$ 线性无关;
7. $\boldsymbol{T}$ 的转置可逆(这里转置由 V 上基的一个选择定义);
8. $\boldsymbol{T}$ 的所有特征值都非零。

为了使这两个定理清晰对应,我们要考虑一个事实,就是我们

只有矩阵的行列式和转置的定义，而没有线性变换的。这里我们不再说明，因为在选定一个基的情况下，这些概念都可以延伸到线性变换上（事实上，这假定我们选择了内积，内积会在第13章傅里叶级数部分定义）。但我们注意到尽管 $\det(\boldsymbol{T})$ 的实际值会依赖于选定的基，条件 $\det(\boldsymbol{T})\neq 0$ 不会。相似的陈述在条件（6）和（7）中仍成立。练习7是对此做证明，在这里你需要去找一本关于线性代数的书并且补充证明。线性代数书上不会把结果陈述在上面。而翻译练习也是做这个练习目的的一部分。

这些等价命题中的每一个都很重要。每一个都可以根据其自身特点来研究。值得注意的是，它们其实是相同的。

1.7 相似矩阵

回想给出 n 维向量空间 V 的一个基，我们能够把线性变换

$$T:V\rightarrow V$$

表示成一个 $n\times n$ 矩阵 $\boldsymbol{A}$。不幸的是，如果我们选择了 V 中一个不同的基，代表线性变换 T 的矩阵就会完全不同于原始矩阵 $\boldsymbol{A}$。本节的目标就是找出一个清晰的标准来判断何时两个矩阵实际上代表在不同种基的选择下是相同的线性变换。

定义 1.7.1 两个 $n\times n$ 矩阵 $\boldsymbol{A}$ 和 $\boldsymbol{B}$ 是相似的，如果存在可逆矩阵 $\boldsymbol{C}$ 使得

$$\boldsymbol{A}=\boldsymbol{C}^{-1}\boldsymbol{B}\boldsymbol{C}。$$

我们希望当两个矩阵表示相同的线性变换时它们恰好相似。选择向量空间 V 的两个基，如 $\{\boldsymbol{v}_1,\cdots,\boldsymbol{v}_n\}$（$\boldsymbol{v}$ 基）和 $\{\boldsymbol{w}_1,\cdots,\boldsymbol{w}_n\}$（$\boldsymbol{w}$ 基）。设 $\boldsymbol{A}$ 为表示对于 $\boldsymbol{v}$ 基的线性变换 T 的矩阵，设 $\boldsymbol{B}$ 为表示对于 $\boldsymbol{w}$ 基的线性变换的矩阵。我们想要构建矩阵 $\boldsymbol{C}$ 使得 $\boldsymbol{A}=\boldsymbol{C}^{-1}\boldsymbol{B}\boldsymbol{C}$。

回想给出的 $\boldsymbol{v}$ 基，我们能够如下把每个向量 $\boldsymbol{z}\in V$ 写成一个 $n\times 1$ 列向量：已知存在唯一的系数 $a_1,\cdots,a_n$ 使得

$$\boldsymbol{z}=a_1\boldsymbol{v}_1+\cdots+a_n\boldsymbol{v}_n。$$

然后关于 $\boldsymbol{v}$ 基，我们把 $\boldsymbol{z}$ 写成列向量

$$\begin{pmatrix} a_1 \\ \vdots \\ a_n \end{pmatrix}。$$

类似地，存在唯一的系数 b_1，…，b_n 使得

$$\boldsymbol{z} = b_1\boldsymbol{w}_1 + \cdots + b_n\boldsymbol{w}_n,$$

这意味着关于 $\boldsymbol{w}$ 基，向量 $\boldsymbol{z}$ 是列向量

$$\begin{pmatrix} b_1 \\ \vdots \\ b_n \end{pmatrix}。$$

所需的矩阵 $\boldsymbol{C}$ 将满足下式

$$\boldsymbol{C}\begin{pmatrix} a_1 \\ \vdots \\ a_n \end{pmatrix} = \begin{pmatrix} b_1 \\ \vdots \\ b_n \end{pmatrix}。$$

如果 $\boldsymbol{C} = (c_{ij})$，那么元素 c_{ij} 恰好是满足

$$\boldsymbol{w}_i = c_{i1}\boldsymbol{v}_1 + \cdots + c_{in}\boldsymbol{v}_n$$

的数。

那么，因为 $\boldsymbol{A}$ 和 $\boldsymbol{B}$ 表示相同的线性变换，我们需要图示

$$\begin{array}{ccc} \mathrm{H}^n & \xrightarrow{\boldsymbol{A}} & \mathrm{H}^n \\ C\downarrow & & \downarrow C \\ \mathrm{H}^n & \boldsymbol{B} & \mathrm{H}^n \end{array}$$

来代换，这意味着 $\boldsymbol{CA} = \boldsymbol{BC}$，或者说

$$\boldsymbol{A} = \boldsymbol{C}^{-1}\boldsymbol{BC}$$

即为所需。

判定何时两个矩阵相似在数学和物理学中都会出现。通常你需要选择某个坐标系（某个基）来写下所有的东西，但是你所感兴趣的基础数学和物理与初始选择无关。关键问题就变成了：当坐标系变化的时候，什么东西被保留了下来？相似矩阵使我们开始理解这些问题。

1.8 特征值和特征向量

在上一节我们看到两个矩阵代表不同种基选择下的相同的线性变换，仅当它们相似的时候。尽管如此，这并没有告诉我们怎样选择向量空间的基以便于线性变换有一个特别得体的矩阵表示。例如，对角矩阵

$$A=\begin{pmatrix}1&0&0\\0&2&0\\0&0&3\end{pmatrix}$$

相似于矩阵

$$B=\frac{1}{4}\begin{pmatrix}1&-4&-5\\1&8&-1\\5&4&15\end{pmatrix},$$

但是比起 $\boldsymbol{B}$，所有人更加认同 $\boldsymbol{A}$ 的简单性。(顺便说一句，$\boldsymbol{A}$ 和 $\boldsymbol{B}$ 相似并不明显。我以 $\boldsymbol{A}$ 开始，选择了一个非奇异矩阵 $\boldsymbol{C}$，然后使用软件包 Mathematica 计算 $\boldsymbol{C}^{-1}\boldsymbol{AC}$，从而得到 $\boldsymbol{B}$。我没有突然说“看到” $\boldsymbol{A}$ 和 $\boldsymbol{B}$ 相似。不，即使我认为它是这样的。)

下列特征值和特征向量的定义是为了给我们选出“好”的基。同时，仍然有很多其他要理解特征值和特征向量的原因。

定义 1.8.1 设 $T:V\to V$ 是一个线性变换。那么一个非零向量 $\boldsymbol{v}\in V$ 将是 T 的属于特征值 λ 的一个特征向量，其中 λ 是一个数量，如果

$$T(\boldsymbol{v})=\lambda\boldsymbol{v}。$$

对于一个 $n\times n$ 矩阵 $\boldsymbol{A}$，一个非零列向量 $\boldsymbol{x}\in\mathbf{R}^n$ 将是属于特征值 λ 的一个特征向量，其中 λ 是一个数量，如果

$$\boldsymbol{Ax}=\lambda\boldsymbol{x}。$$

从几何上来说，如果 T 通过因子 λ 来延伸 $\boldsymbol{v}$，向量 $\boldsymbol{v}$ 是线性变换 T 上属于特征值 λ 的一个特征向量。

例如，

$$\begin{pmatrix}-2&-2\\6&5\end{pmatrix}\begin{pmatrix}1\\-2\end{pmatrix}=2\begin{pmatrix}1\\-2\end{pmatrix},$$

因此对于由 2×2 矩阵 $\begin{pmatrix}-2&-2\\6&5\end{pmatrix}$ 表示的线性变换，2 是一个特征值，是 $\begin{pmatrix}1\\-2\end{pmatrix}$ 的一个特征向量。

幸运的是，有一种简单的方式来描述方阵的特征值，这将使我们看到矩阵的特征值在相似变换下保持不变。

命题 1.8.1 λ 是方阵 $\boldsymbol{A}$ 的一个特征值当且仅当 λ 是多项式 $P(t)=\det(t\boldsymbol{I}-\boldsymbol{A})$ 的一个根。

多项式 $P(t)=\det(t\boldsymbol{I}-\boldsymbol{A})$ 称为矩阵 $\boldsymbol{A}$ 的特征多项式。

证明 设 λ 是 $\boldsymbol{A}$ 的一个特征值，特征向量为 $\boldsymbol{v}$。则 $\boldsymbol{A}\boldsymbol{v}=\lambda\boldsymbol{v}$，或者说

$$\lambda\boldsymbol{v}-\boldsymbol{A}\boldsymbol{v}=\boldsymbol{0},$$

其中等式右边的 $\boldsymbol{0}$ 是零列向量。加入单位矩阵 $\boldsymbol{I}$，我们有

$$\boldsymbol{0}=\lambda\boldsymbol{v}-\boldsymbol{A}\boldsymbol{v}=(\lambda\boldsymbol{I}-\boldsymbol{A})\boldsymbol{v}。$$

因此矩阵 $\lambda\boldsymbol{I}-\boldsymbol{A}$ 有一个非平凡的核 $\boldsymbol{v}$。根据线性代数基本定理，当

$$\det(\lambda\boldsymbol{I}-\boldsymbol{A})=0$$

时这才会发生，这表明 λ 是特征多项式 $P(t)=\det(t\boldsymbol{I}-\boldsymbol{A})$ 的一个根。证毕。

定理 1.8.1 设 $\boldsymbol{A}$ 和 $\boldsymbol{B}$ 是相似矩阵，则 $\boldsymbol{A}$ 的特征多项式等于 $\boldsymbol{B}$ 的特征多项式。

证明 因为 $\boldsymbol{A}$ 和 $\boldsymbol{B}$ 相似，一定存在可逆矩阵 $\boldsymbol{C}$ 使得 $\boldsymbol{A}=\boldsymbol{C}^{-1}\boldsymbol{B}\boldsymbol{C}$。则

$$\begin{aligned}\det(t\boldsymbol{I}-\boldsymbol{A})&=\det(t\boldsymbol{I}-\boldsymbol{C}^{-1}\boldsymbol{B}\boldsymbol{C})\\&=\det(t\boldsymbol{C}^{-1}\boldsymbol{C}-\boldsymbol{C}^{-1}\boldsymbol{B}\boldsymbol{C})\\&=\det(\boldsymbol{C}^{-1})\det(t\boldsymbol{I}-\boldsymbol{B})\det(\boldsymbol{C})\\&=\det(t\boldsymbol{I}-\boldsymbol{B})。\end{aligned}$$

使用 $1=\det(\boldsymbol{C}^{-1}\boldsymbol{C})=\det(\boldsymbol{C}^{-1})\det(\boldsymbol{C})$。

因为相似矩阵的特征多项式是相同的，这就意味着特征值一定相同。

推论 1.8.1.1 相似矩阵的特征值相同。

因此为了看两个矩阵是否相似，人们可以通过计算来看它们的特征值是否相同。如果它们不同，矩阵就不相似。然而，有相同的特征值不能保证矩阵相似。例如，矩阵

$$\boldsymbol{A}=\begin{pmatrix}1&-7\\0&2\end{pmatrix}$$

和

$$\boldsymbol{B}=\begin{pmatrix}1&0\\0&2\end{pmatrix}$$

都有特征值 1 和 2，但是它们不相似。（这可以通过假定存在一个可逆 2×2 矩阵 $\boldsymbol{C}$ 使得 $\boldsymbol{C}^{-1}\boldsymbol{A}\boldsymbol{C}=\boldsymbol{B}$ 而证明，然后证明 $\det(\boldsymbol{C})=0$，与 $\boldsymbol{C}$ 可逆矛盾。）

因为在相似变换下特征多项式 $P(t)$ 不会改变，所以在相似变换下 $P(t)$ 的系数也不会改变。但是因为 $P(t)$ 的系数本身就是矩阵 $\boldsymbol{A}$ 的元的（复杂）多项式，所以我们现在有一些在相似变换下不变的 $\boldsymbol{A}$ 的元的特殊多项式。这些系数我们已经以另一种形式看到过，即 $\boldsymbol{A}$ 的行列式，如下列定理所述。这个定理会把 $\boldsymbol{A}$ 的特征值同 $\boldsymbol{A}$ 的行列式联系起来，这很重要。

定理 1.8.2 设 $\lambda_1,\cdots,\lambda_n$ 是矩阵 $\boldsymbol{A}$ 的特征值，重复的仍然被计数。则

$$\det(\boldsymbol{A})=\lambda_1\cdots\lambda_n。$$

在证明这个定理之前，我们需要讨论重复的特征值仍然被计数的含义。问题在于一个多项式可能有需要计数多于一次的根（例如，多项式 $(x-2)^2$ 有我们想要计两次数的单根 2）。这种情况会在特征多项式中发生。例如，考虑矩阵

$$\begin{pmatrix} 5 & 0 & 0 \\ 0 & 5 & 0 \\ 0 & 0 & 4 \end{pmatrix},$$

它的特征多项式为三次多项式

$$(t-5)(t-5)(t-4)。$$

根据上面的定理，我们会列出特征值为 4，5，5。因此要计特征值 5 两次。

证明 因为特征值 $\lambda_1,\cdots,\lambda_n$ 是特征多项式 $det(t\boldsymbol{I}-\boldsymbol{A})$ 的（复）根，我们有

$$(t-\lambda_1)\cdots(t-\lambda_n)=\det(t\boldsymbol{I}-\boldsymbol{A})。$$

令 $t=0$，我们有

$$(-1)^n\lambda_1\cdots\lambda_n=\det(-\boldsymbol{A})。$$

在矩阵 $-\boldsymbol{A}$ 中，$\boldsymbol{A}$ 的每一列都被（-1）所乘。使用行列式的第二定义，我们能够提出这些 -1，得到

$$(-1)^n\lambda_1\cdots\lambda_n=(-1)^n\det(\boldsymbol{A}),$$

所以结果成立。证毕。

最后我们回到为表示线性变换决定一个“好的”基上。“好”的度量是矩阵接近对角矩阵的程度。我们会把其限制到一个特别但普遍的等级上，即对称矩阵。对称的意思是如果 $\boldsymbol{A}=(a_{ij})$，那么我们要求第 i 行第 j 列的元素（a_{ij}）必须等于第 j 行第 i 列的元素（a_{ji}）。

因此

$$\begin{pmatrix} 5 & 3 & 4 \\ 3 & 5 & 2 \\ 4 & 2 & 4 \end{pmatrix}$$

是对称的，但是

$$\begin{pmatrix} 5 & 2 & 3 \\ 6 & 5 & 3 \\ 2 & 18 & 4 \end{pmatrix}$$

不是对称的。

定理 1.8.3 如果 $\boldsymbol{A}$ 是一个对称矩阵，那么存在一个矩阵 $\boldsymbol{B}$ 相似于矩阵 $\boldsymbol{A}$，矩阵 $\boldsymbol{B}$ 不仅是对角矩阵而且对角线上的元素就是 $\boldsymbol{A}$ 的特征值。

证明 证明基本上只剩下表明 $\boldsymbol{A}$ 的特征值组成了一个基，在这个基里面 $\boldsymbol{A}$ 成了我们想要的对角矩阵。我们假设 $\boldsymbol{A}$ 的特征值不同，因为当有多重特征值时计算很困难。

设 $\boldsymbol{v}_1$，$\boldsymbol{v}_2$，…，$\boldsymbol{v}_n$ 是矩阵 $\boldsymbol{A}$ 的特征向量，对应于特征值 λ_1，λ_2，…，λ_n。组成矩阵

$$\boldsymbol{C} = (\boldsymbol{v}_1, \boldsymbol{v}_2, \cdots, \boldsymbol{v}_n),$$

其中 $\boldsymbol{C}$ 的第 i 列是列向量 $\boldsymbol{v}_i$。我们会证明矩阵 $\boldsymbol{C}^{-1}\boldsymbol{A}\boldsymbol{C}$ 满足我们的定理。因此我们想要证明 $\boldsymbol{C}^{-1}\boldsymbol{A}\boldsymbol{C}$ 等于对角矩阵

$$\boldsymbol{B} = \begin{pmatrix} \lambda_1 & 0 & \cdots & 0 \\ \vdots & \vdots & & \vdots \\ 0 & 0 & \cdots & \lambda_n \end{pmatrix}。$$

记

$$\boldsymbol{e}_1 = \begin{pmatrix} 1 \\ 0 \\ \vdots \\ 0 \end{pmatrix}, \boldsymbol{e}_2 = \begin{pmatrix} 0 \\ 1 \\ \vdots \\ 0 \end{pmatrix}, \cdots, \boldsymbol{e}_n = \begin{pmatrix} 0 \\ 0 \\ \vdots \\ 1 \end{pmatrix}。$$

则对于所有的 i，上述对角矩阵 $\boldsymbol{B}$ 是满足 $\boldsymbol{B}\boldsymbol{e}_i = \lambda_i \boldsymbol{e}_i$ 的唯一的矩阵。我们的选择矩阵 $\boldsymbol{C}$ 现在变得清晰了，因为我们观察到对于所有的 i，$\boldsymbol{C}\boldsymbol{e}_i = \boldsymbol{v}_i$。因此我们有

$$\boldsymbol{C}^{-1}\boldsymbol{A}\boldsymbol{C}\boldsymbol{e}_i = \boldsymbol{C}^{-1}\boldsymbol{A}\boldsymbol{v}_i = \boldsymbol{C}^{-1}(\lambda_i \boldsymbol{v}_i) = \lambda_i \boldsymbol{C}^{-1}\boldsymbol{v}_i = \lambda_i \boldsymbol{e}_i,$$

定理得证。证毕。

至此还没有结束。对于非对称矩阵，还有其他规范的方式来找出“好的”相似矩阵，例如 Jordan 规范型，上三角型和有理标准型。

1.9 对偶向量空间

函数很值得研究。事实上，函数有时好像比它们的领域更基础。在线性代数的上下文中，函数自然是线性变换，或者从一个向量空间到另一个向量空间的线性映射。在所有的实向量空间中，有一种看起来最简单，即实数集 **R** 的一维向量空间。这引领我们去检验向量空间上的一种特殊类型的线性变换，就是那些把向量空间映射成实数的线性变换，我们把这种线性变换的集合称为对偶空间。对偶空间在数学中经常出现。

设 V 是一个向量空间。对偶向量空间或对偶空间就是

$$\begin{aligned} V^* &= \{\text{从 } V \text{ 到实数集 } \mathbf{R} \text{ 的线性映射}\} \\ &= \{v^*: V \to \mathbf{R} \mid v^* \text{ 是线性的}\}。\end{aligned}$$

你可以检验出对偶空间 V^* 本身就是一个向量空间。

设 $T: V \to W$ 是一个线性变换。那么我们可以定义一个自然线性变换

$$T^*: W^* \to V^*$$

从 W 的对偶空间到 V 的对偶空间。设 $w^* \in W^*$。则给出向量空间 W 中的任意向量 $\boldsymbol{w}$，我们知道 $w^*(\boldsymbol{w})$ 将是一个实数。我们需要定义 T^* 使得 $T^*(w^*) \in V^*$。因此给出任意向量 $\boldsymbol{v} \in V$，我们需要 $T^*(w^*)(\boldsymbol{v})$ 成为一个实数。简单地定义

$$T^*(w^*)(\boldsymbol{v}) = w^*(T(\boldsymbol{v}))。$$

顺便说一下，注意到线性变换 $T: V \to W$ 的方向实际上与 $T^*: W^* \to V^*$ 是相反的。结论的得出很自然，但并不意味着映射 T^* 是显然的，反而它能唯一地与原始线性映射 T 关联起来。

这样的一个对偶映射会在很多语境中出现。例如，如果 X 和 Y 是有连续映射 $F: X \to Y$ 的拓扑空间，$C(X)$ 和 $C(Y)$ 表示 X 和 Y 上连续实值函数的集合，那么这里的对偶映射

$$F^*: C(Y) \to C(X)$$

定义为 $F^*(g)(x) = g(F(x))$，其中 g 是 Y 上的一个连续映射。

试图抽象地描述所有这些对偶映射是 20 世纪中期数学的一个重

要主题，并且可以被看作范畴论的开端之一。

1.10 推荐阅读

自从数学家开始研究数学，他们就一直在使用线性代数，但是形式、方法和术语已经改变了。例如，如果你看 1900 年甚至可能 1950 年大学课程的目录，没有一门叫作线性代数的本科课程。然而却有一些如“方程理论”或者更简单地叫作“代数”的课程。Maxime Bocher 的《高等代数介绍》[10]，作为 20 世纪初期比较流行的课本之一，关注的就是怎样具体地解线性方程组。结果以一种算法的形式被写出。在今天计算机编程人员通常发现这种类型的教材要远比现在的数学教材容易理解得多。在 20 世纪 30 年代，随着 Van der Waerden 的《现代代数》[113] [114] 的出版，传授代数知识的方式发生了重要改变，这本书是以 Emmy Noether 和 Emil Artin 的演讲为基础的，采用了一种更加抽象的方法。第一本真正的现代线性代数教材是 Halmos 的《有限维向量空间》[52]。这本书从一开始就把重点放在了向量空间上。在今天有很多初学者教材。某些以线性方程组开始，然后处理向量空间，而其他的教材正好相反。在这众多的书目中，很长一段时间里我最喜欢的一本就是 Strang 的《线性代数及其应用》[109]。作为一名研究生，你应该尽力去参与教授线性代数。

1.11 练习

1. 设 $L: V \to W$ 是两个空间之间的线性变换。证明：

$$\dim(\ker(L)) + \dim(\operatorname{Im}(L)) = \dim(V)。$$

2. 考虑次数小于或等于 3 的实系数单变量的所有多项式的集合。

a. 证明：这个集合组成了一个四维向量空间。

b. 找出这个向量空间的一个基。

c. 证明：对多项式求微分是一个线性变换。

d. 给出 b 中的基，写出求导的矩阵表示。

3. 设 $\boldsymbol{A}$ 和 $\boldsymbol{B}$ 是两个 $n \times n$ 可逆矩阵。证明：

$$(\boldsymbol{AB})^{-1} = \boldsymbol{B}^{-1}\boldsymbol{A}^{-1}。$$

4. 设

$$A = \begin{pmatrix} 2 & 3 \\ 3 & 5 \end{pmatrix},$$

找出一个矩阵 $\boldsymbol{C}$ 使得 $\boldsymbol{C}^{-1}\boldsymbol{AC}$ 是一个对角阵。

5. 记所有的无限可微函数

$$f:\mathbf{R}\to\mathbf{R}$$

组成的向量空间为 $C^{\infty}(\mathbf{R})$。这个空间叫作光滑函数空间。

a. 证明：$C^{\infty}(\mathbf{R})$是无限维的。

b. 证明：求微分是一个线性变换

$$\frac{\mathrm{d}}{\mathrm{d}x}:C^{\infty}(\mathbf{R})\to C^{\infty}(\mathbf{R})。$$

c. 对于一个实数 λ，找到$\frac{\mathrm{d}}{\mathrm{d}x}$的一个属于特征值 λ 的特征向量。

6. 设 V 是一个有限维向量空间。证明：对偶空间 V^* 的维数与 V 相同。

7. 找到一本线性代数教材，使用它证明线性代数基本定理。注意虽然这是一个很长的练习，但也一定要认真对待。

第2章 ε和δ实分析

基本对象：实数
基本映射：连续和可微函数
基本目标：微积分基本定理

虽然微分和积分背后的基础直观知识在17世纪末就已经被了解，并在18世纪使得大量的物理学和数学应用得以发展，但是实际上直到19世纪，才给出微分和积分精准的严格定义。其核心概念是极限，它被用到了微分和积分的定义以及它们的基本性质的证明中。这种严格化绝不仅仅是卖弄学问，实际上它使得数学家们去发现新的现象。例如，Karl Weierstrass发现了一个处处连续但处处不可微的函数。换句话说，存在一个没有间断点但是在每一点都有锋利边缘的函数。他的证明的关键是把极限应用到函数序列，导出一致收敛的概念。

我们会定义极限，然后使用这个概念来研究函数的连续性、微分和积分的思想。然后我们会说明微分和积分怎样在微积分基本定理中密切地联系起来。最后我们会以函数的一致收敛以及Weierstrass的例子结束。

2.1 极限

定义2.1.1 函数$f:\mathbf{R}\to\mathbf{R}$在点$a$有极限$L$，如果对于任意给定的实数$\varepsilon>0$，存在实数$\delta>0$使得当

$$0<|x-a|<\delta$$

时，成立

$$|f(x)-L|<\varepsilon。$$

记为

$$\lim_{x\to a}f(x)=L。$$

直观上来说，函数$f(x)$在点a应该有极限L，如果对于a附近的数x，函数$f(x)$的值接近于L。换句话说，为了保证$f(x)$接近于L，我们要求x要接近于a。因此如果我们想要$f(x)$在L的一个任意的$\varepsilon>0$的邻域之内（例如，如果我们想让$|f(x)-L|<\varepsilon$），我们必须明确指出我们必须要求x离a有多近。因此，给出一个数$\varepsilon>0$（无论它有多小），我们必须能够找出一个数$\delta>0$使得如果x在a的δ邻域中，我们就有$f(x)$在L的ε邻域中。这正是用符号描述的定义中所说的内容。

例如，如果上述极限的定义讲得通，它必须满足

$$\lim_{x\to 2}x^2=4。$$

现在我们来对此进行检验。必须强调的是，使用定义来证明当x接近于2时x^2接近4会很笨。我们又一次使用这个方法，即使用一个我们已经知道答案的例子来检验一个新定义的合理性。因此对于任意的$\varepsilon>0$，我们必须找到一个$\delta>0$使得如果$0<|x-2|<\delta$，我们就有

$$|x^2-4|<\varepsilon。$$

设

$$\delta=\min\left(\frac{\varepsilon}{5},1\right)。$$

正如经常发生的那样，最后的找到δ的正确表达式的工作被隐藏了起来。分母上的“5”也不知道从何而来。设$0<|x-2|<\delta$。我们想要$|x^2-4|<\varepsilon$。现在

$$|x^2-4|=|x-2|\cdot|x+2|。$$

因为x在2的δ邻域中，所以

$$|x+2|<(2+\delta)+2=4+\delta\leqslant 5。$$

因此

$$|x^2-4|=|x-2|\cdot|x+2|<5\cdot|x-2|<5\cdot\frac{\varepsilon}{5}=\varepsilon。$$

证毕。

2.2 连续性

定义 2.2.1 函数 $f:\mathbf{R}\to\mathbf{R}$ 在 a 点连续，如果

$$\lim_{x\to a}f(x)=f(a)。$$

当然，关于连续函数的任何直觉都应该抓住一个概念，即连续函数的图像没有任何间断点。换句话说，不需要把你的笔从纸上抬起来，你可以画一个连续函数的图像。(和任何直觉一样，如果说得太深刻反而会不被理解。)

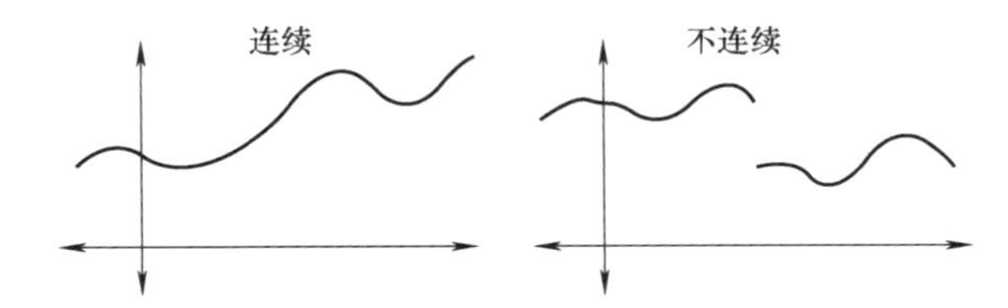

用 ε 和 δ 语言描述，连续的定义是

定义 2.2.2 函数 $f:\mathbf{R}\to\mathbf{R}$ 在 a 点连续，如果对于任意的 $\varepsilon>0$，存在实数 $\delta>0$ 使得当 $0<|x-a|<\delta$ 时，成立 $|f(x)-f(a)|<\varepsilon$。

举个例子，我们会先写下一个在原点处显然不连续的函数，然后使用这个函数来检验定义的合理性。

设

$$f(x)=\begin{cases}1, & x>0,\\ -1, & x\leqslant 0。\end{cases}$$

注意到 $f(x)$ 的图像在原点处间断。如右图所示，我们想通过证明

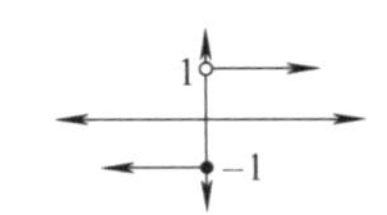

$$\lim_{x\to 0}f(x)\neq f(0)$$

来刻画这个间断点。现在我们有 $f(0)=-1$。设 $\varepsilon=1$，$\delta>0$ 为任意正数。则对于任意的 x 满足 $0<x<\delta$，我们有 $f(x)=1$。则

$$|f(x)-f(0)|=|1-(-1)|=2>1=\varepsilon。$$

因此对于所有的正数 $x<\delta$，

$$|f(x)-f(0)|>\varepsilon。$$

因此，对于任意的 $\delta>0$，都有 $|x-0|<\delta$，但是

$$|f(x)-f(0)|>\varepsilon。$$

所以这个函数实际上是不连续的。

2.3 微分

定义 2.3.1 函数 $f:\mathbf{R}\to\mathbf{R}$ 在 a 点可微，如果

$$\lim_{x\to a}\frac{f(x)-f(a)}{x-a}$$

存在。这个极限叫作导数，（在许多其他记号中）记为 $f'(a)$ 或 $\frac{\mathrm{d}f}{\mathrm{d}x}(a)$。

导数的重要直观理解之一是它给出了曲线 $y=f(x)$ 在点 a 处切线的斜率。在逻辑上切线的定义必须包括上述导数的定义，如下图所示。

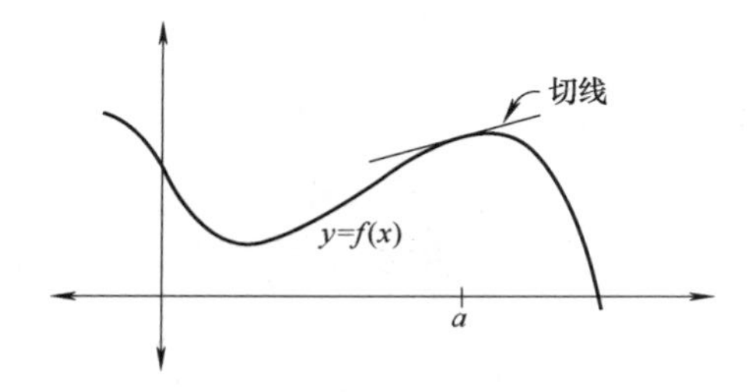

这个定义背后的想法是我们能够计算由平面上任意两点定义的直线的斜率。特别地，对于任意的 $x\neq a$，穿过点 $(a,f(a))$ 和 $(x,f(x))$ 的割线的斜率为

$$\frac{f(x)-f(a)}{x-a}。$$

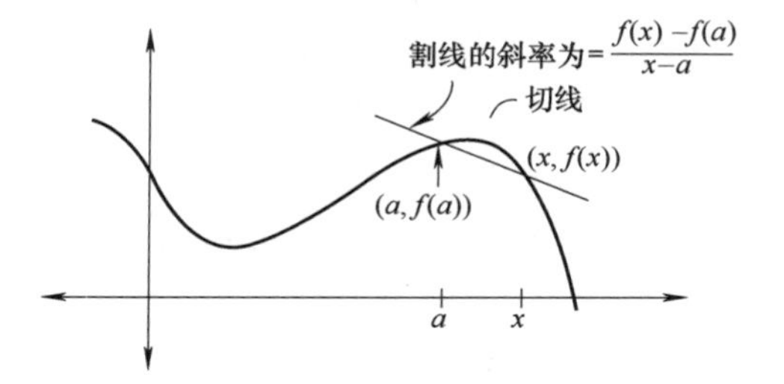

现在我们让 x 接近 a。相应的割线将会靠近切线。因此割线的斜率必定会接近切线的斜率。

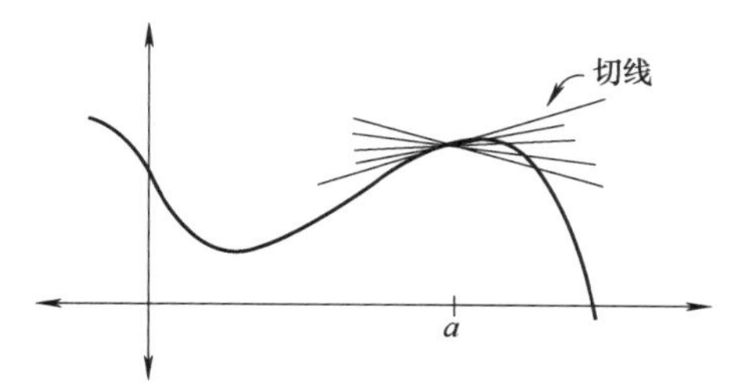

因此切线斜率的定义应为

$$f'(a)=\lim_{x\to a}\frac{f(x)-f(a)}{x-a}。$$

导数的一部分作用（以及为什么它们能够被教给高中生和大一学生）是对微分有一个完整的计算工具，这让我们避免了真正地取极限。

现在我们看一个在原点没有导数的函数的例子，即

$$f(x)=|x|。$$

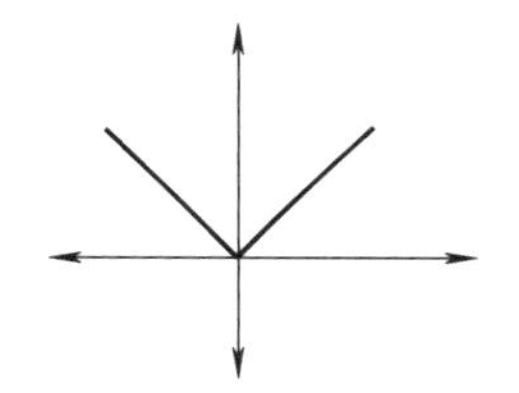

如右图，这个函数在原点处有一个尖点，因此在那里没有显现切线。我们会说明定义保证了 $f(x)=|x|$ 实际上在 $x=0$ 处不可微。因此我们想要证明

$$\lim_{x\to 0}\frac{f(x)-f(0)}{x-0}$$

不存在。幸运的是，

$$\frac{f(x)-f(0)}{x-0}=\frac{|x|}{x}=\begin{cases}1, & x>0,\\ -1, & x<0,\end{cases}$$

在上一节中我们已经证明了当 x 接近 0 时上式没有极限。

2.4 积分

直观上来说，一个正函数 $f(x)$ 在区域 $a\leqslant x\leqslant b$ 上的积分应该是在曲线 $y=f(x)$ 下方和 x 轴上方的面积。

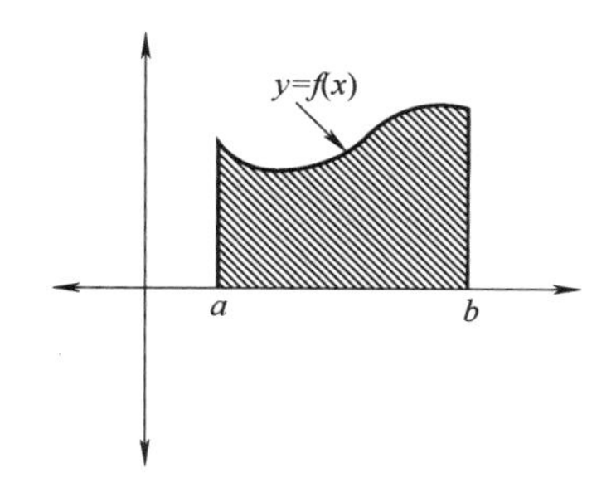

当函数$f(x)$不处处为正时，它的积分应该是在曲线$y=f(x)$正的部分的面积减去$y=f(x)$负的部分的面积。

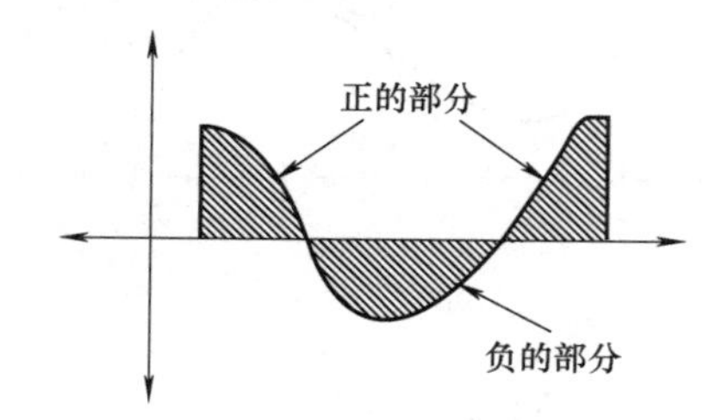

当然这很不严谨，因为我们还没有对面积有一个好的定义。

主要想法是一个长为a，宽为b的矩形的面积为ab（如左图）。为了找到曲线$y=f(x)$下方的面积，我们首先要找到包含在曲线下方的各个矩形的面积，然后找到刚好在曲线外侧的各个矩形的面积。

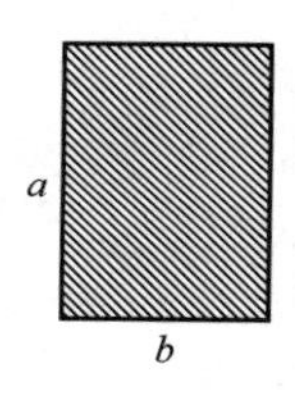

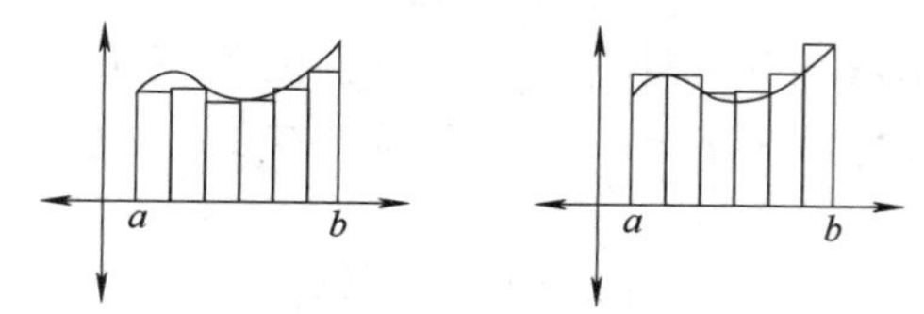

然后我们让这些矩形越来越细，正如下图所示。

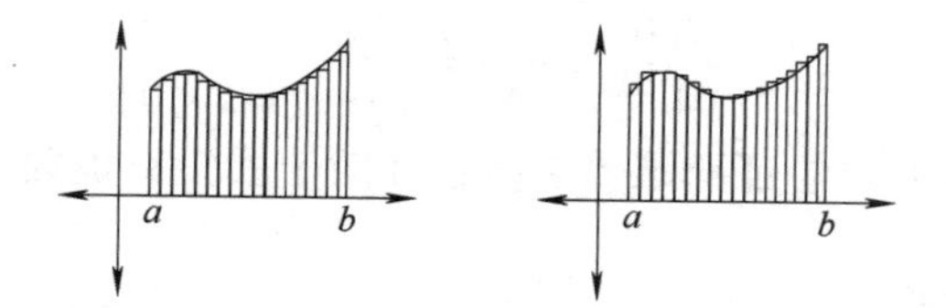

我们取极限，这个极限就应该是曲线下方的面积。

现在给出更加严格的定义。我们要定义在闭区间$[a,b]$上的实值函数$f(x)$。首先我们想要把区间$[a,b]$分成近似矩形的小块。对于每个正整数n，令

$$\Delta t=\frac{b-a}{n},$$

且

$$\begin{gathered}a=t_0,\\ t_1=t_0+\Delta t,\\ t_2=t_1+\Delta t,\\ \vdots\end{gathered}$$

$$t_n(=b)=t_{n-1}+\Delta t。$$

例如，在区间$[0,2]$上令$n=4$，我们有$\Delta t=\frac{2-0}{4}=\frac{1}{2}$且

$t_0=0$　$t_1=\frac{1}{2}$　$t_2=1$　$t_3=\frac{3}{2}$　$t_4=2$

在每个区间$[t_{k-1},t_k]$上，选择点l_k和点u_k使得对于$[t_{k-1},t_k]$上的所有点t，我们有

$$f(l_k)\leqslant f(t)$$

且

$$f(u_k)\geqslant f(t)。$$

我们做这些选择是为了保证底在$[t_{k-1},t_k]$，高为$f(l_k)$的矩形刚好在曲线$y=f(x)$的下方，而底在$[t_{k-1},t_k]$，高为$f(u_k)$的矩形刚好在曲线$y=f(x)$的外侧。（见下图）

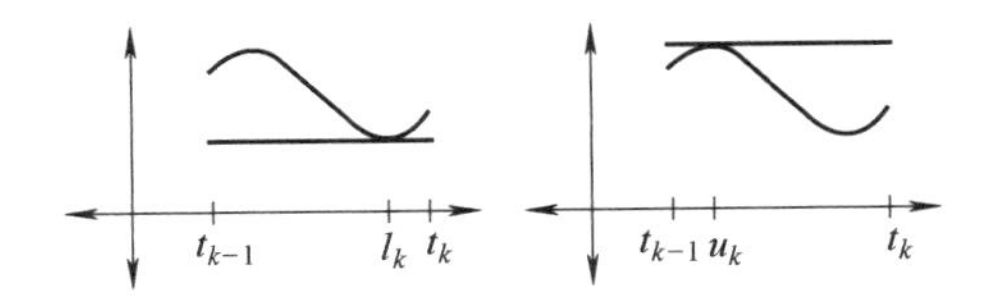

定义 2.4.1 设$f(x)$是定义在闭区间$[a,b]$上的实值函数。对于每个正整数n，令$f(x)$的下和为

$$L(f,n)=\sum_{k=1}^{n}f(l_k)\Delta t,$$

上和为

$$U(f,n)=\sum_{k=1}^{n}f(u_k)\Delta t。$$

注意到下和$L(f,n)$是在曲线下方的矩形的面积总和，而上和$U(f,n)$是伸出曲线上方的矩形的面积总和。

现在我们就能够定义积分了。

定义 2.4.2 定义在闭区间$[a,b]$上的实值函数$f(x)$称为可积的，如果下列两个极限存在且相等

$$\lim_{n\to\infty}L(f,n)=\lim_{n\to\infty}U(f,n)。$$

如果这两个极限相等，我们就把极限记为$\int_a^b f(x)\mathrm{d}x$且称它为$f(x)$的积分。

虽然从图中看起来好像上述的定义就是表示曲线下方的面积的概念，但是事实上几乎任何明确的计算都是相当困难的。下一节的目标是微积分基本定理，就是要了解积分（计算面积的工具）怎样与导数（计算斜率的工具）联系起来。事实上这会允许我们能够计算许多积分。

2.5 微积分基本定理

给定一个定义在闭区间$[a,b]$上的实值函数$f(x)$，我们能够使用上述积分的定义来定义一个新函数，设

$$F(x) = \int_a^x f(t)\,\mathrm{d}t。$$

我们在积分符号中使用变量t，因为变量x已作为函数$F(x)$的自变量而使用。因此$F(x)$是曲线$y=f(x)$下方从端点a到点x之间面积的值（带符号）。

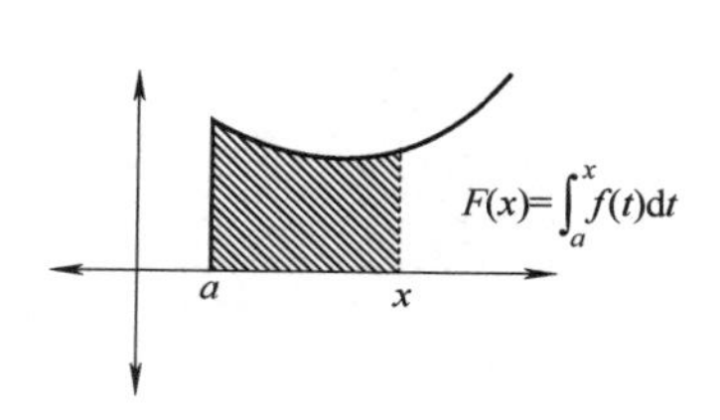

令人惊讶的是，新函数$F(x)$的导数就是原始函数$f(x)$。这意味着为了找到$f(x)$的积分，不需要纠结于上和和下和，只需要找到一个函数，使它的导数是$f(x)$即可。

所有的这些都包含在下述定理中。

定理 2.5.1 （微积分基本定理）设$f(x)$是定义在闭区间$[a,b]$上的实值连续函数并且定义

$$F(x) = \int_a^x f(t)\,\mathrm{d}t。$$

则

a）函数$F(x)$可微且

$$\frac{\mathrm{d}F(x)}{\mathrm{d}x} = \frac{\mathrm{d}\int_a^x f(t)\,\mathrm{d}t}{\mathrm{d}x} = f(x);$$

b）如果$G(x)$是定义在区间$[a,b]$上的实值可微函数，且其导数为

$$\frac{\mathrm{d}G(x)}{\mathrm{d}x} = f(x),$$

则

$$\int_a^b f(x)\,\mathrm{d}x = G(b) - G(a)。$$

首先简述 a 部分：我们想要说明对于闭区间$[a,b]$中所有的 x 下列极限存在且等于$f(x)$

$$\lim_{h\to 0}\frac{F(x+h)-F(x)}{h}=f(x)。$$

注意到我们用另一种形式表示了导数的定义，从$\lim\limits_{x\to x_0}\dfrac{f(x)-f(x_0)}{x-x_0}$到

$\lim\limits_{h\to 0}\dfrac{f(x+h)-f(x)}{h}$。它们是等价的。同时为了简单起见，我们只对 x 在开区间(a,b)中的情况加以证明并且只取正数 h 的极限。考虑

$$\begin{aligned}\frac{F(x+h)-F(x)}{h}&=\frac{\int_a^{x+h}f(t)\,\mathrm{d}t-\int_a^x f(t)\,\mathrm{d}t}{h}\\&=\frac{\int_x^{x+h}f(t)\,\mathrm{d}t}{h}。\end{aligned}$$

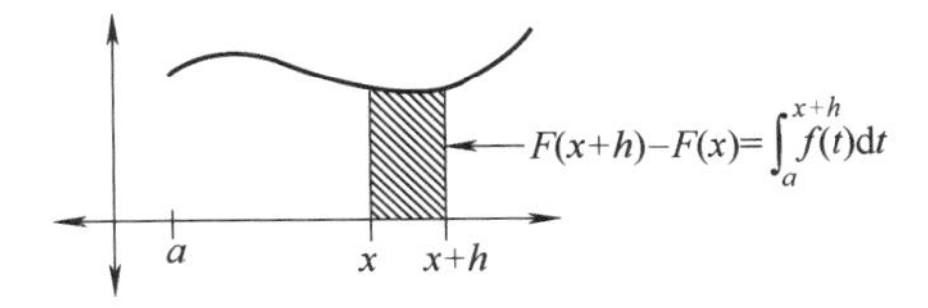

在区间$[x,x+h]$上，对于每个 h 定义 l_h 和 u_h 使得对于$[x,x+h]$上所有的点 t，我们有

$$f(l_h)\leqslant f(t)$$

且

$$f(u_h)\geqslant f(t)。$$

(注意到我们在某种程度上以一种隐晦的方式使用了在如$[x,x+h]$的区间上的连续函数上的点 l_h 和 u_h。在点集拓扑的章节，我们会考虑一个紧集上，如$[x,x+h]$连续函数一定会达到它的最大值和最小值而使它更精确。)

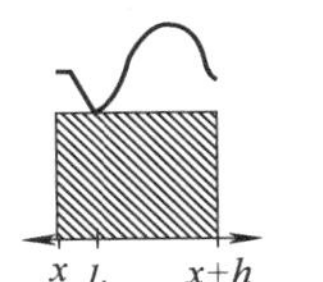

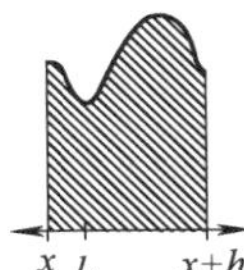

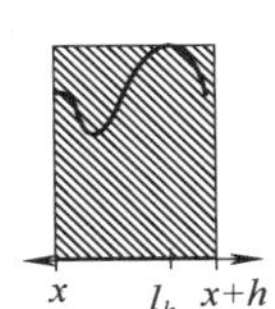

然后我们有

$$f(l_h)h \leqslant \int_x^{x+h} f(t)\,\mathrm{d}t \leqslant f(u_h)h。$$

同时除以 $h>0$，得到

$$f(l_h) \leqslant \frac{\int_x^{x+h} f(t)\,\mathrm{d}t}{h} \leqslant f(u_h)。$$

现在当 h 接近 0 时，l_h 和 u_h 都接近点 x。因为 $f(x)$ 是连续的，我们有

$$\lim_{h\to 0} f(l_h) = \lim_{h\to 0} f(u_h) = f(x)。$$

这就是我们要的结果。

对于 b 部分：这里给出了一个函数 $G(x)$，它的导数为

$$\frac{\mathrm{d}G(x)}{\mathrm{d}x} = f(x)。$$

继续使用 a 部分的符号，即 $F(x) = \int_a^x f(t)\,\mathrm{d}t$。$F(a)=0$ 且

$$\int_a^b f(t)\,\mathrm{d}t = F(b) = F(b) - F(a)。$$

根据 a 部分，我们知道 $F(x)$ 的导数是函数 $f(x)$。因此 $F(x)$ 和 $G(x)$ 的导数一致，即

$$\frac{\mathrm{d}(F(x) - G(x))}{\mathrm{d}x} = f(x) - f(x) = 0。$$

但是导数常为 0 的函数一定是一个常数。（我们还没有说明这点。这点很合理，因为切线斜率恒为 0 的唯一方式就是函数的图像是一条水平线；证明并不复杂。）因此存在常数 c 使得

$$F(x) = G(x) + c。$$

那么

$$\begin{aligned}\int_a^b f(t)\,\mathrm{d}t &= F(b) = F(b) - F(a) \\ &= (G(b) + c) - (G(a) + c) \\ &= G(b) - G(a)。\end{aligned}$$

即为所需。

2.6 函数的点态收敛

定义 2.6.1 设 $f_n(x):[a,b]\to\mathbf{R}$ 是定义在区间 $[a,b] = \{x \mid a$

$\leqslant x \leqslant b\}$ 上的函数序列

$$f_1(x), f_2(x), f_3(x), \cdots$$

这个函数列 $\{f_n(x)\}$ 将点态收敛于函数

$$f(x):[a,b] \to \mathbf{R},$$

如果对于 $[a,b]$ 中的任意 α,

$$\lim_{n\to\infty} f_n(\alpha) = f(\alpha)。$$

使用 ε 和 δ 语言，我们说 $\{f_n(x)\}$ 将点态收敛于 $f(x)$，如果给定任意的 $\alpha \in [a,b]$，并给定一个 $\varepsilon > 0$，存在一个正整数 N，使得对于任意 $n \geqslant N$，有 $|f(\alpha) - f_n(\alpha)| < \varepsilon$。

直观上说，如果给定任意 α，函数列 $f_n(x)$ 将点态收敛于 $f(x)$，最终（当 n 很大时）$f_n(\alpha)$ 任意趋向于 $f(\alpha)$。函数列收敛的良好概念源于：不断地对问题粗略进行解决以及使用估计去理解真正的问题。不幸的是，点态收敛没有下一节的主题——一致收敛有用和强大。因为有意义的函数列（如连续或可积函数列）不能保证极限的合理性，正如我们在下面的例子中将会看到的一样。

在这里我们说明连续函数列的点态极限不需要连续。对于每个正整数 n，令

$$f_n(x) = x^n,$$

对于 $[0,1]$ 上的所有 x。令

$$f(x) = \begin{cases} 1, & x = 1, \\ 0, & 0 \leqslant x < 1。\end{cases}$$

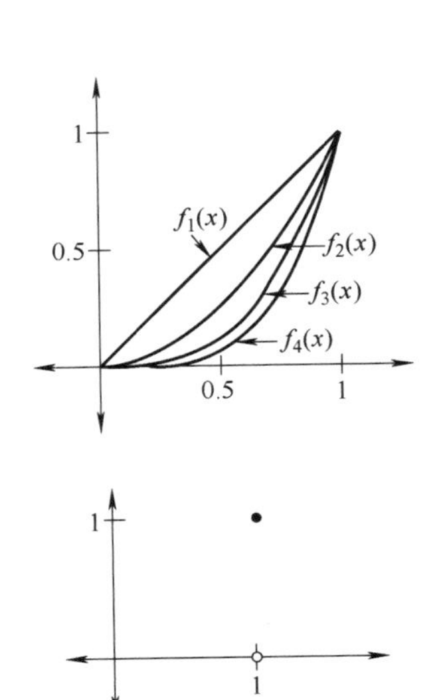

显然 $f(x)$ 在端点 $x = 1$ 处不连续，而所有的函数 $f_n(x) = x^n$ 在整个区间上都是连续的。但是我们会看到函数列 $\{f_n(x)\}$ 确实点态收敛于 $f(x)$。

在区间 $[0,1]$ 中固定 α。如果 $\alpha = 1$，那么对于所有的 n，$f_n(1) = 1^n = 1$。那么

$$\lim_{n\to\infty} f_n(1) = \lim_{n\to\infty} 1 = 1 = f(1)。$$

现在令 $0 \leqslant \alpha < 1$，我们会使用（不加证明地）一个事实，就是对于任意小于 1 的数 α，当 n 趋向 ∞ 时 α^n 的极限为 0。特别地，

$$\begin{aligned} \lim_{n\to\infty} f_n(\alpha) &= \lim_{n\to\infty} \alpha^n \\ &= 0 \\ &= f(\alpha)。\end{aligned}$$

因此连续函数列的点态极限不需要是连续的。

2.7 一致收敛

定义 2.7.1 函数序列 $f_n(x):[a,b]\to\mathbf{R}$ 一致收敛于函数 $f(x):[a,b]\to\mathbf{R}$，如果给定任意的 $\varepsilon>0$，存在正整数 N 使得对于所有的 $n\geqslant N$，所有的点 x，我们有

$$|f(x)-f_n(x)|<\varepsilon。$$

直观理解是如果我们在函数 $y=f(x)$ 周围放一个半径为 ε 的管状区域，那么函数 $y=f_n(x)$ 最终都会进入这个区域里面。

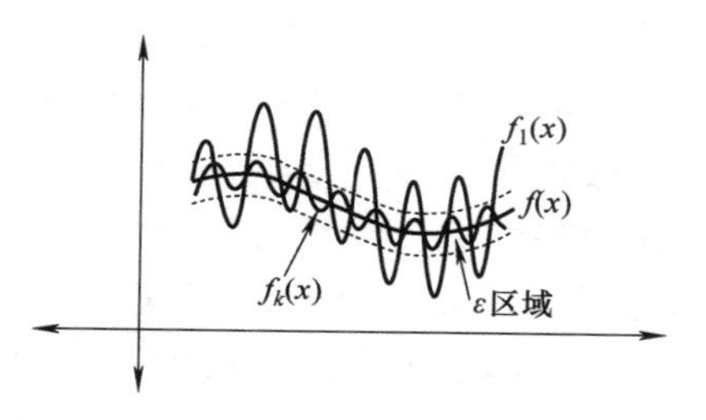

这里的关键就是对于所有的 x 都有相同的 ε 和 N。这不是点态收敛定义中的情况，在那里 N 的选择依赖于 x。

序列中函数几乎所有的理想性质都会被极限所继承。其中的例外就是可微性，但也有一部分结果是正确的。作为一个说明这些论断如何起作用的例子，我们会加以解释。

定理 2.7.1 设 $f_n(x):[a,b]\to\mathbf{R}$ 是一个一致收敛于函数 $f(x)$ 的连续函数序列。则 $f(x)$ 是连续的。

证明 我们需要说明对于$[a,b]$中所有的 α，

$$\lim_{x\to\alpha}f(x)=f(\alpha)。$$

因此，给定任意的 $\varepsilon>0$，我们需要找到某个 $\delta>0$ 使得对于 $0<|x-\alpha|<\delta$，有

$$|f(x)-f(\alpha)|<\varepsilon。$$

由一致收敛，存在正整数 N 使得对于所有的 x，

$$|f(x)-f_N(x)|<\frac{\varepsilon}{3}。$$

（选择 $\varepsilon/3$ 的理由我们一会将会看到。）

根据假定，每个函数$f_N(x)$在点α都是连续的。因此存在$\delta>0$使得对于$0<|x-\alpha|<\delta$，有

$$|f_N(x)-f_N(\alpha)|<\frac{\varepsilon}{3}。$$

现在要说明对于$0<|x-\alpha|<\delta$，成立

$$|f(x)-f(\alpha)|<\varepsilon。$$

我们会使用一些技巧，加入适当的项，使它们的和加起来为0，然后会运用三角不等式（$|A+B|\leqslant|A|+|B|$）。有

$$\begin{aligned}|f(x)-f(\alpha)| &= |f(x)-f_N(x)+f_N(x)-f_N(\alpha)+f_N(\alpha)-f(\alpha)|\\ &\leqslant |f(x)-f_N(x)|+|f_N(x)-f_N(\alpha)|+|f_N(\alpha)-f(\alpha)|\\ &< \frac{\varepsilon}{3}+\frac{\varepsilon}{3}+\frac{\varepsilon}{3}\\ &= \varepsilon,\end{aligned}$$

证毕。

现在我们可以从函数项级数（无穷和）的角度理解定义。

定义 2.7.2　设$f_1(x),f_2(x),\cdots$是一个函数列。函数项级数

$$f_1(x)+f_2(x)+\cdots=\sum_{k=1}^{\infty}f_k(x)$$

一致收敛于函数$f(x)$，如果部分和$f_1(x),f_1(x)+f_2(x),f_1(x)+f_2(x)+f_3(x),\cdots$一致收敛于$f(x)$。

用ε和δ语言表示为无穷函数项级数$\sum_{k=1}^{\infty}f_k(x)$一致收敛于$f(x)$，如果给定任意的$\varepsilon>0$都存在正整数$N$使得对于所有的$n\geqslant N$，对于所有的$x$，成立

$$\left|f(x)-\sum_{k=1}^{n}f_k(x)\right|<\varepsilon。$$

定理 2.7.2　如果每个函数$f_k(x)$都连续且如果$\sum_{k=1}^{\infty}f_k(x)$一致收敛于$f(x)$，那么$f(x)$必定连续。

这是从连续函数的有限项和是连续的以及之前的定理中得到的。

把一个函数写成一个一致收敛的（简单）函数项级数是非常好的一种理解和学习函数方法。函数项级数是Taylor级数和傅里叶级数发展背后的重要思想。

2.8 Weierstrass M 判别法

如果我们对无穷函数项级数 $\sum_{k=1}^{\infty} f_k(x)$ 感兴趣，那么我们一定会对何时级数一致收敛感兴趣。幸运的是，Weierstrass M 判别法为我们提供了一个直接判定一致收敛的方法。其关键就是这个定理把 $\sum_{k=1}^{\infty} f_k(x)$ 的一致收敛问题变为何时一个无穷数项级数收敛的问题，对于数项级数的问题微积分提供了很多处理工具，如比率判别法，根式判别法，比较判别法和积分判别法，等等。

定理 2.8.1 设 $\sum_{k=1}^{\infty} f_k(x)$ 为函数项级数，其中每个函数 $f_k(x)$ 都定义在实数集的子集 A 上。假设是 $\sum_{k=1}^{\infty} M_k$ 数项级数，满足

1. $0 \leqslant |f_k(x)| \leqslant M_k$，对于所有的 $x \in A$；

2. 级数 $\sum_{k=1}^{\infty} M_k$ 收敛，

则 $\sum_{k=1}^{\infty} f_k(x)$ 绝对一致收敛。

绝对一致收敛的意思是绝对值的级数 $\sum_{k=1}^{\infty} |f_k(x)|$ 也一致收敛。

证明 为了证明一致收敛，我们必须证明对于任意给定的 $\varepsilon > 0$，存在整数 N 使得对于所有的 $n \geqslant N$，对于所有的 $x \in A$，有

$$\left|\sum_{k=n}^{\infty} f_k(x)\right| < \varepsilon。$$

无论 $\sum_{k=n}^{\infty} f_k(x)$ 是否收敛，我们都有

$$\left|\sum_{k=n}^{\infty} f_k(x)\right| \leqslant \sum_{k=n}^{\infty} |f_k(x)|。$$

因为 $\sum_{k=1}^{\infty} M_k$ 收敛，我们能够找到一个 N 使得对于所有的 $n \geqslant N$，有

$$\sum_{k=n}^{\infty} M_k < \varepsilon。$$

因为对于所有的 $x \in A$，$0 \leqslant |f_k(x)| \leqslant M_k$，所以

$$\left|\sum_{k=n}^{\infty} f_k(x)\right| \leqslant \sum_{k=n}^{\infty} |f_k(x)| \leqslant \sum_{k=n}^{\infty} M_k < \varepsilon,$$

证毕。

我们来看一个简单的例子。考虑级数 $\sum_{k=1}^{\infty} \frac{x^k}{k!}$，从微积分中我们可以知道它是 e^x 的 Taylor 级数。我们使用 Weierstrass M 判别法来证明这个级数在任意区间 $[-a,a]$ 上都一致收敛。在这里我们设 $f_k(x) = \frac{x^k}{k!}$，$M_k = \frac{a^k}{k!}$。

注意到对于所有的 $x \in [-a,a]$，我们有 $0 < |x|^n/n! \leqslant a^n/n!$。因此如果我们能够证明级数 $\sum_{k=1}^{\infty} M_k = \sum_{k=1}^{\infty} \frac{a^k}{k!}$ 收敛，我们就能得到一致收敛。根据比率判别法，$\sum_{k=1}^{\infty} \frac{a^k}{k!}$ 收敛，如果比率的极限

$$\lim_{k\to\infty} \frac{M_{k+1}}{M_k} = \lim_{k\to\infty} \frac{\left(\frac{a^{k+1}}{(k+1)!}\right)}{\left(\frac{a^k}{k!}\right)}$$

存在且严格小于 1。但是我们有

$$\lim_{k\to\infty} \frac{\frac{a^{k+1}}{(k+1)!}}{\frac{a^k}{k!}} = \lim_{k\to\infty} \frac{a}{(k+1)} = 0。$$

因此 e^x 的 Taylor 级数在任何闭区间上都是一致收敛的。

2.9 Weierstrass 的例子

我们的目标是找到一个处处连续但处处不可微的函数。Weierstrass 在 19 世纪末首次建造了这样的函数，数学家们都十分惊讶。当时的传统想法是不可能有这样的函数存在的。这个例子告诉我们必须要注意几何直观性。

我们会严格遵照 Spivak 的《微积分》[102] 第 23 章中给出的介绍。首先确定一些符号。设 $\{x\}$ 表示从 x 到离它最近的整数的距离。例如，$\{3/4\} = 1/4$，$\{1.3289\} = 0.3289$，等等。$\{x\}$ 的图像为

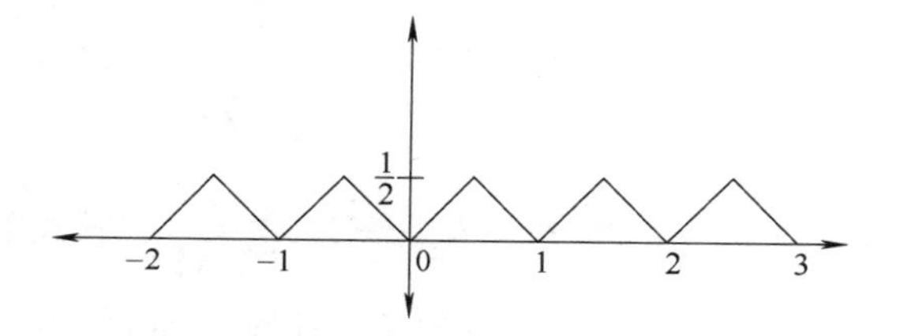

定义

$$f(x) = \sum_{k=1}^{\infty} \frac{1}{10^k}\{10^k x\}。$$

我们的目标是

定理 2.9.1 函数 $f(x)$ 处处连续但处处不可微。

首先从直观上观察。为简单起见，我们把定义域限制到区间 $(0,1)$。对于 $k=1$，我们有函数 $\frac{1}{10}\{10x\}$，图像为

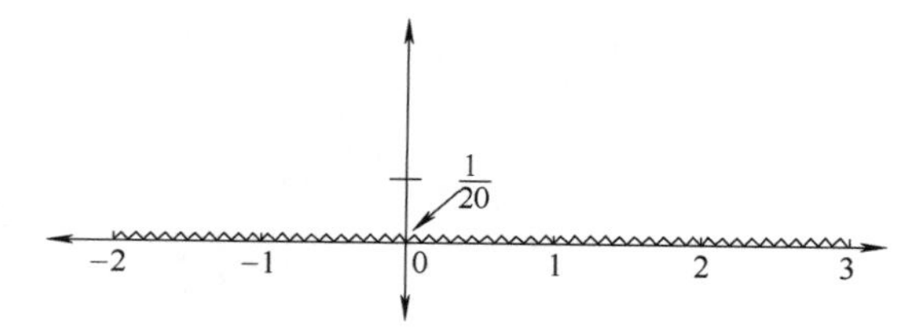

这个函数是处处连续的，但是在 19 个点：0.05，0.1，0.15，…，0.95 处不可微。

而 $\{x\}+\frac{1}{10}\{10x\}$ 的图像为

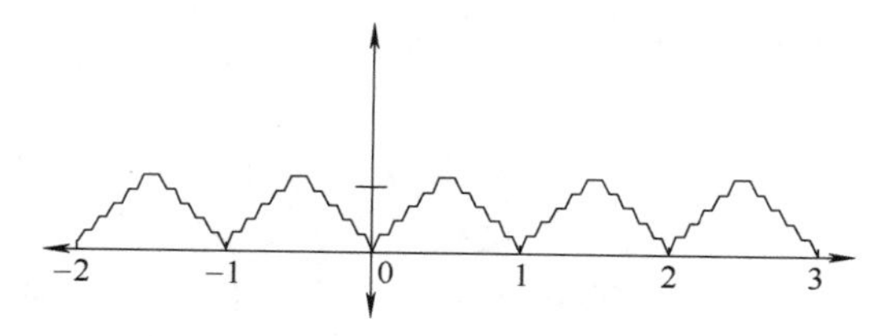

并且它是处处可导的，但在 0.05，0.1，0.15，…，0.95 处不可微。

对于 $k=2$，函数 $\frac{1}{100}\{100x\}$ 处处连续但在它的 199 个尖点处不可微。

那么部分和 $\frac{1}{10}\{10x\}+\frac{1}{100}\{100x\}$ 处处连续但在它的 199 个尖点处不

可微。类似地，$\frac{1}{1000}\{1000x\}$ 也是连续的，但是在它的 1999 个尖点处没有可微性。继续下去就会发现，在每一个尖点的边缘函数都会失去可微性，但是图像中没有任何间断。当我们把所有项加进 $\sum \frac{1}{10^k}\{10^k x\}$ 时，最终在每一点上都会失去可微性。从图中看是非常明显的，但是我们仍需要证明。

证明　（我们继续遵从 Spivak 的介绍内容）

证明 $f(x) = \sum_{k=1}^{\infty} \frac{1}{10^k}\{10^k x\}$ 连续很简单，因为这是 Weierstrass M 判别法的一个简单应用。我们知道对于所有的 x，$\{x\} \leqslant 1/2$。因此对于所有的 k，我们有

$$\frac{1}{10^k}\{10^k x\} \leqslant \frac{1}{2 \times 10^k}。$$

级数

$$\sum_{k=1}^{\infty} \frac{1}{2 \times 10^k} = \frac{1}{2}\sum_{k=1}^{\infty} \frac{1}{10^k}$$

是一个几何级数，因此必定收敛（根据比率判别法）。然后根据 Weierstrass M 判别法，级数 $f(x) = \sum_{k=1}^{\infty} \frac{1}{10^k}\{10^k x\}$ 一致收敛。因为每个函数 $\frac{1}{10^k}\{10^k x\}$ 都连续，所以 $f(x)$ 必定连续。

证明 $f(x)$ 在每一点上都不可微要困难得多。这需要一些细致证明。固定任意的 x。我们需要证明

$$\lim_{h \to 0}\frac{f(x+h) - f(x)}{h}$$

不存在。我们需要找到一个趋于 0 的数列 h_m，使得序列 $\frac{f(x+h_m) - f(x)}{h_m}$ 不收敛。

写出 x 的十进制展开

$$x = a. a_1 a_2 \cdots,$$

其中 a 是 0 或 1，a_k 是 0 到 9 之间的整数。令

$$h_m = \begin{cases} 10^{-m}, & \text{如果 } a_m \neq 4 \text{ 且 } a_m \neq 9, \\ -10^{-m}, & \text{如果 } a_m = 4 \text{ 或 } a_m = 9。\end{cases}$$

那么

$$x+h_m=\begin{cases}a.\,a_1\cdots(a_m+1)a_{m+1}\cdots, & \text{如果 } a_m\neq 4 \text{ 且 } a_m\neq 9,\\ a.\,a_1\cdots(a_m-1)a_{m+1}\cdots, & \text{如果 } a_m=4 \text{ 或 } a_m=9。\end{cases}$$

我们看不同的$10^n(x+h_m)$。因子10^n只会在小数点所在的位置移动。特别地，如果$n>m$，那么

$$10^n(x+h_m)=aa_1\cdots(a_m\pm 1)a_{m+1}\cdots a_n\cdot a_{n+1}\cdots,$$

在这种情况下

$$\{10^n(x+h_m)\}=\{10^n x\}。$$

如果$n\leqslant m$，则$10^n(x+h_m)=aa_1\cdots a_n.\,a_{n+1}\cdots(a_m\pm 1)a_{m+1}\cdots$，在这种情况下我们有

$$\{10^n(x+h_m)\}=\begin{cases}0.\,a_{n+1}\cdots(a_m+1)a_{m+1}\cdots, & \text{如果 } a_m\neq 4 \text{ 且 } a_m\neq 9,\\ 0.\,a_{n+1}\cdots(a_m-1)a_{m+1}\cdots, & \text{如果 } a_m=4 \text{ 或 } a_m=9。\end{cases}$$

我们对极限

$$\frac{f(x+h_m)-f(x)}{h_m}=\sum_{k=0}^{\infty}\frac{\frac{1}{10^k}\{10^k(x+h_m)\}-\frac{1}{10^k}\{10^k x\}}{h_m}$$

感兴趣。因为$\{10^k(x+h_m)\}=\{10^k x\}$对于$k>m$，所以上述无穷级数实际上是有限和

$$\sum_{k=0}^{m}\frac{\frac{1}{10^k}\{10^k(x+h_m)\}-\frac{1}{10^k}\{10^k x\}}{h_m}=\sum_{k=0}^{m}\pm 10^{m-k}(\{10^k(x+h_m)\}-\{10^k x\})。$$

我们会证明每个$\pm 10^{m-k}(\{10^k(x+h_m)\}-\{10^k x\})$都是1或$-1$。那么上述有限和是1和$-1$的和，因此不可能收敛到一个数，因此说明函数不可微。

有两种情况仍然遵循Spivak的介绍内容，我们只考虑$10^k x=0.\,a_{k+1}\cdots<1/2$的情形（$0.\,a_{k+1}\cdots\geqslant 1/2$的情形留给读者）。这就是我们需要把$h_m$的定义分成两部分的原因。根与我们对于$h_m$，$\{10^k(x+h_m)\}$和$\{10^k x\}$的选择只有在第（$m-k$）项十进制展开中不同。所以

$$\{10^k(x+h_m)\}-\{10^k x\}=\pm\frac{1}{10^{m-k}},$$

那么$10^{m-k}(\{10^k(x+h_m)\}-\{10^k x\})$就会如所预测的那样，为1或$-1$。证毕。

2.10 推荐阅读

ε 和 δ 分析的发展是 19 世纪数学的主要成就之一。这意味着上个世纪大多数的本科生都需要学习这种方法。教材有很多。我所学的并且是我一直最喜欢的一本数学教材就是 Michael Spivak 的《微积分》[102]。尽管称之为一本微积分教材，但是在第二版和第三版的前言中连 Spivak 本人都承认这本书更恰当的标题应该是“实分析简介”。书中的阐述非常棒而且问题也很出色。

这种水平的其他实分析教材包括 Bartle [6]，Berberian [7]，Bressond [13]，Lang [80]，Protter 和 Morrey [94]，还有 Rudin [96] 所著的书。

2.11 练习

1. 设 $f(x)$ 和 $g(x)$ 均为可微函数。使用导数的定义证明：

a. $(f+g)'=f'+g'$；

b. $(fg)'=f'g+fg'$；

c. 假定 $f(x)=c$，其中 c 为常数。证明 $f(x)$ 的导数为 0。

2. 设 $f(x)$ 和 $g(x)$ 均为可积函数。

a. 使用积分的定义，证明 $f(x)+g(x)$ 是一个可积函数；

b. 使用微积分基本定理和练习 1. a，证明 $f(x)+g(x)$ 是一个可积函数。

3. 本题的目标是使用三种方法计算 $\int_0^1 x\mathrm{d}x$ 。前两种方法应该不难。

a. 看函数 $y=x$ 的图像。注意它是哪种几何体，然后计算曲线下方的面积；

b. 找到一个函数 $f(x)$ 使得 $f'(x)=x$，然后使用微积分基本定理计算 $\int_0^1 x\mathrm{d}x$ ；

c. 分成两部分，首先通过推理证明

$$\sum_{i=1}^{n} i = \frac{n(n+1)}{2},$$

然后使用积分的定义计算 $\int_0^1 x\mathrm{d}x$。

4. 设 $f(x)$ 可微。证明 $f(x)$ 必定连续。（注意：直观上这很有道理；如果函数 f 在其图像中有间断点，那么它应该没有良好定义的切线。这个问题是一个定义的练习。）

5. 在区间 $[0,1]$ 上，定义

$$f(x)=\begin{cases}1, & \text{如果 } x \text{ 是有理数,}\\ 0, & \text{如果 } x \text{ 是无理数。}\end{cases}$$

证明 $f(x)$ 不可积。（注意：你需要使用如下事实，即任何正长度上的任何区间一定包含一个有理数和一个无理数。换句话说，有理数和无理数都是稠密的。）

6. 这是一个很费时间却很值得考虑的问题。找到一本微积分教材，完成链式法则的证明，即

$$\frac{\mathrm{d}}{\mathrm{d}x}f(g(x))=f'(g(x))\cdot g'(x)。$$

7. 回到你在练习 6 中使用的微积分教材。找到无穷级数的一章。完成下列收敛判别法的证明：积分判别法、比较判别法、极限比较判别法、比率判别法和根式判别法。用 ε 和 δ 语言叙述上述所有判别法。

第 3 章 向量值函数的微积分

基本对象：$\mathbf{R}^n$

基本映射：可微函数 f：$\mathbf{R}^n \to \mathbf{R}^m$

基本目标：反函数定理

3.1 向量值函数

函数 $f:\mathbf{R}^n \to \mathbf{R}^m$ 称作向量值函数，因为对于 $\mathbf{R}^n$ 中的任意向量 x，$f(x)$ 的值（或像）是 $\mathbf{R}^m$ 中的向量。如果 $(x_1,\cdots,x_n)$ 是 $\mathbf{R}^n$ 的坐标系，函数 f 可以用 m 个实值函数描述，简写为

$$f(x_1,\cdots,x_n)=\begin{pmatrix} f_1(x_1,\cdots,x_n) \\ \vdots \\ f_m(x_1,\cdots,x_n) \end{pmatrix},$$

这样的函数经常出现。例如，令 f：$\mathbf{R} \to \mathbf{R}^2$ 定义为

$$f(t)=\begin{pmatrix} \cos(t) \\ \sin(t) \end{pmatrix}。$$

这里 t 是 $\mathbf{R}$ 中的坐标。当然这只是以与 x 轴所成的角度为参数的单位圆，如右图所示。

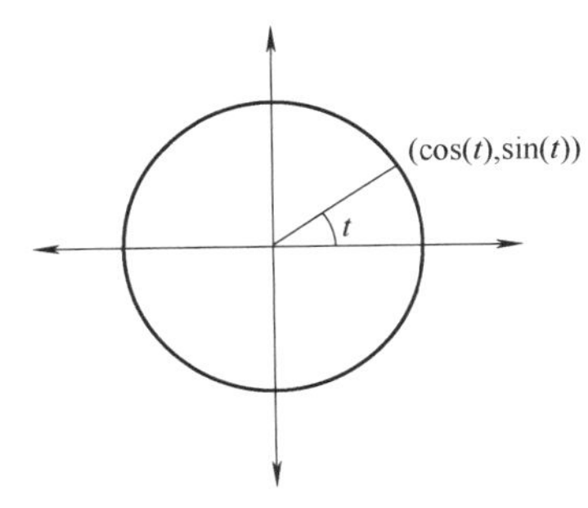

也可以写成 $x=\cos(t)$，$y=\sin(t)$。

另一个例子，考虑函数 $f:\mathbf{R}^2 \to \mathbf{R}^3$，为

$$f(x_1,x_2)=\begin{pmatrix} \cos x_1 \\ \sin x_1 \\ x_2 \end{pmatrix}。$$

这个函数 f 把 (x_1,x_2) 映射成了空间中的圆柱。

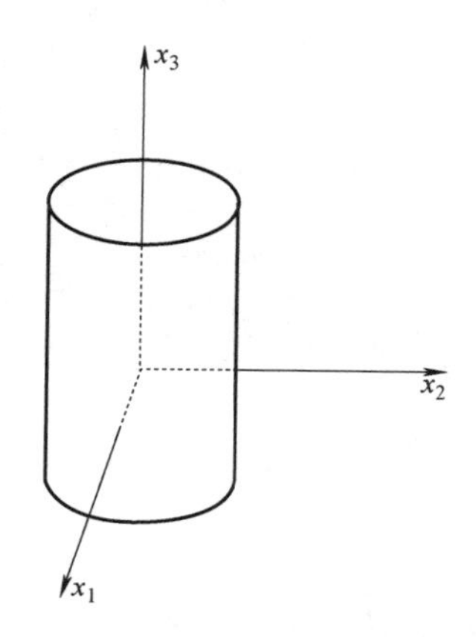

大多数的例子都是相当复杂的，复杂到不能画出图来，当然我们也很少用这些图。

3.2 向量值函数的极限和连续性

毕达哥拉斯定理给出了自然地在 $\mathbf{R}^n$ 中度量距离的方式，这是定义向量值函数极限中的关键思想。

定义 3.2.1 设 $a=(a_1,\cdots,a_n)$ 和 $b=(b_1,\cdots,b_n)$ 是 $\mathbf{R}^n$ 中的两个点，则 a 和 b 之间的距离记为 $|a-b|$，且

$$|a-b|=\sqrt{(a_1-b_1)^2+(a_2-b_2)^2+\cdots+(a_n-b_n)^2}。$$

a 的长度定义为

$$|a|=\sqrt{a_1^2+\cdots+a_n^2}。$$

注意到我们使用了“长度”这个词，因为我们可以把 $\mathbf{R}^n$ 中的点 a 想成一个从原点出发到 a 点的向量。

一旦我们有了距离的定义，我们就可以用 ε 和 δ 语言来定义一些量。例如，极限的合理定义是

定义 3.2.2 函数 f：$\mathbf{R}^n\to\mathbf{R}^m$ 在点 $a=(a_1,\cdots,a_n)$ 有极限

$$L=(L_1,\cdots,L_m)\in\mathbf{R}^m,$$

如果给定任意的 $\varepsilon>0$，存在 $\delta>0$ 使得对于所有的 $x\in\mathbf{R}^n$，如果

$$0<|x-a|<\delta,$$

就有

$$|f(x)-L|<\varepsilon。$$

我们把极限记为

$$\lim_{x \to a} f(x) = L$$

或记为 $f(x) \to L$ 当 $x \to a$。

当然，现在连续一定可以定义为

定义 3.2.3　函数 $f: \mathbf{R}^n \to \mathbf{R}^m$ 在 $\mathbf{R}^n$ 中的点 a 上是连续的，如果 $\lim_{x \to a} f(x) = f(a)$。

极限和连续的定义都依赖于距离的存在。给出不同的标准（距离），我们就会有相应的极限和连续的定义。

3.3 微分和 Jacobi 矩阵

对于单变量函数来说，导数就是切线的斜率（回想一下，它是原始函数图像最好的线性逼近），而且可以用来找切线的方程。在相似的形式下，我们想让向量值函数的导数成为可以用来找到函数最佳线性逼近的工具。

首先我们给出向量值函数导数的定义，然后讨论背后的直观理解。特别地，我们想让向量值函数的这个定义与更早的单变量实值函数导数的定义一致。

定义 3.3.1　函数 $f: \mathbf{R}^n \to \mathbf{R}^m$ 在 $a \in \mathbf{R}^n$ 是可微的，如果存在一个 $m \times n$ 矩阵 $\boldsymbol{A}$：$\mathbf{R}^n \to \mathbf{R}^m$ 使得

$$\lim_{x \to a} \frac{|f(x) - f(a) - \boldsymbol{A}(x - a)|}{|x - a|} = 0。$$

如果这样的极限存在，矩阵 $\boldsymbol{A}$ 记作 $Df(a)$，称为 Jacobi 矩阵。

注意到 $f(x)$，$f(a)$ 和 $\boldsymbol{A}(x - a)$ 都在 $\mathbf{R}^m$ 中，因此

$$|f(x) - f(a) - \boldsymbol{A}(x - a)|$$

是 $\mathbf{R}^m$ 中一个向量的长度。同样地，$x - a$ 是 $\mathbf{R}^n$ 中的向量，使得 $|x - a|$ 成了 $\mathbf{R}^n$ 中一个向量的长度。进一步，通常存在一种简单的方法计算矩阵 $\boldsymbol{A}$，这一会我们将看到。而如果 Jacobi 矩阵 $Df(a)$ 存在，就可以证明它是唯一的，它取决于从 $\mathbf{R}^n$ 到 $\mathbf{R}^m$ 的基的改变。

我们当然想让这个定义与函数 $f: \mathbf{R} \to \mathbf{R}$ 的导数的定义一致。对于 $f: \mathbf{R} \to \mathbf{R}$，回想到导数 $f'(a)$ 被定义为极限

$$f'(a) = \lim_{x \to a} \frac{f(x) - f(a)}{x - a}。$$

然而，对于向量值函数 $f:\mathbf{R}^n\to\mathbf{R}^m$，$n$ 和 m 都大于 1，这种单变量的定义就变得没有意义了，因为我们不能做向量除法。不过我们可以从代数的角度处理上面的单变量极限，直到我们有一个能够被自然应用到 $f:\mathbf{R}^n\to\mathbf{R}^m$ 的陈述，而且与我们的定义一致。

回到单变量的情形 $f:\mathbf{R}\to\mathbf{R}$。则

$$f'(a)=\lim_{x\to a}\frac{f(x)-f(a)}{x-a}$$

是正确的当且仅当

$$0=\lim_{x\to a}\frac{f(x)-f(a)}{x-a}-f'(a),$$

它等价于

$$0=\lim_{x\to a}\frac{f(x)-f(a)-f'(a)(x-a)}{x-a}$$

或

$$0=\lim_{x\to a}\frac{|f(x)-f(a)-f'(a)(x-a)|}{|x-a|}。$$

最后一个等式，至少在形式上适合于函数 $f:\mathbf{R}^n\to\mathbf{R}^m$，假如我们用一个 $m\times n$ 矩阵，即 Jacobi 矩阵 $Df(a)$ 去替换 $f'(a)$（一个数，是一个 1×1 矩阵）。

就像单变量求导，通常存在一个直接的方法计算导数，而不用真正采用取极限的方式，我们也可以如此计算 Jacobi 矩阵。

定理 3.3.1 设函数 $f:\mathbf{R}^n\to\mathbf{R}^m$ 由 m 个可微函数 $f_1(x_1,\cdots,x_n)$，…，$f_m(x_1,\cdots,x_n)$ 给出，即

$$f(x_1,\cdots,x_n)=\begin{pmatrix}f_1(x_1,\cdots,x_n)\\ \vdots\\ f_m(x_1,\cdots,x_n)\end{pmatrix},$$

那么函数 f 可微且 Jacobi 矩阵为

$$Df(x)=\begin{pmatrix}\frac{\partial f_1}{\partial x_1} & \cdots & \frac{\partial f_1}{\partial x_n}\\ \vdots & & \vdots\\ \frac{\partial f_m}{\partial x_1} & \cdots & \frac{\partial f_m}{\partial x_n}\end{pmatrix}。$$

它的证明在很多书的向量积分章节中都可以找到，它是一个源于偏导数定义的相对简单的计算。但是为了理解它，我们要看下面

的例子。考虑我们前面给出的例子，函数由下式给出

$$f(x_1,x_2)=\begin{pmatrix}\cos x_1\\ \sin x_1\\ x_2\end{pmatrix},f:\mathbf{R}^2\to\mathbf{R}^3。$$

它把(x_1,x_2)平面映射成空间中的圆柱。那么 Jacobi 矩阵，即这个向量值函数的导数为

$$Df(x_1,x_2)=\begin{pmatrix}\partial\cos(x_1)/\partial x_1 & \partial\cos(x_1)/\partial x_2\\ \partial(\sin x_1)/\partial x_1 & \partial\sin(x_1)/\partial x_2\\ \partial x_2/\partial x_1 & \partial x_2/\partial x_2\end{pmatrix}$$

$$=\begin{pmatrix}-\sin x_1 & 0\\ \cos x_1 & 0\\ 0 & 1\end{pmatrix}。$$

初学微积分最难的概念和方法之一就是链式法则，它告诉了我们怎么去求两个函数构成的复合函数的微分。对于向量值形式，链式法则可以被很容易地陈述（尽管在这里我们不会给出证明）。它把复合函数的导数同每个组成部分的导数联系起来，实际上很简单，即

定义 3.3.2　设$f:\mathbf{R}^n\to\mathbf{R}^m$和$g:\mathbf{R}^m\to\mathbf{R}^l$为可微函数。则复合函数

$$g\cdot f:\mathbf{R}^n\to\mathbf{R}^l$$

也是可微的，导数由下式给出。如果$f(a)=b$，则

$$D(g\cdot f)(a)=D(g)(b)\cdot D(f)(a)。$$

因此链式法则说的是为了找到复合函数$g\cdot f$的导数需要用g的 Jacobi 矩阵乘以f的 Jacobi 矩阵。

单变量导数背后重要的直观理解之一就是$f'(a)$是曲线$y=f(x)$在平面$\mathbf{R}^2$上点$(a,f(a))$处切线的斜率。事实上，穿过点$(a,f(a))$的切线的方程为

$$y=f(a)+f'(a)(x-a)。$$

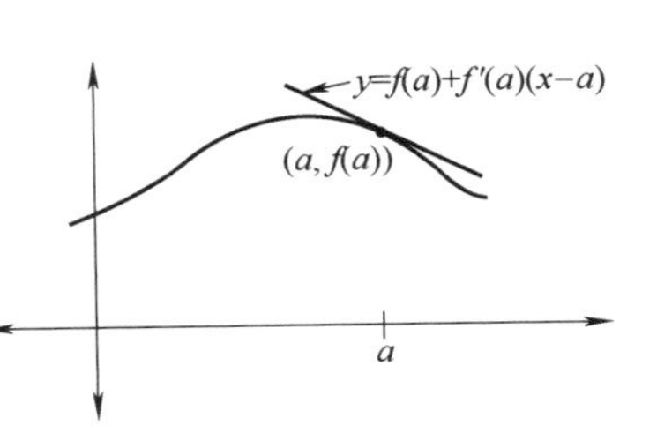

直线$y=f(a)+f'(a)(x-a)$是函数$y=f(x)$在点$x=a$处的最近线性逼近。因此验证f: $\mathbf{R}^n\to\mathbf{R}^m$导数合理标准应该是我们能够使用这个导数找到几何对象$y=f(x)$的一个线性逼近，这个函数位于空间$\mathbf{R}^{n+m}$中。这就是定义

$$\lim_{x \to a} \frac{|f(x) - f(a) - Df(a)(x-a)|}{|x-a|} = 0$$

的意思。即 $f(x)$ 约等于线性函数

$$f(a) + Df(a) \cdot (x-a)。$$

这里的 $Df(a)$ 是一个 $m \times n$ 矩阵，它是一个从 $\mathbf{R}^n$ 到 $\mathbf{R}^m$ 的线性映射，而 $f(a)$ 作为 $\mathbf{R}^m$ 中的一员，是一种转换。因此向量 $y=f(x)$ 大约为

$$y \approx f(a) + Df(a) \cdot (x-a)。$$

3.4 反函数定理

矩阵很容易理解，而向量值函数就不那么容易理解。正如在上一节看到的，向量值函数有导数的原因之一是我们能够根据矩阵，即 Jacobi 矩阵来估计原函数。现在问题就是我们有的这个估计能有多好。矩阵哪些好的性质可以用来得出向量值函数相应的好的性质？

这类问题可以引导我们到数值分析的核心。我们会考虑导数矩阵（Jacobi 矩阵）可逆，那么原始向量值函数一定也有逆，至少在局部有逆。这个定理及隐函数定理是贯穿于数学的重要专业工具。

定理 3.4.1 （反函数定理）对于一个连续可微的向量值函数 f：$\mathbf{R}^n \to \mathbf{R}^m$，假定在 $\mathbf{R}^n$ 中一点 a 处 $\det Df(a) \neq 0$。则存在 a 在 $\mathbf{R}^n$ 中的一个开邻域 U 以及 $f(a)$ 在 $\mathbf{R}^m$ 中的一个开邻域 V 使得 $f: U \to V$ 是一对一映射且有一个可微的逆 $g: V \to U$（即 $g \circ f: U \to U$ 为恒等映射且 $f \circ g: V \to V$ 也是恒等映射）。

为什么函数 f 应该有逆呢？让我们考虑 f 由线性函数得出的估计

$$f(x) \approx f(a) + Df(a) \cdot (x-a)。$$

根据线性代数基本定理，矩阵 $Df(a)$ 可逆当且仅当 $\det Df(a) \neq 0$。因此 $f(x)$ 应该可逆，如果 $f(a) + Df(a) \cdot (x-a)$ 可逆，当 $\det Df(a) \neq 0$ 时一定成立。事实上，考虑

$$y = f(a) + Df(a) \cdot (x-a)。$$

这里向量 y 明确地写成了变量为向量 x 的函数。但是如果 $Df(a)$ 的逆存在，那么我们可以明确地把 x 写成 y 的函数，即

$$y = a + Df(a)^{-1} \cdot (y - f(a))。$$

特别地，我们得到如果逆函数记为 f^{-1}，那么它的导数就应该为原函数 f 的导数的逆，即

$$Df^{-1}(b)=Df(a)^{-1},$$

其中 $b=f(a)$。这可以从链式法则和复合函数 $f^{-1}\circ f=\boldsymbol{I}$ 中得出。

对于 $f:\mathbf{R}\to\mathbf{R}$ 的情况，反函数定理背后的思想可以在下图中体现。

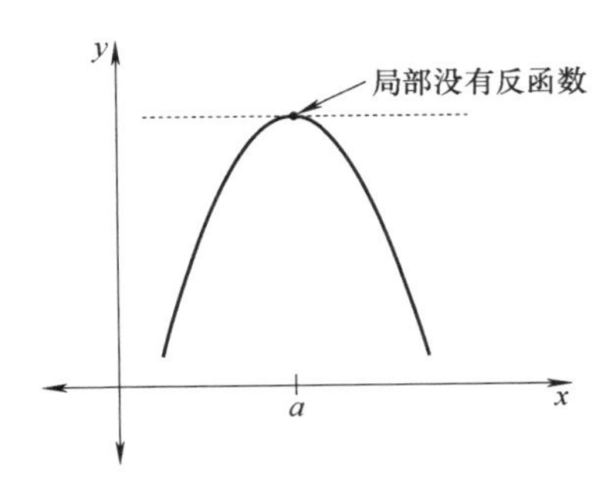

如果切线斜率 $f'(a)$ 不为 0，那么切线就不是水平的，因此就有逆。

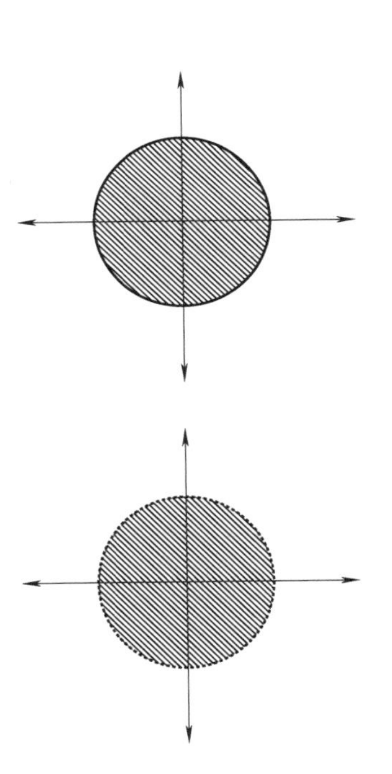

在定理的陈述中，我们用到了“开集”的概念。在下一章拓扑学中我们会了解更多关于它的知识。现在，我们就把开集考虑成一个允许我们讨论点 a 和 $f(a)$ 附近所有的点的工具。更准确地说，点 a 在 $\mathbf{R}^n$ 中的一个开邻域 U 的意思是给定任意的 $a\in U$，存在一个（小的）正数 ε 使得

$$\{x \mid |x-a|<\varepsilon\}\subset U。$$

在图中，举个例子，

$$\{(x,y)\in\mathbf{R}^2 \mid |(x,y)-(0,0)|=\sqrt{x^2+y^2}\leqslant 1\}\text{（如右上图）}$$

不是开的（事实上它是闭的，就是说它的补集在平面 $\mathbf{R}^2$ 中是开的），而集

$$\{(x,y)\in\mathbf{R}^2 \mid |(x,y)-(0,0)|<1\}\text{（如右下图）}$$

是开的。

3.5 隐函数定理

平面中的曲线很少有可以被描述为单变量函数 $y=f(x)$ 的图像。尽管我们早期的数学经历中的绝大多数都是这样的函数。例如，不可能把圆

$$x^2+y^2=1$$

写成一个单变量函数的图像，因为对于 x 的任意值（除了 -1 和 1）

要么在圆上没有对应的 y 值，要么有两个对应的 y 值。这非常不幸。当然，平面上能够被简单地写成 $y=f(x)$ 的曲线处理起来更容易。

不过我们可以把圆分成上下两半。

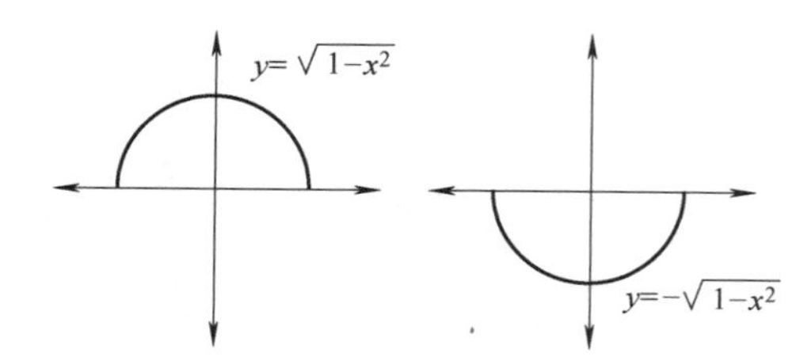

对于每一半，变量 y 都可以写成 x 的函数：对于上半部分，我们有

$$y=\sqrt{1-x^2},$$

对于下半部分，

$$y=-\sqrt{1-x^2}。$$

只有在两个点 $(1,0)$ 和 $(-1,0)$ 处存在问题。因为在这两个点（而且只在这两个点）处圆的切线是垂直于 x 轴的。

这就是关键。圆的切线是圆最好的线性逼近。如果切线可以被写成

$$y=mx+b,$$

那么圆就可以被写成 $y=f(x)$，至少在局部可以。

隐函数定理的目标是找到一个计算工具，允许我们判定何时在某个 $\mathbf{R}^n$ 中的一些函数的零点可以局部地写成函数的图像，因而写成 $y=f(x)$ 的形式，在这里 x 表示自变量而 y 表示因变量。我们想要了解函数零位点的切空间的直觉被隐藏了起来（但不深）。

符号有一些麻烦。列出 $\mathbf{R}^{n+k}$ 的坐标系为

$$x_1,\cdots,x_n,y_1,\cdots,y_k,$$

它经常缩写为 (x,y)。设

$$f_1(x_1,\cdots,x_n,y_1,\cdots,y_k),\cdots,f_k(x_1,\cdots,x_n,y_1,\cdots,y_k)$$

是 k 个连续可微函数，它们通常被写成

$$f_1(x,y),\cdots,f_k(x,y)。$$

设

$$V=\{(x,y)\in\mathbf{R}^{n+m}|f_1(x,y)=0,\cdots,f_k(x,y)=0\}。$$

当给出点 $(a,b)\in V$（其中 $a\in\mathbf{R}^n$，$b\in\mathbf{R}^k$），什么时候存在 k 个函数

$$\rho_1(x_1,\cdots,x_n),\cdots,\rho_k(x_1,\cdots,x_n)$$

使得在(a,b)在 $\mathbf{R}^{n+k}$的一个邻域中 V 可以被描述为

$$\{(x,y)\in\mathbf{R}^{n+k}\mid y_1=\rho_1(x_1,\cdots,x_n),\cdots,y_k=\rho_k(x_1,\cdots,x_n)\},$$

当然上式通常简写为

$$V=\{y_1=\rho_1(x),\cdots,y_k=\rho_k(x)\},$$

或者更简单地写为

$$V=\{y=\rho(x)\}。$$

因此我们想找到 k 个函数 ρ_1，…，ρ_k 使得对于所有的 $x\in\mathbf{R}^n$，有

$$f_1(x,\rho_1(x))=0,\cdots,f_k(x,\rho_k(x))=0。$$

因此我们想知道什么时候 k 个函数 f_1，…，f_k 可以用来定义（隐式地，因为实际上建立它们很费劲）k 个函数 ρ_1，…，ρ_k。

定理 3.5.1　（隐函数定理）设$f_1(x,y),\cdots,f_k(x,y)$是 $\mathbf{R}^{n+k}$上的 k 个连续可微函数，假设点 $p=(a,b)\in\mathbf{R}^{n+k}$满足

$$f_1(a,b)=0,\cdots,f_k(a,b)=0。$$

假设在点 p 处 $k\times k$ 矩阵

$$\boldsymbol{M}=\begin{pmatrix}\dfrac{\partial f_1}{\partial y_1(p)} & \cdots & \dfrac{\partial f_1}{\partial y_k(p)}\\ \vdots & & \vdots\\ \dfrac{\partial f_k}{\partial y_1(p)} & \cdots & \dfrac{\partial f_k}{\partial y_k(p)}\end{pmatrix}$$

可逆。则在 a 在 $\mathbf{R}^n$ 的一个邻域中存在 k 个唯一的可微函数

$$\rho_1(x),\cdots,\rho_k(x)$$

使得

$$f_1(x,\rho_1(x))=0,\cdots,f_k(x,\rho_k(x))=0。$$

回到圆。这里的函数是$f(x,y)=x^2+y^2-1=0$。定理中的矩阵 $\boldsymbol{M}$ 是 1×1 矩阵

$$\frac{\partial f}{\partial y_1}=2y。$$

只有当 $y=0$ 时矩阵不可逆（数为 0），即在两个点$(1,0)$和$(-1,0)$：只有在这两个点处没有隐式定义的函数 ρ。

现在简述一下证明的思想，它的提纲是从［103］中得到的。事实上，这个定理是反函数定理的一个相当简单的结论。为了符号的简便，我们把$(f_1(x,y),\cdots,f_k(x,y))$写成$f(x,y)$。定义一个新的函数 $F:\mathbf{R}^{n+k}\to\mathbf{R}^{n+k}$为

$$F(x,y)=(x,f(x,y))。$$

这个映射的 Jacobi 矩阵是 $(n+k)\times(n+k)$ 矩阵

$$\begin{pmatrix} \boldsymbol{I} & 0 \\ * & \boldsymbol{M} \end{pmatrix}。$$

这里 $\boldsymbol{I}$ 是 $n\times n$ 单位矩阵，$\boldsymbol{M}$ 是定理中的 $k\times k$ 矩阵，$\boldsymbol{0}$ 是 $n\times k$ 零矩阵而 $*$ 是某个 $k\times n$ 矩阵。那么 Jacobi 矩阵的行列式就是矩阵 $\boldsymbol{M}$ 的行列式；因此 Jacobi 矩阵可逆当且仅当矩阵 $\boldsymbol{M}$ 可逆。根据反函数定理，存在映射 G：$\mathbf{R}^{n+k}\to\mathbf{R}^{n+k}$，在点 (a,b) 的邻域上它是映射 $F(x,y)=(x,f(x,y))$ 的逆。

设逆映射 $G:\mathbf{R}^{n+k}\to\mathbf{R}^{n+k}$ 被描述为实值函数 G_1，…，G_{n+k}，为

$$G(x,y)=(G_1(x,y),\cdots,G_{n+k}(x,y))。$$

根据映射 F 的性质，我们得到对于 $1\leqslant i\leqslant n$，

$$G_i(x,y)=x_i。$$

把组成映射 G 的最后 k 个函数重新记为

$$\rho_i(x,y)=G_{i+n}(x,y)。$$

因此

$$G(x,y)=(x_1,\cdots,x_n,\rho_1(x,y),\cdots,\rho_k(x,y))。$$

我们想说明函数 $\rho_i(x,0)$ 是定理所需的函数。

我们已经看了 $\mathbf{R}^{n+k}$ 中的点集，其中原始的 k 个函数 f_i 为 0，即我们在前面称为 V 的集合。V 在映射 F 下的像将被包含在集 $(x,0)$ 中。那么至少在 (a,b) 周围的局部，像 $G(x,0)$ 就是 V。因此我们必定有

$$f_1(G(x,0))=0,\cdots,f_k(G(x,0))=0。$$

但是这只意味着

$$f_1(x,\rho_1(x,0))=0,\cdots,f_k(x,\rho_k(x,0))=0,$$

这正是我们想要说明的。

在这里我们使用了反函数定理来证明隐函数定理。先证明隐函数定理，然后再用它去证明反函数定理当然也是可以的，并且也不难。

3.6 推荐阅读

最近有一本非常棒的关于向量微积分的书（也有线性代数和 Stokes 定理的内容）是由 Hubbard 所著的［64］。Fleming［37］的书

很多年来一直都是标准参考书。另外，Spivak 的《流形的微积分》介绍了更加抽象的方法。关于三个变量函数的向量微积分知识在大多数的微积分课本中都能找到。读一本微积分教材，然后把给出的结果翻译成此部分的语言通常是一种非常好的练习。

3.7 练习

1. 在平面 $\mathbf{R}^2$ 中有两个自然坐标系：极坐标系(r,θ)，其中 r 是半径，θ 是与 x 轴所成的角度；还有一种是笛卡儿坐标系(x,y)。

给出从极坐标到笛卡儿坐标变换的函数是

$$x=f(r,\theta)=r\cos(\theta),$$
$$y=g(r,\theta)=r\sin(\theta)。$$

a. 计算这个坐标变换的 Jacobi 矩阵。

b. 在哪一点坐标的变换没有良好的定义（即在哪一点坐标变换不可逆)？

c. 对于你在 b 部分的答案，给出一个几何上的理由。

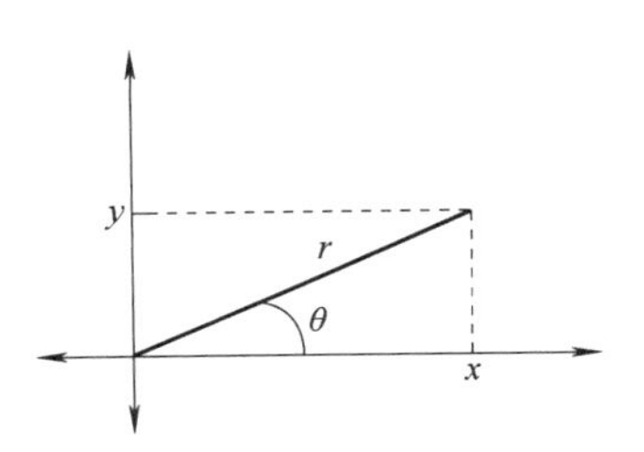

2. 有两种方法描述一元二次多项式：要么通过指定两个根，要么通过指定系数。例如，我们可以描述相同的多项式，要么通过说明根是 1 和 2，要么写成 x^2-3x+2。根 r_1，r_2 和系数 a，b 之间的关系可以由下式决定，

$$(x-r_1)(x-r_2)=x^2+ax+b。$$

因此所有一元二次多项式的空间可以由根空间的坐标(r_1,r_2)描述，也可以由系数空间的坐标(a,b)描述。

a. 给出从根空间到系数空间的坐标变换的函数；

b. 计算这个坐标变换的 Jacobi 矩阵；

c. 找到在哪里这个坐标变换是不可逆的；

d. 对于你在 c 部分的答案，给出一个几何上的解释。

3. 使用第 2 题中的符号，

a. 通过二次方程，给出从坐标空间到根空间的坐标变换；

b ~ d. 回答与练习 2 中相同的问题，但是现在要考虑这个新的坐标变换。

4. 设 $f(x,y)=x^2-y^2$。

a. 做出曲线 $f(x,y)=0$ 的图像；

b. 找出函数$f(x,y)$在点(1,1)处的 Jacobi 矩阵。给出这点 Jacobi 矩阵的一个几何解释；

c. 找出函数$f(x,y)$在点(0,0)处的 Jacobi 矩阵。给出为什么在这里的 Jacobi 矩阵是一个 2×2 的零矩阵的一个几何解释。

5. 设$f(x,y)=x^3-y^2$。

a. 做出曲线$f(x,y)=0$ 的图像；

b. 找出函数$f(x,y)$在点(1,1)处的 Jacobi 矩阵。给出这点 Jacobi 矩阵的一个几何解释；

c. 找出函数$f(x,y)$在点(0,0)处的 Jacobi 矩阵。给出为什么在这里的 Jacobi 矩阵是一个 2×2 的零矩阵的一个几何解释。

第4章 点集拓扑

基本对象：拓扑空间
基本映射：连续函数

在历史上，点集拓扑大多是为了理解例如连续和维数等概念的正确定义。尽管这样，到如今，这些概念遍布那些看起来远离传统拓扑空间 $\mathbf{R}^n$ 的数学领域。不幸的是，这些更加抽象的概念在起初看起来毫无用处，所以学习其基础概念时要有先打下坚实基础的认识。在第一节，将给出这些基础定义。在接下来的章节，这些基础定义被应用到拓扑空间 $\mathbf{R}^n$，在这里所有的东西都更切实。之后我们研究度量空间中的情况。最后，我们把这些定义应用到交换环的 Zariski 拓扑，这个拓扑虽然在代数几何和代数数论中自然存在，但是它与 $\mathbf{R}^n$ 的拓扑一点也不相似。

4.1 基础定义

大多数点集拓扑包含研究一种方便的语言来讨论什么时候空间中不同的点与另一个相近，并且讨论连续的概念。重点是相同的定义可能会被应用到数学许多不同的分支。

定义 4.1.1 设 X 是一个点集。子集族 $\boldsymbol{U}=\{U_\alpha\}$ 组成了 X 的一个拓扑，如果

1. U_α 中的任意并集是族 $\boldsymbol{U}$ 中的另一个集；
2. $\boldsymbol{U}$ 中任意有限多个 U_α 的交集是 $\boldsymbol{U}$ 中的另一个集；
3. 空集 $\varnothing$ 和全集 X 必须都在 $\boldsymbol{U}$ 中。

$(X,\boldsymbol{U})$ 称为一个拓扑空间。

族 $\boldsymbol{U}$ 中的集 U_α 称为开集。集 C 是闭的，如果它的补集 $X-C$ 是开的。

定义 4.1.2 设 A 是拓扑空间 X 的子集。则 A 上的诱导拓扑描述为设 A 上的开集都是形式为 $U\cap A$ 的集，其中 U 为 X 中的开集。

开集的集合 $\Sigma=\{U_\alpha\}$ 为子集 A 的一个开覆盖，如果 A 包含在 U_α 的并集中。

定义 4.1.3 拓扑空间 X 的子集 A 是紧致的，如果 A 的任意开覆盖都有有限子覆盖。

换句话说，如果 $\Sigma=\{U_\alpha\}$ 是 X 中 A 的一个开覆盖，那么 A 紧致意味着存在有限个 U_α，记为 U_1，…，U_n，使得

$$A\subset(U_1\cup U_2\cup\cdots\cup U_n)。$$

这个定义的重要性并不明显，不过这无所谓。它的一部分重要性在下一节我们讨论 Heine-Borel 定理时将会被看到。

定义 4.1.4 拓扑空间 X 是 Hausdorff 空间，如果给出任意两个点 x_1，$x_2\in X$，存在两个开集 U_1，U_2，且 $x_1\in U_1$，$x_2\in U_2$，但是 U_1 和 U_2 的交集为空。因此 X 是 Hausdorff 空间，如果点可以通过不相交的开集彼此分离。

定义 4.1.5 函数 $f:X\to Y$ 是连续的，其中 X 和 Y 是两个拓扑空间，如果给定 Y 中的任意开集 U，逆像 $f^{-1}(U)$ 在 X 中一定是开的。

定义 4.1.6 拓扑空间 X 是连通的，如果不能找到 X 中的两个开集 U 和 V 满足 $X=U\cup V$ 且 $U\cap V=\varnothing$。

定义 4.1.7 拓扑空间 X 是道路连通的，如果给定 X 中任意两点 a 和 b，存在一个连续映射

$$f:[0,1]\to X$$

满足

$$f(0)=a\text{ 且 }f(1)=b。$$

当然，在这里

$$[0,1]=\{x\in\mathbf{R}\mid 0\leqslant x\leqslant 1\}$$

为单位区间。为了使最后一个定义更加良好，我们需要把拓扑放在这个区间[0,1]上，这并不难，而且我们会在下一节解决这个问题。

虽然 $\mathbf{R}^n$ 上的标准拓扑在下一节才会研究，但是在这里我们会使用这个拓扑，为了建立一个连通但是不道路连通的拓扑空间。我要

强调这是病态的。在大多数情况下，连通等价于道路连通。

设

$$X = \{(0,t) \mid -1 \leqslant t \leqslant 1\} \cup \left\{y = \sin\left(\frac{1}{x}\right) \mid x > 0\right\}。$$

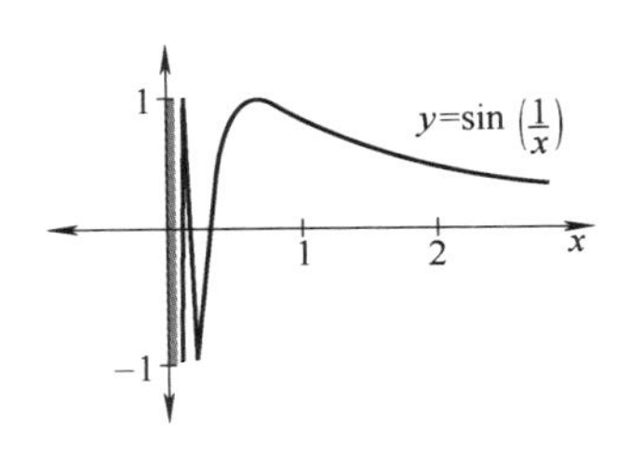

把诱导拓扑从 $\mathbf{R}^2$ 上的标准拓扑放到 X 上。注意到没有道路连结点 $(0,0)$ 到 $\left(\frac{1}{\pi}, 0\right)$。事实上，在 $\{(0,t) \mid -1 \leqslant t \leqslant 1\}$ 段没有点能够被一个路径连结到曲线

$$\left\{y = \sin\frac{1}{x} \mid x > 0\right\}$$

上。但是另一方面，曲线 $\left\{y = \sin\frac{1}{x} \mid x > 0\right\}$ 任意接近于 $\{(0,t) \mid -1 \leqslant t \leqslant 1\}$ 段，因此没有方法通过开集分开这两部分。

现在点集拓扑书籍会给出许多满足其中一些（但不是所有）条件的不同拓扑空间的拓展例子。这些例子大多数很合理，但是都有一种病态的感觉，而且有一种这些定义太过讲究、并不必要的感觉。为了抵抗这种感觉，在这章的最后一节我们会看到交换环上的非标准拓扑，Zariski 拓扑，它绝对不是病态的。但首先在下一节，我们要看看 $\mathbf{R}^n$ 上的标准拓扑。

4.2 $\mathbf{R}^n$ 上的标准拓扑

点集拓扑当然是20世纪早期的产物。然而，在那之前很久，人们就开始使用连续函数和相关的思想了。甚至在之前的章节中，连续函数的定义就已经被给出了，但不需要讨论开集和拓扑。在这节我们定义 $\mathbf{R}^n$ 上的标准拓扑，并说明在上一章中用极限给出的连续的定义与上一节用开集的逆像给出的定义一致。重点是开集的版本可以用到极限的概念说不通的语境中。而且在实践中开集的版本通常并不比极限的版本更难使用。

$\mathbf{R}^n$ 上的标准拓扑定义的关键是在 $\mathbf{R}^n$ 有个自然的距离的概念。回想点 $a = (a_1, \cdots, a_n)$ 和 $b = (b_1, \cdots, b_n)$ 间的距离定义为

$$|a - b| = \sqrt{(a_1 - b_1)^2 + \cdots + (a_n - b_n)^2}。$$

使用这个概念，我们可以通过开集来定义 $\mathbf{R}^n$ 上的拓扑如下。

定义 4.2.1 $\mathbf{R}^n$ 中的集 U 是开的，如果给定任意的 $a \in \mathbf{R}^n$，存

在实数 $\varepsilon>0$ 使得

$$\{x \mid |x-a|<\varepsilon\}$$

包含在 U 中。

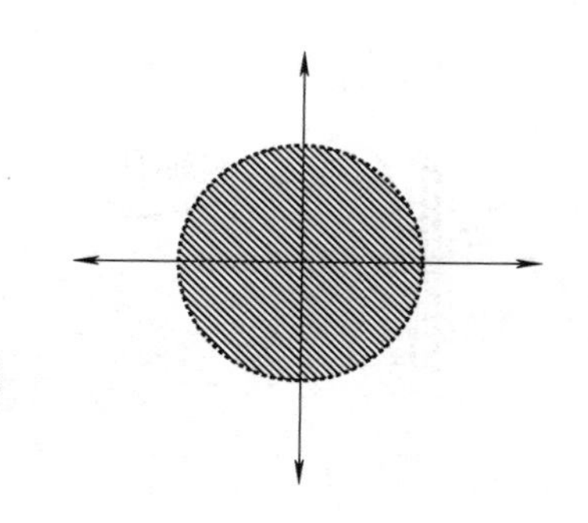

在 $\mathbf{R}^1$ 中，形式为 $(a,b)=\{x \mid a<x<b\}$ 的集是开的，而形式为 $[a,b]=\{x \mid a\leqslant x\leqslant b\}$ 的集是闭的。像 $[a,b)=\{x \mid a\leqslant x<b\}$ 的集既不是开的也不是闭的。在 $\mathbf{R}^2$ 中，集 $\{(x,y) \mid x^2+y^2<1\}$ 是开的。而集 $\{(x,y) \mid x^2+y^2\leqslant 1\}$ 是闭的。

命题 4.2.1 上述开集的定义将对 $\mathbf{R}^n$ 上的一个拓扑做出定义。（在本章结尾的练习 2 中证明。）它被称为 $\mathbf{R}^n$ 上的标准拓扑。

命题 4.2.2 $\mathbf{R}^n$ 上的标准拓扑是 Hausdorff 空间。

这个定理在几何上相当显而易见。

但是我们会给出一个证明来检验定义。

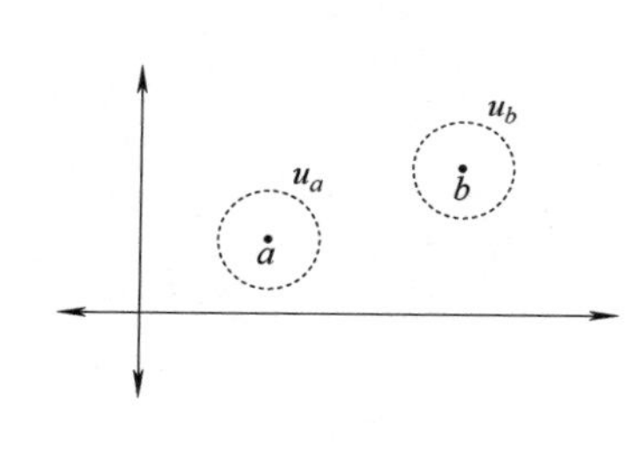

证明 设 a 和 b 是 $\mathbf{R}^n$ 中两个不同的点。设 $d=|a-b|$ 是从 a 到 b 的距离。设

$$U_a=\left\{x\in\mathbf{R}^n \mid |x-a|<\frac{d}{3}\right\}$$

且

$$U_b=\left\{x\in\mathbf{R}^n \mid |x-b|<\frac{d}{3}\right\}。$$

U_a 和 U_b 都是开集，有 $a\in U_a$ 且 $b\in U_b$。那么 $\mathbf{R}^n$ 是 Hausdorff 空间，如果

$$U_a\cap U_b=\varnothing。$$

假设交集不为空。设 $x\in U_a\cap U_b$。那么，使用加上总和为零的项的技巧，再使用三角不等式，得到

$$\begin{aligned}|a-b|&=|a-x+x-b|\\&\leqslant|a-x|+|x-b|\\&<\frac{d}{3}+\frac{d}{3}\\&=\frac{2d}{3}\\&<d。\end{aligned}$$

因为不可能有 $d=|a-b|<d$，而我们做的唯一的假设就是存在一点 x 既在 U_a 中又在 U_b 中，所以我们知道交集一定为空。因此空间 $\mathbf{R}^n$ 是 Hausdorff 空间。证毕。

在第3章中，我们定义了函数$f:\mathbf{R}^n\to\mathbf{R}^m$是连续的，如果对于所有的$a\in\mathbf{R}^n$，

$$\lim_{x\to a}f(x)=f(a),$$

意思是给定任意的$\varepsilon>0$，存在某个$\delta>0$使得如果$|x-a|<\delta$，就有

$$|f(x)-f(a)|<\varepsilon。$$

这个连续的极限定义抓住了很多直观想法，就是一个函数是连续的，如果能够不从纸上抬起笔就可以画出它的图像。当然我们想让以前连续的定义与开集的逆像也是开集的新定义一致。再强调一遍，连续的逆像版本能够被延伸到极限版本（比不从纸上抬起笔的要求更少）说不通的语境中，这就是它存在的一个理由。

命题 4.2.3　设f：$\mathbf{R}^n\to\mathbf{R}^m$是一个函数。对于所有的$a\in\mathbf{R}^n$，

$$\lim_{x\to a}f(x)=f(a),$$

当且仅当对于$\mathbf{R}^m$中的任意开集U，逆像$f^{-1}(U)$是$\mathbf{R}^n$中的开集。

证明　首先假定$\mathbf{R}^m$中每个开集的逆像都是$\mathbf{R}^n$中的开集。设$a\in\mathbf{R}^n$。我们需要证明

$$\lim_{x\to a}f(x)=f(a)。$$

设$\varepsilon>0$。我们需要找到某个$\delta>0$，使得如果$|x-a|<\delta$，那么

$$|f(x)-f(a)|<\varepsilon。$$

定义

$$U=\{y\in\mathbf{R}^m \mid |y-f(a)|<\varepsilon\}。$$

集U在$\mathbf{R}^m$中是开的。根据假设，逆像

$$\begin{aligned}f^{-1}(U)&=\{x\in\mathbf{R}^n \mid f(x)\in U\}\\&=\{x\in\mathbf{R}^n \mid |f(x)-f(a)|<\varepsilon\}\end{aligned}$$

在$\mathbf{R}^n$中是开的。因为$a\in f^{-1}(U)$，根据$\mathbf{R}^n$中开集的定义，存在某个实数$\delta>0$使得集

$$\{x \mid |x-a|<\delta\}$$

包含在$f^{-1}(U)$中。但是这样如果$|x-a|<\delta$，我们有$f(x)\in U$，换言之，

$$|f(x)-f(a)|<\varepsilon,$$

这是我们想要证明的。因此连续的逆像版本证明了极限版本。

现在假定

$$\lim_{x\to a}f(x)=f(a)。$$

设U是$\mathbf{R}^m$中的任意开集。我们需要说明逆$f^{-1}(U)$在$\mathbf{R}^n$中是开的。

如果$f^{-1}(U)$是空集，不需要证明，因为空集总是开的。现在假定$f^{-1}(U)$不是空的。设$a \in f^{-1}(U)$。那么$f(a) \in U$。因为U是开的，所以存在实数$\varepsilon > 0$使得集

$$\{y \in \mathbf{R}^m \mid |y - f(a)| < \varepsilon\}$$

包含在集U中。因为$\lim\limits_{x \to a} f(x) = f(a)$，根据极限的定义，给定这个$\varepsilon > 0$，一定存在某个$\delta > 0$使得如果$|x - a| < \delta$，则

$$|f(x) - f(a) < \varepsilon。$$

因此如果$|x - a| < \delta$，则$f(x) \in U$。因此集

$$\{x \mid |x - a| < \delta\}$$

包含在集$f^{-1}(U)$中，这意味着$f^{-1}(U)$确实是一个开集。因此两个连续的定义一致。证毕。

在最后一节，集A定义为紧致集，如果对于A的每个开覆盖$\Sigma = \{U_\alpha\}$都有有限自覆盖。对于$\mathbf{R}^n$上的标准拓扑，紧致性等同于一个更加直观的思想，就是集是紧致的，如果它是闭的且有界。这个等价性就是 Heine-Borel 定理的目标。

定理 4.2.1 （Heine-Borel）$\mathbf{R}^n$的子集A是紧致的，当且仅当它是闭集且有界。

我们首先给出有界性的定义并且看一些例子，然后概述这个定理在一种特殊情况下的证明。

定义 4.2.2 子集A在$\mathbf{R}^n$是有界的，如果存在某个固定的实数r使得对于所有的$x \in A$，

$$|x| < r。$$

（即A被包含在一个半径为r的球中）。

作为我们的第一个例子，考虑$\mathbf{R}$中的开区间$(0,1)$，它当然是有界的，但不是闭的。我们想说明这个区间也不是紧致的。设

$$\begin{aligned} U_n &= \left(\frac{1}{n}, 1 - \frac{1}{n}\right) \\ &= \left\{x \,\middle|\, \frac{1}{n} < x < 1 - \frac{1}{n}\right\} \end{aligned}$$

是一个开集族。

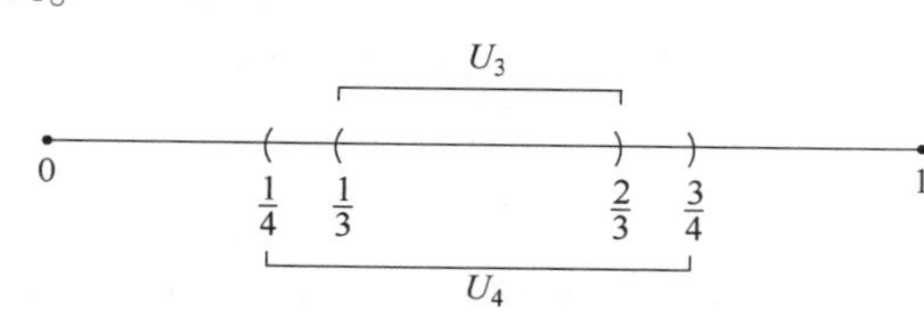

这个族是区间的一个开覆盖，因为$(0,1)$中的每个点都在某个U_n中。（事实上，一旦一个给定的点在一个集U_n中，它就会在每一个将来的集U_{n+k}中。）但是注意到没有有限子族会覆盖整个$(0,1)$区间。因此$(0,1)$不是紧致的。

接下来的例子是一个闭的但是无界的区间。一个显式的开覆盖再一次会被给出，但是它没有有限子覆盖。区间$[0,\infty)=\{x|0\leqslant x\}$是闭的但是很明显是无界的。它也不是紧致的，因为可以看到有下列开覆盖

$$U_n=(-1,n)=\{x|-1<x<n\}。$$

族$\{U_n\}_{n=1}^{\infty}$会覆盖$[0,\infty)$，但没有有限子覆盖。

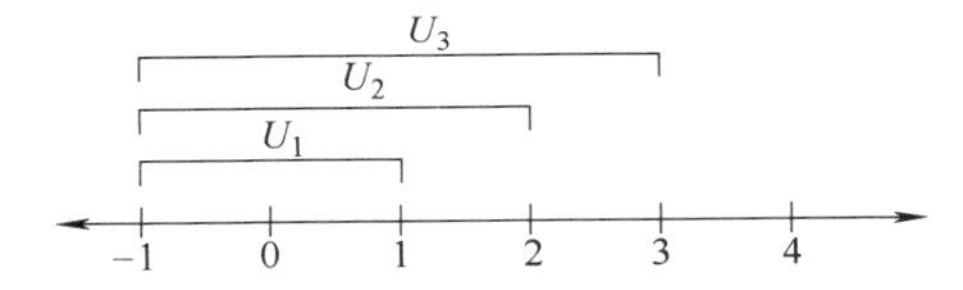

Heine-Borel 定理的证明围绕着把整个命题减弱到说明实数轴上一个闭的有界区间紧致的特殊情况。（关于怎样减弱到这个引理，请参考 Spivak ［103］ 中严格的证明，这是我们得到下述论断的地方。）这是这个证明的技术核心。事实上，这个重要的思想在大量的教材中都会出现，这就是我们在这里给出它的原因。

引理 4.2.1 在实数轴 $\mathbf{R}$ 上，闭区间$[a,b]$是紧致的。

证明 设Σ是$[a,b]$的一个开覆盖。我们需要找到一个有限子覆盖。定义一个新的集

$$Y=\{x\in[a,b]|在\Sigma中存在[a,x]的有限子覆盖\}。$$

我们的目标是说明我们的区间端点b在这个新的集Y中。

首先我们会通过说明初始点a在Y中，说明Y不是空的。如果$x=a$，那么我们感兴趣的是平凡区间$[a,a]=a$，一个单点。因为Σ是一个开覆盖，所以存在开集$V\in\Sigma$使得$[a,a]\in V$。因此对于这个十分浅显的区间$[a,a]$有子覆盖，因此a在集Y中，这意味着至少Y不是空的。

设α是Y的最小上界。这意味着Y中有元素任意接近于α但是没有元素比α大。（虽然证明这样一个最小上界的存在性包含了实数

轴完备性（巧妙且重要的）性质，但是在直观上对于任何一个有界实数集来说，这样一个最小上界一定存在。）我们首先说明点 α 本身就在集 Y 中，然后说明 α 实际上就是端点 b，这会使我们得出这个区间确实紧致的结论。

因为 $\alpha\in[a,b]$ 且 Σ 是一个开覆盖，所以 Σ 中存在一个开集 U 满足 $\alpha\in U$。因为 U 在 $[a,b]$ 中是开的，所以存在一个正数 ε 使得

$$\{x \mid |x-\alpha|<\varepsilon\}\subset U。$$

因为 α 是 Y 的最小上界，所以一定存在一个 $x\in Y$ 任意接近但是小于 α。所以我们能够找到一个 $x\in Y\cap U$ 满足

$$\alpha-x<\varepsilon,$$

因为 $x\in Y$，所以区间 $[a,x]$ 存在一个有限子覆盖 U_1，…，U_N。那么有限族 U_1，…，U_N，U 会覆盖 $[a,\alpha]$。因为每个开集 U_k 和 U 都在 Σ 中，这就意味着区间 $[a,\alpha]$ 有一个有限子覆盖，因此最小上界 α 在 Y 中。

现在假定 $\alpha<b$。我们要想出一个矛盾。我们知道 α 在集 Y 中。因此在 Σ 中有一个有限子覆盖 U_1，…，U_n 会覆盖区间 $[a,\alpha]$。选择开集使得点 α 在开集 U_n 中。因为 U_n 是开的，所以存在一个 $\varepsilon>0$ 使得

$$\{x \mid |x-\alpha|<\varepsilon\}\subset U_n。$$

因为端点 b 严格大于点 α，所以我们一定能够找到一个点 x 既在开集 U_n 中又满足

$$\alpha<x<b。$$

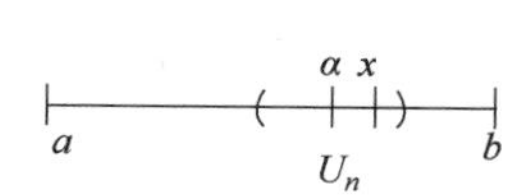

但是这样有限子覆盖 U_1，…，U_n 就不仅会覆盖区间 $[a,\alpha]$ 而且会覆盖更大的区间 $[a,x]$，这就使得 x 在集 Y 中了。这是不可能的，因为 α 是 Y 中的最大可能单元。因为我们所做的唯一的假设就是 $\alpha<b$，我们一定有 $\alpha=b$，即为所需。□

对于 $\mathbf{R}^n$ 中的紧致性还有另一个十分有用的定理。

定理 4.2.2 $\mathbf{R}^n$ 中的子集 A 是紧致的，如果 A 中每个无限点列 (x_n) 都有一个子列收敛到 A 中的一点。因此，如果 (x_n) 是 A 中一个点列，必有一个点 $p\in A$ 和一个子列 x_{n_k} 满足

$$\lim_{k\to\infty}x_{n_k}=p。$$

它的证明是本章结尾的练习之一。

紧致性对下述定理也很重要。

定理 4.2.3　设 X 是一个紧致拓扑空间，设 $f:X\to\mathbf{R}$ 为一个连续函数。则存在一个点 $p\in X$，在这个点处 f 有最大值。

我们给出这个证明的一个大致思想，而细节留为练习。首先，我们需要说明紧致集的连续的像是紧致的。则 $f(X)$ 在 $\mathbf{R}$ 中是紧致的，因此一定是闭的且有界。因此在 $f(X)$ 一定有一个最小上界，它的逆像会包含所需的点 p。相似的论据会被用到证明紧致集上的任意连续函数 $f(x)$ 都有最小值。

4.3　度量空间

集 $\mathbf{R}^n$ 上距离的自然概念是标准拓扑存在的关键。幸运的是，在很多其他集上与距离（称为度量）相似的概念也存在；任何一个有度量的集都会自动地有一个拓扑。

定义 4.3.1　集 X 上的度量是一个函数

$$\rho:X\times X\to\mathbf{R},$$

使得对于所有的点 x，y，$z\in X$，我们有

1. $\rho(x,y)\geqslant 0$，$\rho(x,y)=0$ 当且仅当 $x=y$；
2. $\rho(x,y)=\rho(y,x)$；
3. （三角不等式）

$$\rho(x,z)\leqslant\rho(x,y)+\rho(y,z)。$$

集 X 连同它的度量 ρ 称为一个度量空间，记为 (X,ρ)。

固定度量空间 (X,ρ)。

定义 4.3.2　X 中的集 U 是开的，如果对于所有的点 $a\in U$，存在某个实数 $\varepsilon>0$ 使得 $\{x\mid |x-a|<\varepsilon\}$ 包含在 U 中。

命题 4.3.1　上述开集的定义会在度量空间 (X,ρ) 上定义一个 Hausdorff 拓扑空间。

命题的证明与 $\mathbf{R}^n$ 上标准拓扑对应的证明类似。事实上，关于 $\mathbf{R}^n$ 的大多数拓扑事实都可以相当容易地转化成关于任意度量空间相应的拓扑事实。不幸的是，正如在第 5 节将会看到的那样，并不是所有的自然拓扑空间都来自于度量。

有一个不仅仅是 $\mathbf{R}^n$ 上标准的度量的例子会在第 13 章给出，在那里度量和它相关联的拓扑会被用来定义 Hilbert 空间。

4.4 拓扑基

警告： 这一节使用了可数的概念。如果存在一个从集到自然数的一对一映射，集是可数的。关于这个更多的会在第 10 章出现。注意，有理数是可数的而实数是不可数的。

在线性代数中，单词“基”意味着在向量空间中唯一地生成整个向量空间的一个列向量。在拓扑中，基是产生整个拓扑的一个开集族。更准确地说

定义 4.4.1 设 X 是一个拓扑空间。一个开集族组成了这个拓扑的一个基，如果 X 中的每个开集都是这个开集族中集的并集（可能是无限的）。

例如，设 (X,ρ) 是一个度量空间。对于每个正整数 k 和每个点 $p\in X$，设

$$U(p,k)=\left\{x\in X \mid \rho(x,p)<\frac{1}{k}\right\}。$$

我们可以证明所有可能的 $U(p,k)$ 的集合组成了度量空间的拓扑基。

在实际中，有一个基会允许我们把很多拓扑计算简化到在基中的集上进行计算。如果我们能够以某种方式限制基中元素的数目，处理将更加容易。这会导致

定义 4.4.2 拓扑空间是第二可数的，如果它有一个可数数目元素的拓扑基。

例如，$\mathbf{R}^n$ 有通常拓扑，是第二可数的。可数基可如下建立。对于每个正整数 k 和每个 $p\in\mathbf{Q}^n$（这意味着点 p 的每个坐标都是有理数），定义

$$U(p,k)=\left\{x\in\mathbf{R}^n \mid |x-p|<\frac{1}{k}\right\}。$$

有可数数目的这样的集 $U(p,k)$，而且它们能被证明组成了一个基。

大多数合理的拓扑空间都是第二可数的。这里有一个不是第二可数的度量空间的例子。它应该有而且确实有一种病态的感觉。设 X 是任意不可数集（例如，你可以设 X 为实数集）。定义 X 上的一个度量且令 $\rho(x,y)=1$，如果 $x\neq y$，$\rho(x,x)=0$。可以证明 $\rho(x,y)$ 定义了 X 上的一个度量，因此定义了 X 上的一个拓扑。尽管这个拓扑很

奇怪。每个点 x 自己就是一个开集，因为开集 $\{y \in X \mid \rho(x,y) < 1/2\} = x$。根据 X 中有不可数个点，我们可以证明这个度量空间不是第二可数的。

当然，既然我们使用了“第二可数”的字眼，那一定还有“第一可数”。拓扑集是第一可数的，如果每个点 $x \in X$ 都有一个可数邻域基。为了使这个讲得通，我们需要知道什么是邻域基。X 中的开集族组成了某个 $x \in X$ 的邻域基，如果每个包含 x 的开邻域都有一个族中的开集在它里面，且每个族中的开集都包含点 x。我们只是为了完整才提到这个定义。虽然接下来我们会需要第二可数的概念，但是在本书中我们并不需要第一可数的思想。

4.5 交换环的 Zariski 拓扑

警告：这一节需要交换环理论的基础知识。

尽管在历史上拓扑学出现在 $\mathbf{R}^n$ 上连续函数的研究中，但所有数学家都会说开集、闭集、紧致集的一个主要原因是在许多不同的数学结构中都存在自然拓扑。本节我们只看其中一个拓扑。虽然这个例子（交换环的 Zariski 拓扑）在代数几何和代数数论中很重要，但是对于一般的数学家来说不需要了解它。在这里给出它只是为了说明基础拓扑概念怎样以一种不明显的方式被应用到除了 $\mathbf{R}^n$ 的对象中。事实上，我们会看到多项式环上的 Zariski 拓扑不是 Hausdorff 空间，因此不能来自于一个度量。

我们想要把拓扑空间同任意交换环 R 联系起来。我们的拓扑空间会被定义在环 R 中所有素理想的集上，这个集表示为 $\mathrm{Spec}(R)$。我们首先会以什么是闭集开始，而不是定义开集。设 P 为 R 中的一个素理想，因此是 $\mathrm{Spec}(R)$ 中的一个点。定义闭集为

$$V_P = \{Q \mid Q \text{ 是包含 } P \text{ 的 } R \text{ 中的一个素理想}\}。$$

然后定义 $\mathrm{Spec}(R) - V_P$ 为一个开集，其中 P 是任意素理想。把开集定义为 $\mathrm{Spec}(R) - V_P$ 的所有集的并集和有限交集给出了 $\mathrm{Spec}(R)$ 上的 Zariski 拓扑。

正如在某些例子中将会看到的那样，把对应于最大理想的 $\mathrm{Spec}(R)$ 中的点称为几何点是很自然的。

假定环 R 没有零因子，这意味着如果 $xy = 0$，那么要么 x 为 0，

要么 y 为0。则元素0会生成一个素理想（0），包含在每个其他理想中。这个理想称为一般理想，并且总是有一点例外。

现在举些例子。第一个例子，设环 R 为整数环 $\mathbf{Z}$。$\mathbf{Z}$ 中仅有的素理想的形式为

$$(p)=\{kp \mid k\in\mathbf{Z},p\text{ 为一个素数}\}$$

和零理想（0）。那么 $\mathrm{Spec}(\mathbf{Z})$ 是所有素数的集合

2 3 5 7 11 13 17 19 23 29

和零理想（0）。这个拓扑中的开集是有限个这些理想的补集。

第二个例子，设环 R 为复数域 $\mathbf{C}$。仅有的两个素理想是零理想（0）和域本身。因此在某种意义上空间 $\mathbf{C}$ 是一个单点。

一个更加有趣的例子是设 $R=\mathbf{C}[x]$，复系数单变量多项式环。我们会看到作为一个点集，这个空间以实平面 $\mathbf{R}^2$（如果我们不考虑一般理想）而著名，但是这个拓扑远不是 $\mathbf{R}^2$ 的标准拓扑。关键是根据代数基本定理，所有的单变量多项式都可以分解为线性因子，因此所有的素理想都是线性多项式的倍数。我们把线性多项式 $x-c$ 的所有倍数的理想记为

$$(x-c)=\{f(x)(x-c) \mid f(x)\in\mathbf{C}[x],c\in\mathbf{C}\}。$$

因此，对于每个复数 $c=a+bi$，a，$b\in\mathbf{R}$，都有相应的素理想（$x-c$），因此 $\mathrm{Spec}(\mathbf{C}[x])$ 是另一个复数的环理论描述。在几何上，$\mathrm{Spec}(\mathbf{C}[x])$ 为

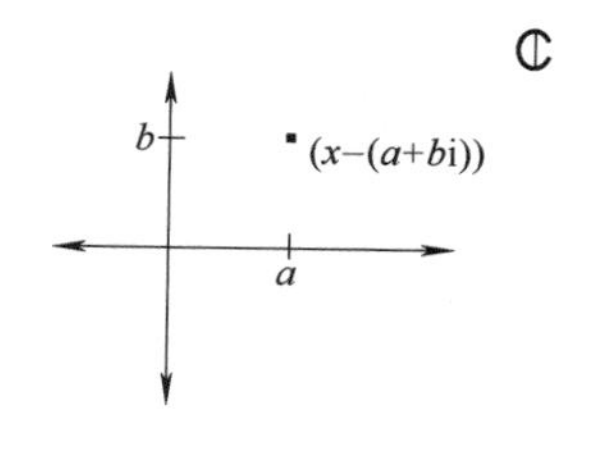

注意到虽然零理想（0）仍然是 $\mathbf{C}[x]$ 中的一个素理想，但是它不对应 $\mathbf{C}$ 中任何点，它反而潜伏在背景中。这个拓扑中的开集是有限个素理想的补集。但是每个素理想对应一个复数。因为复数域 $\mathbf{C}$ 可以被看成实平面 $\mathbf{R}^2$，因此我们有开集是实平面中有限个点的补集。虽然这些开集在 $\mathbf{R}^2$ 上的标准拓扑中也是开的，但是它们远比平面上任何开圆盘大得多。没有 ε 小圆盘会是仅仅有限个点的补集，因此在 Zariski 拓扑中不会是开的。事实上，注意到两个 Zariski 开集的交集一定相交。这个拓扑不能是 Hausdorff 空间。因为所有的度量空间都是 Hausdorff 空间，这就意味着 Zariski 拓扑不能来自于某个度量。

现在设 $R=\mathbf{C}[x,y]$ 为复系数双变量多项式环。除了零理想（0）之外，还有两种素理想：一种是极大理想，其中每一个都由形式为 x

$-c$ 和 $y-d$ 的多项式产生，其中 c 和 d 是两个复数；另一种是非极大素理想，其中每一个都由不可约多项式 $f(x,y)$ 产生。

注意到极大理想对应于复平面 $\mathbf{C}\times\mathbf{C}$ 中的点，因此就解释了“几何点”。

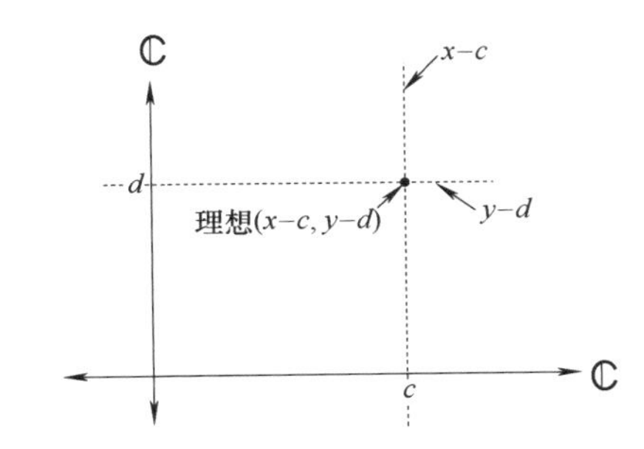

因为复数 $\mathbf{C}$ 的每一份都是实平面 $\mathbf{R}^2$，所以 $\mathbf{C}\times\mathbf{C}$ 是 $\mathbf{R}^2\times\mathbf{R}^2=\mathbf{R}^4$。在 Zariski 拓扑中，开集是多项式零位点的补集。例如，如果 $f(x,y)$ 是一个不可约多项式，则集

$$U=\{(x,y)\in\mathbf{C}^2 \mid f(x,y)\neq 0\}$$

是开的。虽然 Zariski 集在 $\mathbf{R}^4$ 上的标准拓扑中仍是开的，但是令人吃惊的是反之大多是错误的。与 $\mathbf{C}[x]$ 上的 Zariski 拓扑类似，没有 ε 球在 $\mathbf{C}[x,y]$ 上的 Zariski 拓扑中是开的。事实上，如果 U 和 V 是两个非空的 Zariski 开集，则它们一定相交。因此这也是一个非 Hausdorff 空间，并因此不能来自于一个度量。

4.6 推荐阅读

点集拓扑的繁荣发展是在 20 世纪早期，那个时候世界上一些最顶尖的数学家十分关心对连续、维数和拓扑空间的正确定义。这些问题的大多数现早已解决。当今，点集拓扑绝对是一个所有数学家都需要了解的工具。

在本科生阶段，数学系常常使用点集拓扑课作为一个让学生了解证明的课程。在 E. H. Moore（芝加哥大学）和他的学生 R. L. Moore（德克萨斯大学，他培养了相当多的博士生）的影响下，许多学校已经使用 Moore 的方法教授拓扑学。使用这种方法，在课程的第一天向学生们给出了许多定义和定理。在第二天就会问他们

谁证明了定理。如果有人认为已经有了一个证明，就会到黑板上去把他的证明呈献给全班同学。那些仍然想要独自得出证明的学生在这时就会离开课堂。这是一个很有效的让学生们了解证明的方式。另一方面，也没有很多资料可以查阅。现在，使用 Moore 方法教学的人们正以很多不同的方式修正它。

当然，这种方法对于那些已经在数学上很成熟的人来说几乎是荒谬的，他们只需要能够使用结论。20 世纪 50 年代和 60 年代的教材是由 Kelley［72］和 Dugundji［30］所著的。然而现今最受欢迎的教材是 Munkres 的《拓扑学：第一课》［88］。

我自己的观点（一个并不被大多数人共享的观点）是大多数人需要的所有的点集拓扑知识都可以在例如 Royden 的《实分析》［95］关于拓扑的章节中被找到。

4.7 练习

1. 本题的目标是证明集 X 上的拓扑也可以用闭集族的方式定义，这与开集族截然相反。设 X 是一个点集，$C=\{C_\alpha\}$ 是 X 的一个子集族。假设

- 族 C 中集的任意有限并集一定是 C 中的另一个集。
- 族 C 中集的任意交集一定是 C 中的另一个集。
- 空集$\varnothing$和全集 X 一定在族 C 中。

则称 C 中的集是闭的。称集 U 是开的，如果它的补集 $X-U$ 是闭的。证明开集的这个定义将会定义集 X 上的一个拓扑。

2. 证明命题 4.2.1。
3. 证明定理 4.2.2。
4. 证明定理 4.2.3。
5. 设 V 是所有函数

$$f:[0,1]\to\mathbf{R}$$

的向量空间，函数的导数包括端点处的单侧导数都是区间$[0,1]$上的连续函数。定义

$$|f|_\infty=\sup_{x\in[0,1]}|f(x)|$$

对于任意的函数$f\in V$。对于每个$f\in V$和每个$\varepsilon>0$，定义

$$U_f(\varepsilon)=\{g\in V\mid |f-g|_\infty<\varepsilon\}。$$

a. 证明所有的 $U_f(\varepsilon)$ 的集合是集 V 上一个拓扑的基。

b. 证明不存在数 M 使得对于所有的 $f\in V$，

$$\left|\frac{\mathrm{d}f}{\mathrm{d}x}\right|_{\infty}<M|f|_{\infty}。$$

在函数分析的语言中，这意味着导数被看成一个线性映射，在空间 V 上是无界的。包含点集拓扑的严肃的问题发生的主要场所之一就是函数分析中，它研究不同种类函数的向量空间。这种空间的研究对于解微分方程是很重要的。

第 5 章 经典Stokes定理

基本对象：流形和边界
基本映射：流形上的向量值函数
基本目标：边界上函数的均值 = 内部导数的均值

Stokes 定理，在其所有的表现形式中归结为把某个几何体边界上函数的平均值与这个几何体内部导数（以某种合适的方式）的平均值相等。当然，关于平均值的正确陈述应该被放到积分语言中。这个定理提供了拓扑学（关于边界的部分）与分析学（积分和导数）间的很深的联系。对于物理学它也非常重要，它可以在物理学的历史发展中被看到，而且对于大多数人来说，他们首次了解 Stokes 定理是在电磁学的课堂上。

第 6 章的目标是证明抽象流形的 Stokes 定理（从某种意义上来说，它是处理几何体的抽象方法）。我们将会看到即使是为了陈述定理我们也需要花费很多时间去建立一些必要的工具。本章会看到 Stokes 定理的一些特殊情形，一些早在人们意识到存在这样一个基本定理之前就已经熟知的特殊情形。例如，我们将会看到微积分基本定理是 Stokes 定理的一种特殊情况（为了证明 Stokes 定理你需要使用微积分基本定理，因此从逻辑上讲 Stokes 定理并不隐含微积分基本定理）。在 19 世纪 Stokes 定理的这些特殊情况大部分都被发现了，尽管如此，人们并不知道这些中的每一个都是一般结论的特殊情况。这些特殊情况足够重要和有用，以至于现在它们是很多多变量微积分课程和电磁学入门课程的标准主题。（尽管这个 Stokes 定理是下一章 Stokes 定理的一种特殊情况。）对于本章研究这些特殊情况所需的数学知识，我们会叙述散度定理和 Stokes 定理并概述它们的证明。

而且会强调它们的物理直观性。

本章和下一章之间有很多的重叠。数学家对 Stokes 定理的具体的特例和第 6 章的抽象版本都需要了解。

5.1 关于向量微积分的准备工作

本节较长，在本节中我们需要定义向量场、流形、路径和曲面积分、散度和旋度等向量微积分的基本概念。所有这些概念都是必要的。只有这样我们才能叙述散度定理和 Stokes 定理，这也是本章的目标。

5.1.1 向量场

定义 5.1.1 $\mathbf{R}^n$ 上的一个向量场是一个向量值函数

$$\boldsymbol{F}:\mathbf{R}^n\to\mathbf{R}^m。$$

如果 x_1，…，x_n 是 $\mathbf{R}^n$ 的坐标，则向量场 $\boldsymbol{F}$ 将被描述为如下的 m 个实值函数 f_k：$\mathbf{R}^n\to\mathbf{R}$

$$\boldsymbol{F}(x_1,\cdots,x_n)=\begin{pmatrix}f_1(x_1,\cdots,x_n)\\ \vdots\\ f_m(x_1,\cdots,x_n)\end{pmatrix}。$$

向量场是连续的，如果每个实值函数 f_k 都是连续的；向量场是可微的，如果每个实值函数 f_k 都是可微的，等等。

直观上，向量场为 $\mathbf{R}^n$ 中的每个点指定一个向量。任何数量的物理现象都能根据向量场描述。事实上，它们是流体流动、电场、磁场、引力场、热流动、运输流量和更多物理现象的自然语言。

例如，设 $\boldsymbol{F}$：$\mathbf{R}^2\to\mathbf{R}^2$ 由

$$\boldsymbol{F}(x,y)=(3,1)$$

给出。这里 $f_1(x,y)=3$，$f_2(x,y)=1$。在 $\mathbf{R}^2$ 上这个向量场可以通过在一些样本向量中画图而绘制出，如右图所示。

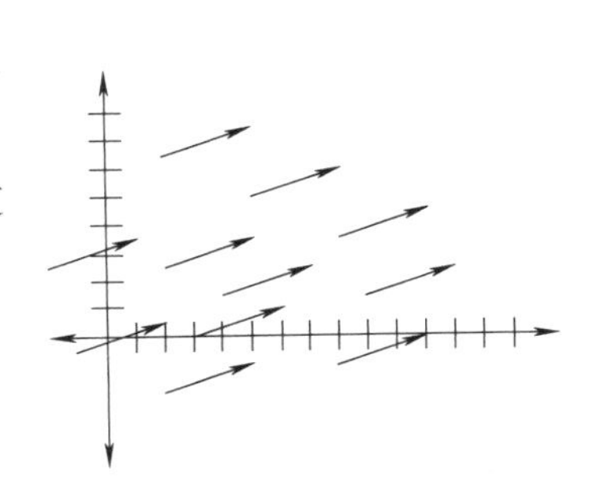

这个向量场的一个物理例子是风以速度

$$\text{length}(3,1)=\sqrt{9+1}=\sqrt{10}$$

向 $(3,1)$ 方向吹。

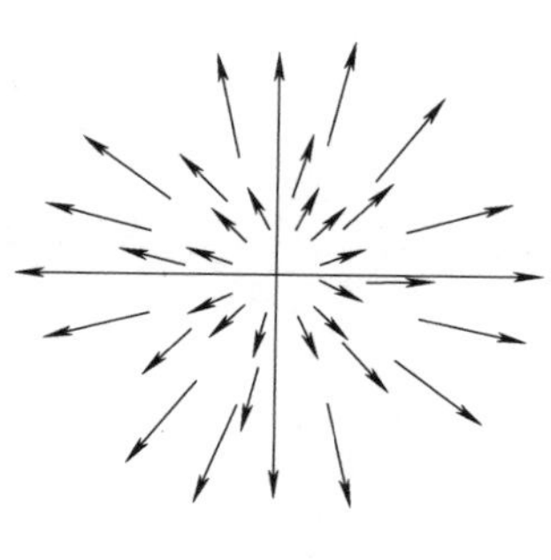

现在考虑向量场 $\boldsymbol{F}(x,y)=(x,y)$。则在图中（见左图）我们有这可能代表水从原点(0,0)处流出。

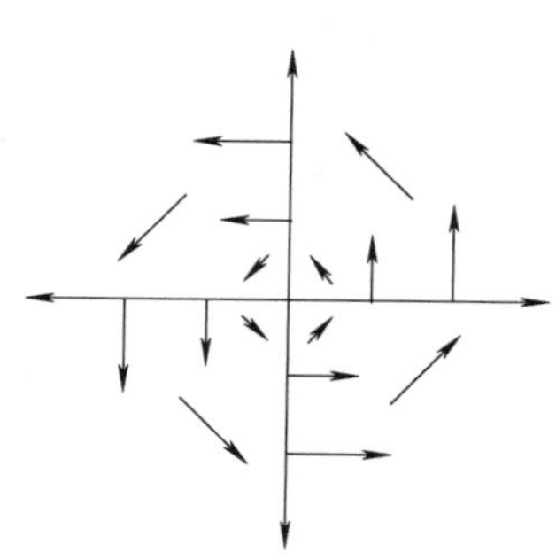

最后一个例子，设 $\boldsymbol{F}(x,y)=(-y,x)$。在图中（见左图）我们有这也许是某种涡流。

5.1.2 流形和边界

曲线和曲面总会出现在我们周围。它们都是流形的例子，流形基本上只是某个自然产生的几何体。流形的直观思想是对于一个 k 维流形，每个点都在看起来像 $\mathbf{R}^k$ 中的球的邻域中。在下章中，我们将给出三种定义流形的方法。本章中，我们会通过参数化定义流形。下面的定义使得在任意一点的局部上 k 维流形看起来像 $\mathbf{R}^k$ 中的球这一思想更加严谨。

定义 5.1.2 $\mathbf{R}^n$ 中的 k 维可微流形 M 是 $\mathbf{R}^n$ 中的一个点集，使得对于每点 $p\in M$，存在 p 的一个小的开邻域 U、一个向量值可微函数 $F:\mathbf{R}^k\to\mathbf{R}^n$ 和 $\mathbf{R}^k$ 中的一个开集 V 满足

a）$F(V)=U\cap M$；

b）F 的 Jacobi 矩阵在 V 中的每一点都有秩 k，其中 F 的 Jacobi 矩阵是 $n\times k$ 矩阵

$$\begin{pmatrix} \dfrac{\partial f_1}{\partial x_1} & \cdots & \dfrac{\partial f_1}{\partial x_k} \\ \vdots & & \vdots \\ \dfrac{\partial f_n}{\partial x_1} & \cdots & \dfrac{\partial f_n}{\partial x_k} \end{pmatrix},$$

x_1，…，x_k 是 $\mathbf{R}^k$ 的一个坐标系。函数 F 称为流形的（局部）参数化。

回想一个矩阵的秩是 k，如果矩阵有一个 $k\times k$ 可逆子式。(子式是矩阵的子矩阵。)

圆是一维流形，参数化为

$$F:\mathbf{R}^1\to\mathbf{R}^2,$$

由

$$F(t)=(\cos(t),\sin(t))$$

给出。

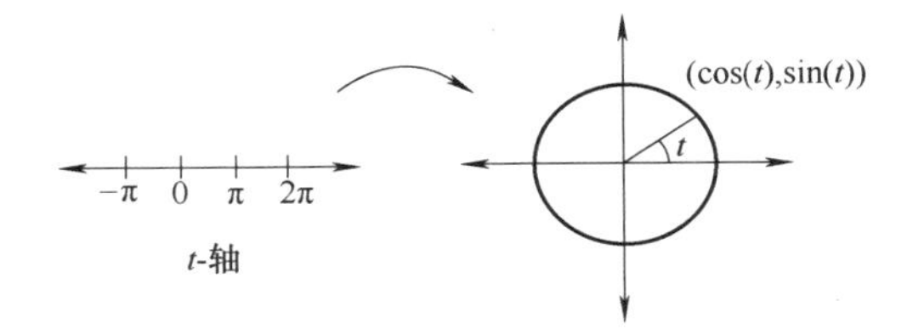

在几何上参数 t 是与 x 轴所成的角度。注意到 F 的 Jacobi 矩阵为

$$\begin{pmatrix} -\sin t \\ \cos t \end{pmatrix}。$$

因为正弦和余弦不能同时为 0，所以 Jacobi 矩阵的秩为 1。

三维空间的圆锥可参数化为

$$F(u,v)=(u,v,\sqrt{u^2+v^2})。$$

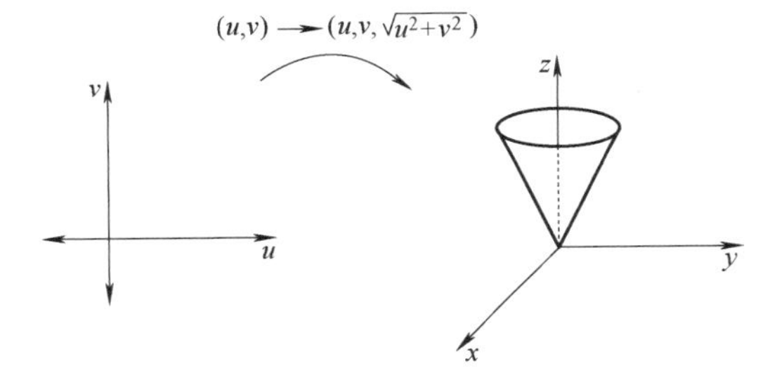

除了在定点$(0,0,0)$处，这是一个二维流形（一个曲面），在这点上 Jacobi 矩阵没有意义，更不必说秩为 2 了。注意到这与图一致，在这里原点当然看起来与其他点十分不同。

再说一遍，其他的定义会在第 6 章被给出。

现在要讨论什么是流形的边界。这是必要的，因为 Stokes 定理和它的许多表示都叙述到流形边界上函数的平均值等于它内部导数的平均值。

设 M 是 $\mathbf{R}^n$ 中的一个 k 维流形。

定义 5.1.3　M 的闭包记为$\overline{M}$，是 $\mathbf{R}^n$ 中所有点 x 的集合，存在 M 中的一个点列（x_n）满足

$$\lim_{n\to\infty}x_n=x。$$

M 的边界记为 ∂M，为

$$\partial M=\overline{M}-M。$$

给出一个流形和它的边界，我们把不是边界的部分称为内部。

有了几个例子，所有的这一切就会变得相当简单。考虑映射

$$r:[-1,2]-\mathbf{R}^2,$$

其中

$$r(t)=(t,t^2)。$$

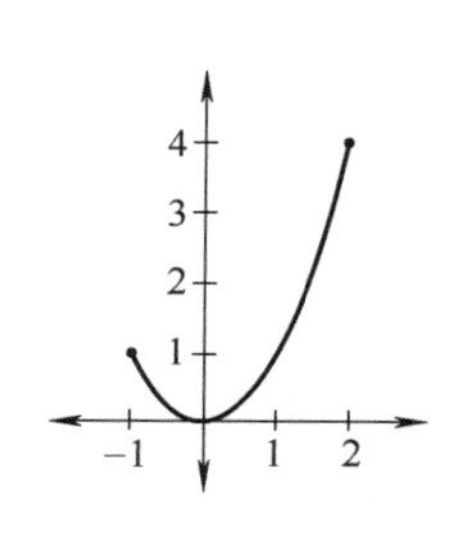

r 在开区间$(-1,2)$下的图像是一个一维流形（因为 Jacobi 矩阵是 2×1 矩阵$(1,2t)$，它总有秩为 1）。边界由 $r(-1)=(-1,1)$ 和 $r(2)=(2,4)$两部分组成。

下一个例子是有一个由圆组成的边界的二维流形。设

$$r:\{(x,y)\in\mathbf{R}^2 \mid x^2+y^2\leqslant 1\}\to\mathbf{R}^3,$$

由

$$r(x,y)=(x,y,x^2+y^2)$$

定义。r 的图像是位于平面上的单位圆盘上的空间中的一个碗

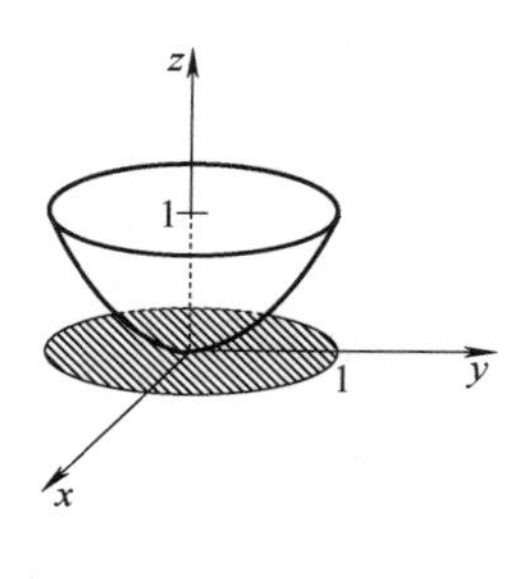

现在 r 在开集$\{(x,y)\in\mathbf{R}^2 \mid x^2+y^2<1\}$下的图像是一个二维流形（因为 Jacobi 矩阵为$\begin{pmatrix}1 & 0 & 2x\\ 0 & 1 & 2y\end{pmatrix}$，它在所有的点都有秩为 2）。边界是圆盘边界的图像，因此是圆$\{(x,y)\in\mathbf{R}^2 \mid x^2+y^2=1\}$的图像。在这种情况下，正如可以从图中看到的，边界本身是空间中 $z=1$ 平面上的一个圆。

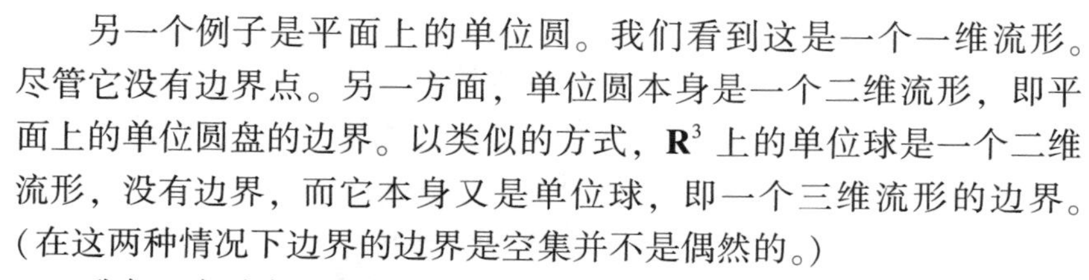

另一个例子是平面上的单位圆。我们看到这是一个一维流形。尽管它没有边界点。另一方面，单位圆本身是一个二维流形，即平面上的单位圆盘的边界。以类似的方式，$\mathbf{R}^3$ 上的单位球是一个二维流形，没有边界，而它本身又是单位球，即一个三维流形的边界。（在这两种情况下边界的边界是空集并不是偶然的。）

我们一般会把一个有边界的流形称为流形。我们也会经常假设一个 n 维流形的边界要么是空的（在这种情况下流形没有边界），要么边界本身是一个（$n-1$）维流形。

5.1.3 路径积分

至此，我们对流形有了一个清晰的定义，接下来我们去计算它们上面的积分。我们以沿曲线对向量场进行积分运算开始。这个过程被称为路径积分，有时候也会称为线积分。

$\mathbf{R}^n$ 上的曲线或路径 C 定义为一个有边界的一维流形。因此所有的曲线都可以通过映射 $F:[a,b]\to\mathbf{R}^n$ 定义，由

$$F(t)=\begin{pmatrix}f_1(t)\\ \vdots\\ f_n(t)\end{pmatrix}$$

给出。这些映射通常被写为

$$\begin{pmatrix}x_1(t)\\ \vdots\\ x_n(t)\end{pmatrix}。$$

我们要求每一部分的函数 f_i：$\mathbf{R}\to\mathbf{R}$ 都是可微的。

定义 5.1.4　设 $f(x_1,\cdots,x_n)$ 是定义在 $\mathbf{R}^n$ 上的实值函数。函数 f 沿曲线 C 的路径积分为

$$\begin{aligned}\int_C f\mathrm{d}s &= \int_C f(x_1,\cdots,x_n)\,\mathrm{d}s\\ &= \int_a^b f(x_1(t),\cdots,x_n(t))\left(\sqrt{\left(\frac{\mathrm{d}x_1}{\mathrm{d}t}\right)^2+\cdots+\left(\frac{\mathrm{d}x_n}{\mathrm{d}t}\right)^2}\right)\mathrm{d}t。\end{aligned}$$

注意到

$$\int_a^b f(x_1(t),\cdots,x_n(t))\left(\sqrt{\left(\frac{\mathrm{d}x_1}{\mathrm{d}t}\right)^2+\cdots+\left(\frac{\mathrm{d}x_n}{\mathrm{d}t}\right)^2}\right)\mathrm{d}t$$

虽然看起来很复杂，但它只是单变量 t 的积分。

定理 5.1.1　设 $\mathbf{R}^n$ 中的曲线 C 由两个不同的参数

$$F:[a,b]\to\mathbf{R}^n$$

和

$$G:[c,d]\to\mathbf{R}^n$$

所描述，而

$$F(t)=\begin{pmatrix}x_1(t)\\ \vdots\\ x_n(t)\end{pmatrix},G(u)=\begin{pmatrix}y_1(u)\\ \vdots\\ y_n(u)\end{pmatrix}。$$

路径积分 $\int_C f\mathrm{d}s$ 与参数的选择无关，即

$$\begin{aligned}&\int_a^b f(x_1(t),\cdots,x_n(t))\left(\sqrt{\left(\frac{\mathrm{d}x_1}{\mathrm{d}t}\right)^2+\cdots+\left(\frac{\mathrm{d}x_n}{\mathrm{d}t}\right)^2}\right)\mathrm{d}t\\ =&\int_c^d f(y_1(u),\cdots,y_n(u))\left(\sqrt{\left(\frac{\mathrm{d}y_1}{\mathrm{d}u}\right)^2+\cdots+\left(\frac{\mathrm{d}y_n}{\mathrm{d}u}\right)^2}\right)\mathrm{d}u。\end{aligned}$$

我们一会就会介绍一个例子，定理的证明中严格地使用了链式法则，而且这也是链式法则的一个练习。事实上，路径积分由一个很笨拙的公式

$$ds=\sqrt{\left(\frac{dx_1}{dt}\right)^2+\cdots+\left(\frac{dx_n}{dt}\right)^2}\,dt$$

精确地定义是为了使路径积分与参数无关。这就是 $\int_a^b f(x_1(t),\cdots,x_n(t))\,dt$ 不是路径积分正确的定义的原因。

符号“ds”表示 $\mathbf{R}^n$ 中的曲线 C 上无穷小的弧长。在左图中，对于 $\mathbf{R}^2$ 考虑下式。

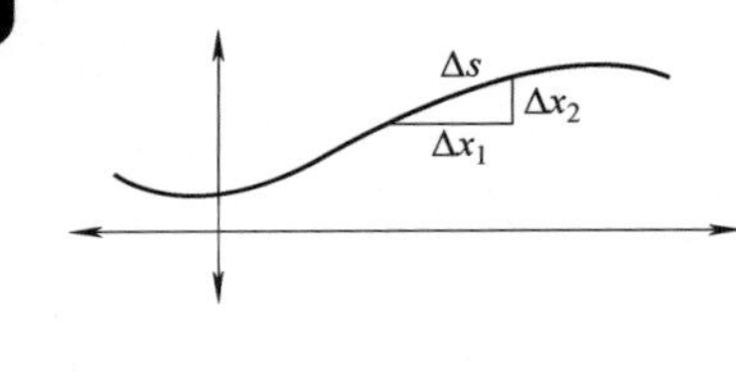

$$\Delta s\approx\sqrt{(\Delta x_1)^2+(\Delta x_2)^2}。$$

Δs 表示沿曲线 C 位置的变化，根据毕达哥拉斯定理我们有

$$\begin{aligned}\Delta s&\approx\sqrt{(\Delta x_1)^2+(\Delta x_2)^2}\\&=\left(\sqrt{\left(\frac{\Delta x_1}{\Delta t}\right)^2+\left(\frac{\Delta x_2}{\Delta t}\right)^2}\right)\Delta t。\end{aligned}$$

然后当 $\Delta t\to 0$ 时，至少在形式上我们有极限

$$ds=\left(\sqrt{\left(\frac{dx_1}{dt}\right)^2+\left(\frac{dx_2}{dt}\right)^2}\right)dt。$$

因此毕达哥拉斯定理正确的使用也会让我们得到曲线积分定义中的

$$ds=\sqrt{\left(\frac{dx_1}{dt}\right)^2+\cdots+\left(\frac{dx_n}{dt}\right)^2}\,dt。$$

现在做一个例子来检验我们对于定义的知识，同时看看 ds 项对于使路径积分与参数无关是怎样被需要的。考虑平面上从(0,0)到(1,2)的直线段。我们会以两种不同的参数形式表示这条直线段，然后使用每个参数形式去计算函数

$$f(x,y)=x^2+3y$$

的路径积分。

首先，定义

$$F:[0,1]\to\mathbf{R}^2$$

为

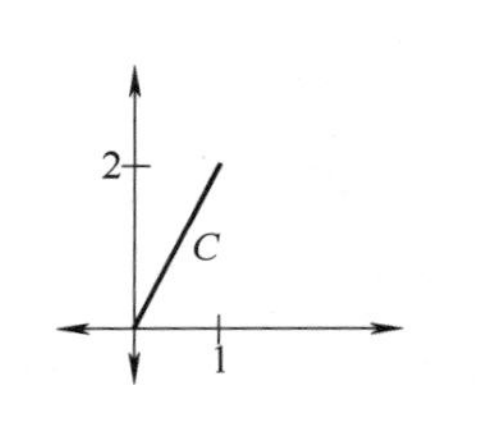

$$F(t)=(t,2t)。$$

因此我们有 $x(t)=t,y(t)=2t$。记这条线段为 C。则

$$\begin{aligned}\int_C f(x,y)\,\mathrm{d}s &= \int_0^1 (x(t)^2 + 3y(t))\sqrt{\left(\frac{\mathrm{d}x}{\mathrm{d}t}\right)^2 + \left(\frac{\mathrm{d}y}{\mathrm{d}t}\right)^2}\mathrm{d}t \\ &= \int_0^1 (t^2 + 6t)\sqrt{5}\mathrm{d}t \\ &= \sqrt{5}\left(\frac{t^3}{3}\Big|_0^1 + 3t^2\Big|_0^1\right) \\ &= \sqrt{5}\left(\frac{1}{3} + 3\right) \\ &= \frac{10}{3}\sqrt{5}。\end{aligned}$$

现在把线段 C 参数化为

$$G:[0,2]\to C,$$

其中

$$G(t) = \left(\frac{t}{2}, t\right)。$$

这里我们有 $x(t) = \frac{t}{2}$，$y(t) = t$。则

$$\begin{aligned}\int_C f(x,y)\,\mathrm{d}s &= \int_0^2 (x(t)^2 + 3y(t))\sqrt{\left(\frac{\mathrm{d}x}{\mathrm{d}t}\right)^2 + \left(\frac{\mathrm{d}y}{\mathrm{d}t}\right)^2}\mathrm{d}t \\ &= \int_0^2 \left(\frac{t^2}{4} + 3t\right)\sqrt{\frac{1}{4} + 1}\,\mathrm{d}t \\ &= \frac{\sqrt{5}}{2}\left(\frac{8}{12} + 6\right) \\ &= \frac{10}{3}\sqrt{5}\end{aligned}$$

即为所需。

5.1.4　曲面积分

现在研究沿曲面的积分。$\mathbf{R}^3$ 上的曲面是有边界的二维流形。为了简便，我们会把注意力限制到那些由

$$r(u,v) = (x(u,v), y(u,v), z(u,v))$$

给出的映射

$$r: D\to\mathbf{R}^3$$

的图像的曲面上，其中 x，y，z 是 $\mathbf{R}^3$ 的坐标而 u，v 是 $\mathbf{R}^2$ 的坐标。这里 D 是平面上的一个区域，这意味着在 $\mathbf{R}^2$ 中存在一个开集 U，它

的闭包是 D。(如果你把 U 想象成一个开圆盘，那么 D 就是一个闭圆盘，通常你是不会弄错的。)

定义 5.1.5 设 $f(x,y,z)$ 是 $\mathbf{R}^3$ 上的函数。则 $f(x,y,z)$ 沿曲面 S 的积分为 $\iint_S f(x,y,z)\mathrm{d}S = \iint_D f(x(u,v),y(u,v),z(u,v)) \cdot \left|\frac{\partial r}{\partial u} \times \frac{\partial r}{\partial v}\right| \mathrm{d}u\mathrm{d}v$。

这里 $\left|\frac{\partial r}{\partial u} \times \frac{\partial r}{\partial v}\right|$ 表示向量 $\frac{\partial r}{\partial u}$ 和 $\frac{\partial r}{\partial v}$ 叉积的长度（一会我们会说明它是某个法向量的长度），因此是

$$\frac{\partial r}{\partial u} \times \frac{\partial r}{\partial v} = \begin{pmatrix} \mathbf{i} & \mathbf{j} & \mathbf{k} \\ \partial x/\partial u & \partial y/\partial u & \partial z/\partial u \\ \partial x/\partial v & \partial y/\partial v & \partial z/\partial v \end{pmatrix}$$

的行列式。因此无穷小面积 $\mathrm{d}S$ 为

$$\left(\frac{\partial r}{\partial u} \times \frac{\partial r}{\partial v}\right)\mathrm{d}u\mathrm{d}v \text{ 的长度} = \left|\left(\frac{\partial y}{\partial u}\frac{\partial z}{\partial v}\right)-\left(\frac{\partial z}{\partial u}\frac{\partial y}{\partial v}\right),\left(\frac{\partial x}{\partial v}\frac{\partial z}{\partial u}\right)-\left(\frac{\partial x}{\partial u}\frac{\partial z}{\partial v}\right),\left(\frac{\partial x}{\partial u}\frac{\partial y}{\partial v}\right)-\left(\frac{\partial x}{\partial v}\frac{\partial y}{\partial u}\right)\right|\mathrm{d}u\mathrm{d}v。$$

与弧长类似，曲面积分与参数也无关。

定理 5.1.2 积分 $\iint_S f(x,y,z)\mathrm{d}S$ 与曲面 S 的参数无关。

链式法则又一次是这个证明很重要的部分。

注意到如果这个定理不是正确的，我们就会以不同的方式定义曲面积分（特别是无穷小面积）。

现在我们说明向量场

$$\frac{\partial r}{\partial u} \times \frac{\partial r}{\partial v}$$

为什么是曲面的法向量。映射 r：$\mathbf{R}^2 \to \mathbf{R}^3$ 由 $r(u,v) = (x(u,v),y(u,v),z(u,v))$ 给出，回想到 r 的 Jacobi 矩阵为

$$\begin{pmatrix} \partial x/\partial u & \partial x/\partial v \\ \partial y/\partial u & \partial y/\partial v \\ \partial z/\partial u & \partial z/\partial v \end{pmatrix}。$$

但是正如我们在第 3 章看到的，Jacobi 矩阵把切向量映射成切向量。因此两个向量

$$\left(\frac{\partial x}{\partial u},\frac{\partial y}{\partial u},\frac{\partial z}{\partial u}\right)$$

和

$$\left(\frac{\partial x}{\partial v},\frac{\partial y}{\partial v},\frac{\partial z}{\partial v}\right)$$

都是曲面 S 的切向量。它们的叉积一定是一个法（垂直的）向量 $\boldsymbol{n}$。因此，我们可以把曲面积分看作

$$\iint_S f\mathrm{d}S = \iint f\cdot|\boldsymbol{n}|\,\mathrm{d}u\mathrm{d}v,$$

其中 $\mathrm{d}S=\left(\text{法向量}\frac{\partial r}{\partial u}\times\frac{\partial r}{\partial v}\text{的长度}\right)\mathrm{d}u\mathrm{d}v$。

5.1.5　梯度

函数的梯度可以看作函数求微分的一种方法。

定义 5.1.6　实值函数 $f(x_1,\cdots,x_n)$ 的梯度为

$$\nabla f=\left(\frac{\partial f}{\partial x_1},\cdots,\frac{\partial f}{\partial x_n}\right)。$$

因此

$$\nabla:(\text{函数})\to(\text{向量场})。$$

例如，如果 $f(x,y,z)=x^3+2xy+3xz$，我们有

$$\nabla(f)=(3x^2+2y+3z,2x,3x)。$$

可以证明如果在 $M=(f(x_1,\cdots,x_n)=0)$ 的所有点上 $\nabla f\neq 0$，则梯度 ∇f 是 M 的法向量。

5.1.6　散度

向量场的散度可以被看成求向量场的导数的一种合理的方式。(在下一节我们会看到向量场的旋度是另一种方式。) 设 $\boldsymbol{F}(x,y,z):\mathbf{R}^3\to\mathbf{R}^3$ 是由如下三个函数给出的向量场

$$\boldsymbol{F}(x,y,z)=(f_1(x,y,z),f_2(x,y,z),f_3(x,y,z))。$$

定义 5.1.7　$\boldsymbol{F}(x,y,z)$ 的散度为

$$\operatorname{div}(\boldsymbol{F})=\frac{\partial f_1}{\partial x}+\frac{\partial f_2}{\partial y}+\frac{\partial f_3}{\partial z}。$$

因此

$$\operatorname{div}:(\text{向量场})\to(\text{函数})。$$

散度定理会告诉我们散度可以测量向量场从一个点伸展出多少。

例如，设 $\boldsymbol{F}(x,y,z)=(x,y^2,0)$。则

$$\operatorname{div}(\boldsymbol{F}) = \frac{\partial x}{\partial x} + \frac{\partial(y^2)}{\partial y} + \frac{\partial(0)}{\partial z} = 1 + 2y。$$

如果你画出这个向量场，你就会发现 y 值越大，向量场向外伸展得越多。

5.1.7　旋度

向量场的旋度是我们可以延展向量场微分的另一种方式。Stokes 定理会告诉我们向量场的旋度能够度量向量场转动或旋转或卷曲了多少。确切的定义是

定义 5.1.8　向量场 $\boldsymbol{F}(x,y,z)$ 的旋度为

$$\begin{aligned}\mathbf{curl}(\boldsymbol{F}) &= \det\begin{pmatrix} \mathbf{i} & \mathbf{j} & \mathbf{k} \\ \frac{\partial}{\partial x} & \frac{\partial}{\partial y} & \frac{\partial}{\partial z} \\ f_1 & f_2 & f_3 \end{pmatrix} \\ &= \left(\frac{\partial f_3}{\partial y} - \frac{\partial f_2}{\partial z}, -\left(\frac{\partial f_3}{\partial x} - \frac{\partial f_1}{\partial z}\right), \frac{\partial f_2}{\partial x} - \frac{\partial f_1}{\partial y}\right)。\end{aligned}$$

注意到

$$\mathbf{curl}:(\text{向量场}) \to (\text{向量场})。$$

现在看一个例子，我们会发现旋度确实度量了转动的程度。之前我们看到向量场 $\boldsymbol{F}(x,y,z) = (-y,x,0)$ 看起来像个漩涡。它的旋度为

$$\begin{aligned}\mathbf{curl}(\boldsymbol{F}) &= \det\begin{pmatrix} \mathbf{i} & \mathbf{j} & \mathbf{k} \\ \frac{\partial}{\partial x} & \frac{\partial}{\partial y} & \frac{\partial}{\partial z} \\ -y & x & 0 \end{pmatrix} \\ &= (0,0,2)。\end{aligned}$$

这反映了涡流运动是在 xy 平面上，垂直于 z 轴。

我们将会看到在 Stokes 定理的陈述中直观上 $\mathbf{curl}(\boldsymbol{F})$ 的长度确实度量了向量场转动了多少，而向量 $\mathbf{curl}(\boldsymbol{F})$ 指向垂直于转动的方向。

5.1.8　可定向性

我们还要求流形是可定向的。对于一个曲面，可定向性意味着我们能够选择曲面上连续变化而且不会消失的垂直向量场。对于曲

线，可定向性意味着在每一点处我们都能选择一个连续变化的单位切向量。

不可定向曲面的一个典型的例子就是莫比乌斯带，可以通过把纸的一半扭转然后连结尾部而得到。（见右图）

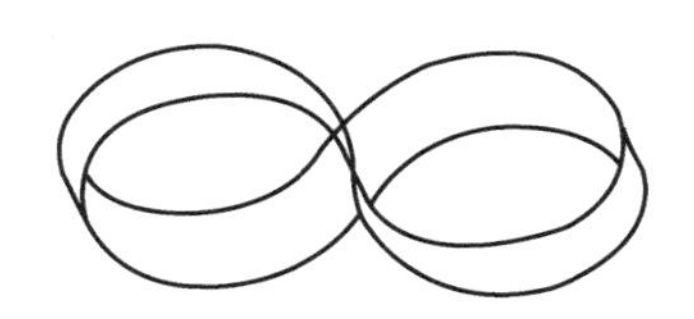

对于一个可定向的流形，总有两种方向的选择，依赖于选择了法方向或切方向中的哪一种。进一步地，有边界曲线 ∂S 的可定向曲面 S 会诱导出一个在 ∂S 上的方向，正如一个三维区域会在它的边界曲面上诱导出一个方向。如果你碰巧选择了边界上错误的诱导方向，结果与 Stokes 定理得出的不同，仅仅是差了一个因子（-1）。如果你不能理解这段讲解，不要惊慌，它们不会影响今后的学习。实际上为了精确地定义方向需要花一些时间。刚开始接近主题时，最好集中精力于基本的例子，然后再考虑来自于诱导定向的正确的符号。对于可定向性严格的定义会在下一章给出。

5.2 散度定理和 Stokes 定理

（为了技术上方便，对于本章剩下的章节我们会假定包括组成向量场的函数在内的所有函数都有所需阶的导数。）

本章的整体目标就是强调在流形边界上的函数值和流形内部的导数（合适定义的）值之间一定总是有很深的联系。这个联系已经在下述定理中被展现

定理 5.2.1　（微积分基本定理）设

$$f:[a,b]\to\mathbf{R}$$

是区间$[a,b]$上的实值可微函数。则

$$f(b)-f(a)=\int_a^b \frac{\mathrm{d}f}{\mathrm{d}x}\mathrm{d}x。$$

这里的导数$\frac{\mathrm{d}f}{\mathrm{d}x}$是在区间

$$[a,b]=\{x\in\mathbf{R}\mid a\leqslant x\leqslant b\}$$

上被积的，它有边界点（a）和（b）。则边界上的定向为 b 或 $-a$，或者

$$\partial[a,b]=b-a。$$

那么微积分基本定理可以被理解为叙述边界上$f(x)$的值等于内部导

数的平均值（积分）。

推广基本定理的一种可能方法就是用更高维数的区域代替一维区间$[a,b]$，而且用多变量函数或（不太明显）向量场代替单变量函数f。正确的推广当然要由能够被证明的东西决定。

在散度定理中，区间变成了一个三维流形，它的边界是一个曲面，而函数f变成了一个向量场。f的导数在这里就是散度。更准确地说

定理 5.2.2 （散度定理）在$\mathbf{R}^3$中，设M为有二维紧致流形，∂M为边界的三维流形。设$\boldsymbol{F}(x,y,z)$表示$\mathbf{R}^3$上的一个向量场，$\boldsymbol{n}(x,y,z)$为边界∂M的单位法向量场。则

$$\iint_{\partial M} \boldsymbol{F} \cdot \boldsymbol{n} \mathrm{d}S = \iiint_M (\mathrm{div}\boldsymbol{F}) \mathrm{d}x\mathrm{d}y\mathrm{d}z \text{。}$$

我们会在5.5节中简述证明。

等式左边我们有向量场$\boldsymbol{F}$在边界上的积分。等式右边我们有函数$\mathrm{div}(\boldsymbol{F})$（它包括向量场的导数）在内部的积分。

在Stokes定理中，区间变成了曲面，所以边界是一个曲线，而函数又一次变成了向量场。导数的角色现在由向量场的旋度扮演。

定理 5.2.3 （Stokes定理）设M为$\mathbf{R}^3$中有紧致边界曲线∂M的曲面。设$\boldsymbol{n}(x,y,z)$为M的单位法向量场，$\boldsymbol{T}(x,y,z)$为曲线∂M的诱导单位切向量。如果$\boldsymbol{F}(x,y,z)$为任意向量场，则

$$\int_{\partial M} \boldsymbol{F} \cdot \boldsymbol{T} \mathrm{d}s = \iint_M \mathbf{curl}(\boldsymbol{F}) \cdot \boldsymbol{n} \mathrm{d}S \text{。}$$

和散度定理一样，证明的简述会在本章后面被给出。

又一次，等式左边我们有边界上包含向量场$\boldsymbol{F}$的积分，而等式右边我们有在内部包含$\boldsymbol{F}$的旋度（它是根据$\boldsymbol{F}$不同的导数得来的）的积分。

虽然散度定理和Stokes定理都是被独立证明的，但是它们的相似性绝不仅仅体现在一个类推。它们和微积分基本定理一样，都是一个一般定理的特殊情形，这个一般定理是下一章的目标。每一个的证明也是十分相似的。事实上，有两种基本方法证明这种定理。第一种是归纳为微积分基本定理，$f(b)-f(a)=\int_a^b \frac{\mathrm{d}f}{\mathrm{d}x}\mathrm{d}x$。这种方法会在我们对于散度定理的概述中说明。

第二种方法包含两个步骤。第一步，要证明给出两个有相同边

界的区域 R_1 和 R_2，我们有

$$\int_{\partial R_1} \text{函数} + \int_{\partial R_2} \text{函数} = \int_{\partial(R_1 \cup R_2)} \text{函数}。$$

第二步是要证明在无穷小的区域上定理是正确的。为了用这种方法证明定理，只要把原始区域分成无穷个无穷小的区域，应用步骤二，然后用步骤一。我们会在 Stokes 定理的证明概述中使用这种方法。

再说一次，所有这些定理确实是相同的。事实上，对于大多数数学家，这些定理通常都统称为“Stokes 定理”。

5.3 散度定理的物理解释

本节的目标是给出散度定理的物理意义，这也是在历史上这个定理是怎么被发现的。我们会看到散度定理叙述了向量场通过一个曲面的通量恰好等于内部每个点的散度之和。当然面对这种说法我们需要给出一些定义。

定义 5.3.1　设 S 是 $\mathbf{R}^3$ 上的一个单位法向量场 $\boldsymbol{n}(x,y,z)$ 的曲面。则向量场 $\boldsymbol{F}(x,y,z)$ 通过曲面 S 的通量为

$$\iint_S \boldsymbol{F} \cdot \boldsymbol{n} \mathrm{d}S。$$

直观上我们想用通量来度量向量场 $\boldsymbol{F}$ 穿过曲面 S 多少。

想象一股水流流动。在水的每一点方向的切向量定义了一个向量场 $\boldsymbol{F}(x,y,z)$。假设向量场 $\boldsymbol{F}$ 为

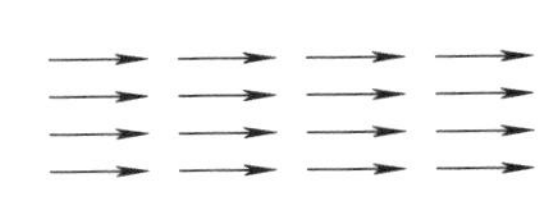

我们可以在水流中放进一个无限薄的橡胶。我们想用通量来度量在水流的冲击下使板子保持静止的难度。有三种可能性

A　　　　B　　　　C

在情况 A 中，水流顶着板子流动，使得让它保持静止相当困难。在情况 C 中，不需要费力使板子静止，因为水只是在它表面流过。在情况 B 中使板子静止需要的力介于情况 A 和情况 C 中所需力之间。以某种方式量化流量不同的关键是要测量水流的向量场 $\boldsymbol{F}$ 和薄膜的法向量场 $\boldsymbol{n}$ 之间的角度。很明显，点积 $\boldsymbol{F} \cdot \boldsymbol{n}$ 会起作用。因此通量就

被定义为

$$\iint_S \boldsymbol{F} \cdot \boldsymbol{n} \mathrm{d}S,$$

穿过曲面 A 的通量要比穿过曲面 B 的多，而且依次比穿过曲面 C 的多，穿过曲面 C 的通量为 0。

散度定理陈述了向量场穿过边界曲面的通量恰好等于内部向量场散度的总和（积分）。在某种意义上散度就是向量场通量的无穷小度量。

5.4 Stokes 定理的物理解释

这里我们讨论关于曲线的向量场的循环概念。我们会给出这个概念，然后讨论它是什么意思。

定义 5.4.1 设 C 为 $\mathbf{R}^3$ 中有单位切向量场 $\boldsymbol{T}(x,y,z)$ 的光滑曲线。向量场 $\boldsymbol{F}(x,y,z)$ 沿曲线 C 的循环为

$$\int_C \boldsymbol{F} \cdot \boldsymbol{T} \mathrm{d}s。$$

设 $\boldsymbol{F}$ 为一个代表水流的向量场，例如

把一个细丝（曲线 C）放到水流中，用一个小珠连着它，小珠可以在细丝上下自由移动。

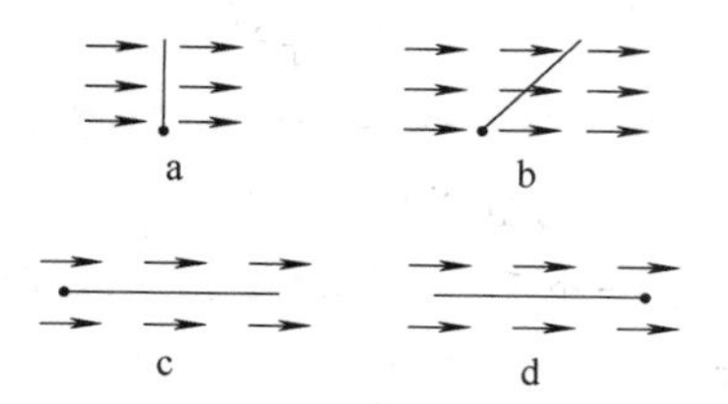

在情况 a 中，水一点也不会使球移动。在情况 b 中球会被沿着曲线推动，而在情况 c 中水会使球移动得最快。在情况 d 中，球不仅不会沿着曲线 C 移动，甚至还需要施加一些力才能使球移动。这些定性判断是从上述循环的定义中定量得到的，因为点积 $\boldsymbol{F} \cdot \boldsymbol{T}$ 度量了在每一点处向量场 $\boldsymbol{F}$ 有多少指向切向量场 $\boldsymbol{T}$ 的方向，因此度量了 $\boldsymbol{F}$ 有多少指向曲线的方向。

简而言之，这些循环度量了向量场有多少流向曲线 C 的方向。在物理学上，向量场通常是力，在这种情况下循环就是功的

度量。

因此 Stokes 定理陈述的是向量场沿曲线 ∂M 的循环恰好等于在内部向量场 **curl**(***F***) 正交的部分，其中 ∂M 是曲面 M 的边界。这就是单词“curl”被使用的原因，因为它度量了向量场循环的无限小的趋势，换句话说，它提供了向量场“旋转”的无穷小度量。

5.5 散度定理的证明梗概

这只是一个梗概，因为我们会做很多简化的假设。首先，假定我们的三维流形 M（一个立方体）是简单的，意思是任意平行于 x 轴、y 轴、z 轴的直线只与 M 相交于一个连通的线段或一个点。因此，

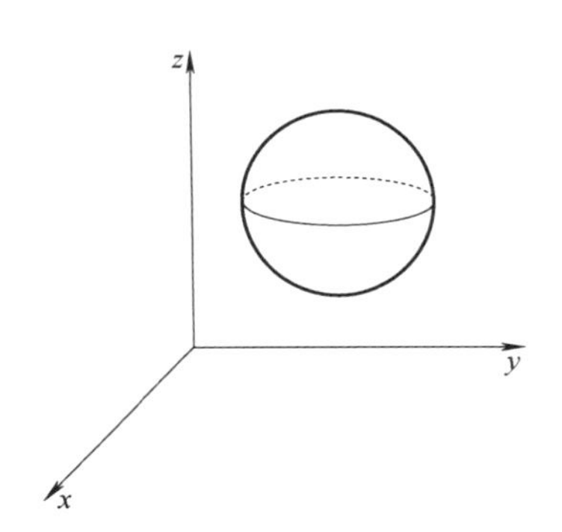

是简单的，而

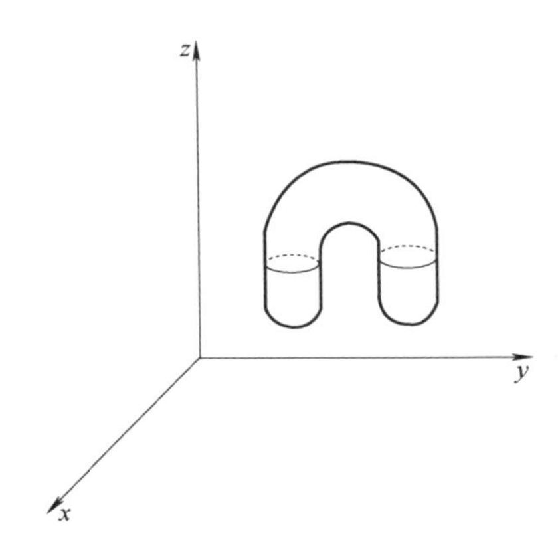

不是。

把向量场的分量记为

$$\begin{aligned}\boldsymbol{F}(x,y,z) &= (f_1(x,y,z),f_2(x,y,z),f_3(x,y,z))\\ &= (f_1,f_2,f_3)。\end{aligned}$$

在边界曲面 ∂M 上，记单位法向量场为

$$\begin{aligned}\boldsymbol{n}(x,y,z) &= (n_1(x,y,z),n_2(x,y,z),n_3(x,y,z))\\ &= (n_1,n_2,n_3)。\end{aligned}$$

我们想要证明

$$\iint_{\partial M}\boldsymbol{F}\cdot\boldsymbol{n}\mathrm{d}S = \iiint_M \mathrm{div}(\boldsymbol{F})\mathrm{d}x\mathrm{d}y\mathrm{d}z。$$

换言之，我们想证明

$$\iint_{\partial M}(f_1n_1+f_2n_2+f_3n_3)\mathrm{d}S = \iiint_M\left(\frac{\partial f_1}{\partial x}+\frac{\partial f_2}{\partial y}+\frac{\partial f_3}{\partial z}\right)\mathrm{d}x\mathrm{d}y\mathrm{d}z。$$

如果我们能证明

$$\iint_{\partial M}f_1n_1\mathrm{d}S = \iiint_M\frac{\partial f_1}{\partial x}\mathrm{d}x\mathrm{d}y\mathrm{d}z,$$

$$\iint_{\partial M}f_2n_2\mathrm{d}S = \iiint_M\frac{\partial f_2}{\partial x}\mathrm{d}x\mathrm{d}y\mathrm{d}z,$$

$$\iint_{\partial M}f_3n_3\mathrm{d}S = \iiint_M\frac{\partial f_3}{\partial x}\mathrm{d}x\mathrm{d}y\mathrm{d}z$$

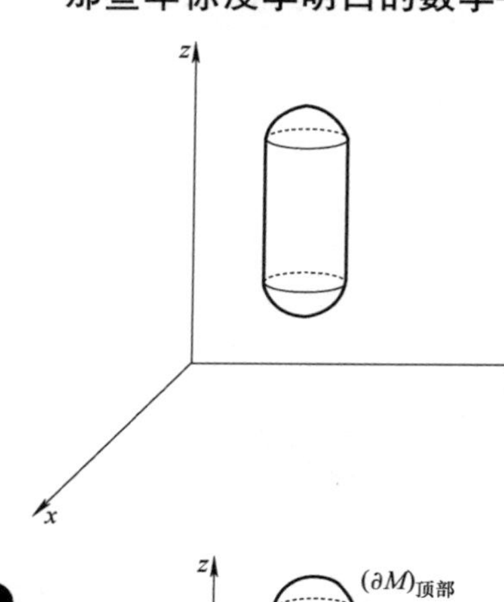

我们就证完了。

我们只简述最后一个等式

$$\iint_{\partial M} f_3(x,y,z)n_3(x,y,z)\mathrm{d}S = \iiint_M \frac{\partial f_3}{\partial z}\mathrm{d}x\mathrm{d}y\mathrm{d}z$$

的证明，因为另两个等式同理可证。

函数 $n_3(x,y,z)$ 是法向量场 $\boldsymbol{n}(x,y,z)$ 的 z 分量。根据假设 M 是简单的，我们可以把边界 ∂M 分成三个连通的部分，其中 $\{\partial M\}_{顶部}$，$n_3>0$，其中 $\{\partial M\}_{边}$，$n_3=0$，$\{\partial M\}_{底部}$，$n_3<0$。

例如，如果 ∂M 是

则

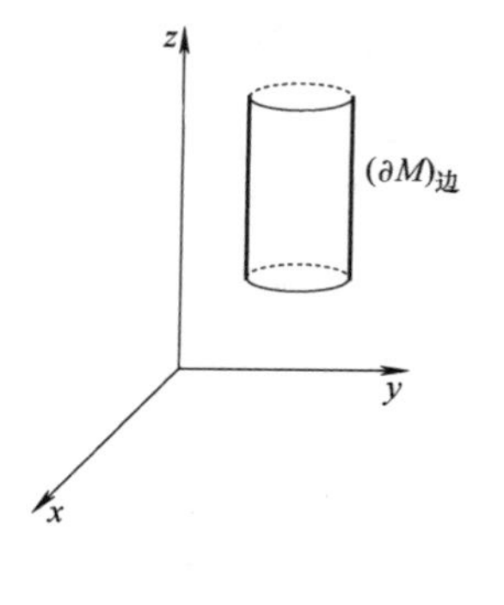

那么我们就能把边界曲面积分分成三个部分

$$\begin{aligned}\iint_{\partial M} f_3 n_3 \mathrm{d}S &= \iint_{\partial M_{顶部}} f_3 n_3 \mathrm{d}S + \iint_{\partial M_{边}} f_3 n_3 \mathrm{d}S + \iint_{\partial M_{底部}} f_3 n_3 \mathrm{d}S \\ &= \iint_{\partial M_{顶部}} f_3 n_3 \mathrm{d}S + \iint_{\partial M_{底部}} f_3 n_3 \mathrm{d}S,\end{aligned}$$

因为 n_3 是 z 方向的法分量，所以在 $\partial M_{边}$ 上是 0。

进一步，根据简化的假设，存在 xy 平面中的一个区域 R 使得 $\{\partial M\}_{顶部}$ 为函数

$$(x,y)\rightarrow(x,y,t(x,y))$$

的图像

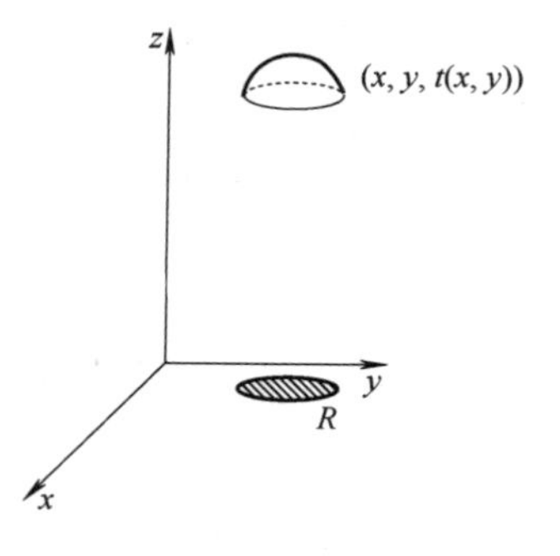

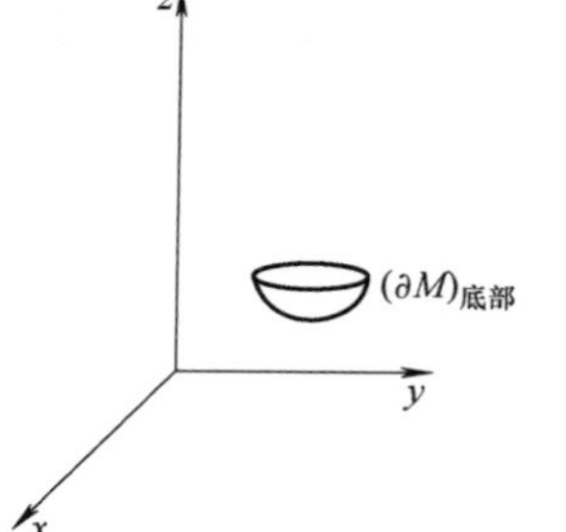

而 $\{\partial M\}_{底部}$ 是函数

$$(x,y)\rightarrow(x,y,b(x,y))$$

的图像。

则

$$\iint_{\partial M} f_3 n_3 \mathrm{d}S = \iint_{\partial M_{\text{顶部}}} f_3 n_3 \mathrm{d}S = \iint_{\partial M_{\text{底部}}} f_3 n_3 \mathrm{d}S$$
$$= \iint_R f_3(x,y,t(x,y))\mathrm{d}x\mathrm{d}y + \iint_R f_3(x,y,b(x,y))\mathrm{d}x\mathrm{d}y$$
$$= \iint_R (f_3(x,y,t(x,y)) - f_3(x,y,b(x,y)))\mathrm{d}x\mathrm{d}y,$$

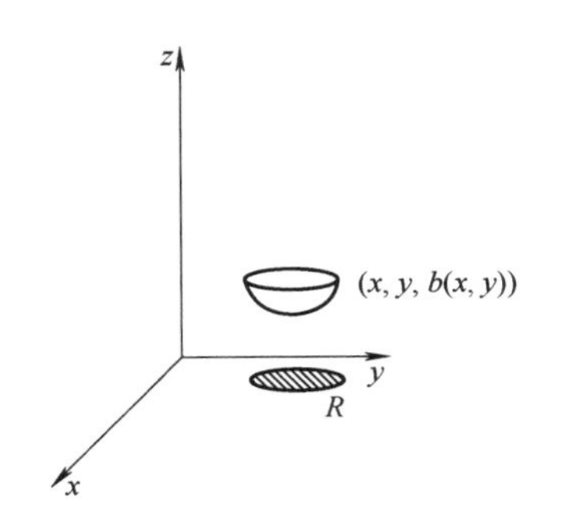

其中最后一项前面的负号是因为 $\partial M_{\text{底部}}$ 的法向指向下方。但是根据微积分基本定理，这只是

$$\iint_R \int_{b(x,y)}^{t(x,y)} \frac{\partial f_3}{\partial z}\mathrm{d}x\mathrm{d}y\mathrm{d}z。$$

它相应地等于

$$\iiint_M \frac{\partial f_3}{\partial z}\mathrm{d}x\mathrm{d}y\mathrm{d}z,$$

这就是我们想要证明的。

为了证明完整结论，我们需要取任意立方体 M 证明它可以被分成简单的部分，然后如果在每一个简单部分上散度定理是正确的，在原始的 M 上就是正确的。虽然在直观上并不困难，但是这其实并不容易证明，而且其中使用了一些关于收敛的巧妙的问题。

5.6 Stokes 定理的证明梗概

设 M 是一个边界曲线为 ∂M 的曲面。

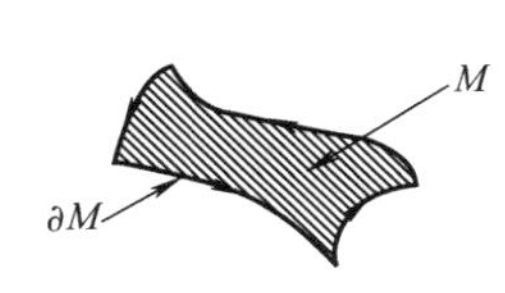

我们把 Stokes 定理的证明分成两个部分。第一，给定两个有公共边的矩形 R_1 和 R_2，我们想要

$$\int_{\partial R_1} \boldsymbol{F} \cdot \boldsymbol{T}\mathrm{d}s + \int_{\partial R_2} \boldsymbol{F} \cdot \boldsymbol{T}\mathrm{d}s = \int_{\partial R_1 \cup R_2} \boldsymbol{F} \cdot \boldsymbol{T}\mathrm{d}s,$$

其中 $\boldsymbol{T}$ 是单位切向量。第二，我们需要证明 Stokes 定理在无限小的矩形上是正确的。

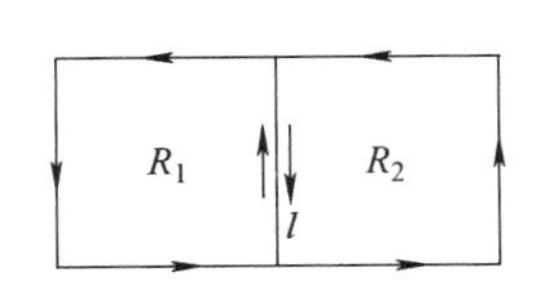

第一步的证明是对于两个矩形的公共边 l，定向是朝相反的方向的。这使得 l 作为矩形 R_1 的一条边时沿 l 的点积（$\boldsymbol{F} \cdot \boldsymbol{T}$）与 l 作为矩形 R_2 的一条边时沿 l 的点积（$\boldsymbol{F} \cdot \boldsymbol{T}$）符号相反。因此

$$\int_{l \subset \partial R_1} \boldsymbol{F} \cdot \boldsymbol{T}\mathrm{d}s = \int_{l \subset \partial R_2} \boldsymbol{F} \cdot \boldsymbol{T}\mathrm{d}s。$$

因为两个矩形的并集 $R_1 \cup R_2$ 的边界不包含 l，所以我们有

$$\int_{\partial R_1} \boldsymbol{F} \cdot \boldsymbol{T} \mathrm{d}s + \int_{\partial R_2} \boldsymbol{F} \cdot \boldsymbol{T} \mathrm{d}s = \int_{\partial R_1 \cup R_2} \boldsymbol{F} \cdot \boldsymbol{T} \mathrm{d}s。$$

在证明 Stokes 定理在无穷小的矩形上正确之前，我们先假定我们已经知道这是正确的。把曲面 M 分成（无穷多的）小矩形。则

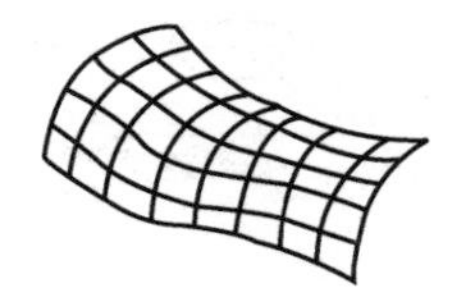

$$\iint_M \mathbf{curl}(\boldsymbol{F}) \cdot \boldsymbol{n} \mathrm{d}S = \sum_{\text{小矩形}} \iint \mathbf{curl}(\boldsymbol{F}) \cdot \boldsymbol{n} \mathrm{d}S$$
$$= \sum \int_{\partial(\text{每个矩形})} \boldsymbol{F} \cdot \boldsymbol{T} \mathrm{d}s,$$

因为我们已经假定在无穷小的矩形上 Stokes 定理是正确的。但是根据第一步，上面的和将等于所有小矩形并集的边界上的单个积分

$$\int_{\partial M} \boldsymbol{F} \cdot \boldsymbol{T} \mathrm{d}s,$$

它给出了 Stokes 定理。因此我们需要证明的全部就是 Stokes 定理对于无穷小的矩形是正确的。

在证明之前，注意到这个说法是不严密的，因为和是在无穷多个小矩形上的，因此需要解决收敛的问题。我们默默地忽略它。

现在简述为什么对于无穷小的矩形来说 Stokes 定理是正确的。这也会包含为什么向量场旋度的定义是它所叙述的样子的判断。

根据坐标变换，我们可以假定小矩形 R 位于有一个顶点即原点 (0, 0) 的 xy 平面上。

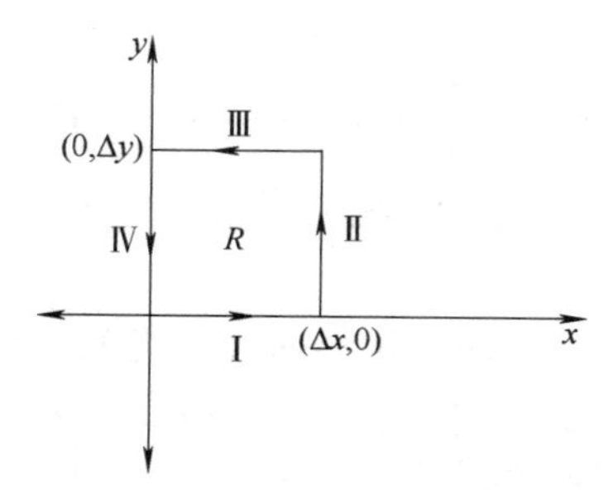

它的单位法向量为 $\boldsymbol{n} = (0,0,1)$。

如果向量场为 $\boldsymbol{F}(x,y,z) = (f_1, f_2, f_3)$，我们有

$$\mathbf{curl}(\boldsymbol{F})\cdot\boldsymbol{n}=\frac{\partial f_2}{\partial x}-\frac{\partial f_1}{\partial y}。$$

我们想证明

$$\left(\frac{\partial f_2}{\partial x}-\frac{\partial f_1}{\partial y}\right)\mathrm{d}x\mathrm{d}y=\int_{\partial R}\boldsymbol{F}\cdot\boldsymbol{T}\mathrm{d}s,$$

其中 $\boldsymbol{T}$ 是边界矩形 ∂R 的单位切向量，$\mathrm{d}x\mathrm{d}y$ 是矩形 R 的无穷小区域。

现在计算 $\int_{\partial R}\boldsymbol{F}\cdot\boldsymbol{T}\mathrm{d}s$。

矩形 ∂R 的四条边有下列的参数化表示

边	参数化	积分
I：	$s(t)=(t\Delta x,0),0\leqslant t\leqslant 1$	$\int_0^1 f_1(t\Delta x,0)\Delta x\mathrm{d}t$
II：	$s(t)=(\Delta x,t\Delta y),0\leqslant t\leqslant 1$	$\int_0^1 f_2(\Delta x,t\Delta y)\Delta y\mathrm{d}t$
III：	$s(t)=(\Delta x-t\Delta x,\Delta y),0\leqslant t\leqslant 1$	$\int_0^1 -f_1(\Delta x-t\Delta x,\Delta y)\Delta x\mathrm{d}t$
IV：	$s(t)=(0,\Delta y-t\Delta y),0\leqslant t\leqslant 1$	$\int_0^1 -f_2(0,\Delta y-t\Delta y)\Delta y\mathrm{d}t$

对于任意的函数 $f(t)$，通过把变量 t 换成 $1-t$，总有

$$\int_0^1 f(t)\mathrm{d}t=\int_0^1 f(1-t)\mathrm{d}t。$$

因此边 III 和 IV 的积分可以用 $\int_0^1 -f_1(t\Delta x,\Delta y)\Delta x\mathrm{d}t$ 和 $\int_0^1 -f_2(0,t\Delta y)\Delta y\mathrm{d}t$ 替换。那么

$$\begin{aligned}\int_{\partial R}\boldsymbol{F}\cdot\boldsymbol{T}\mathrm{d}s&=\int_I\boldsymbol{F}\cdot\boldsymbol{T}\mathrm{d}s+\int_{II}\boldsymbol{F}\cdot\boldsymbol{T}\mathrm{d}s+\int_{III}\boldsymbol{F}\cdot\boldsymbol{T}\mathrm{d}s+\int_{IV}\boldsymbol{F}\cdot\boldsymbol{T}\mathrm{d}s\\&=\int_0^1(f_1(t\Delta x,0)\Delta x+f_2(\Delta x,t\Delta y)\Delta y-f_1(t\Delta x,\Delta y)\Delta x-f_2(0,t\Delta y)\Delta y)\mathrm{d}t\\&=\int_0^1(f_2(\Delta x,t\Delta y)-f_2(0,t\Delta y))\Delta y\mathrm{d}t-\int_0^1(f_1(t\Delta x,\Delta y)-f_1(t\Delta x,0))\Delta x\mathrm{d}t\\&=\int_0^1\left(\frac{f_2(\Delta x,t\Delta y)-f_2(0,t\Delta y)}{\Delta x}-\frac{f_1(t\Delta x,\Delta y)-f_1(t\Delta x,y)}{\Delta y}\right)\Delta x\Delta y\mathrm{d}t,\end{aligned}$$

当 $\Delta x,\Delta y\to 0$ 时，它收敛于

$$\int_0^1\left(\frac{\partial f_2}{\partial x}-\frac{\partial f_1}{\partial y}\right)\mathrm{d}x\mathrm{d}y\mathrm{d}t。$$

最后一个积分将是

$$\left(\frac{\partial f_2}{\partial x}-\frac{\partial f_1}{\partial y}\right)\mathrm{d}x\mathrm{d}y,$$

这正是我们想要的。

令 $\Delta x,\Delta y\to 0$ 是一个不严谨的步骤。而且我们变换坐标把矩形放到 xy 平面的整个的不经意的方式需要以更加严谨的证明来判别。

5.7 推荐阅读

大多数的微积分教材中接近多元微积分的结尾处都有本章中所包含的知识。很长一段时间很受欢迎的选择是 Thomas 和 Finney 的教材［36］。另一本好书是 Stewart 的《微积分》［108］。

物理学，尤其是电磁学中的问题是本章的数学知识研究的主要历史动机。散度定理和 Stokes 定理有“物理”证明。在 Halliday 和 Resnick 的物理学教材［51］和 Feynmann 的《物理学》［35］中有好的来源。

5.8 练习

1. 拓展散度定理的证明，把本章中给出的简单区域延伸到区域

2. 设 D 是半径为 r 的圆盘，边界为圆 ∂D，由方程

$$D:\{(x,y,0)\mid x^2+y^2\leqslant r\}$$

给出。对于向量场

$$\boldsymbol{F}(x,y,z)=(x+y+z,3x+2y+4z,5x-3y+z),$$

计算路径积分 $\int_{\partial D}\boldsymbol{F}\cdot\boldsymbol{T}\mathrm{d}s$，其中 $\boldsymbol{T}$ 是圆 ∂D 的单位切向量。

3. 考虑向量场

$$\boldsymbol{F}(x,y,z)=(x,2y,5z)。$$

计算曲面积分 $\iint_{\partial M}\boldsymbol{F}\cdot\boldsymbol{n}\mathrm{d}S$，其中曲面 ∂M 是圆心为原点，半径为 r 的球

$$M=\{(x,y,z)\mid x^2+y^2+z^2\leqslant r\},$$

而 $\boldsymbol{n}$ 是单位法向量。

4. 设 S 是一个曲面，它是

$$r:\mathbf{R}^2\to\mathbf{R}^3,$$

由

$$r(u,v)=(x(u,v),y(u,v),z(u,v))$$

映射的图像，考虑直线 $v=$ 常数的图像，自己验证

$$\left(\frac{\partial x}{\partial u},\frac{\partial y}{\partial u},\frac{\partial z}{\partial u}\right)$$

为 S 的切向量。

5. Green 定理为

定理 5.8.1　(Green 定理) 设 σ 是 $\mathbf{C}$ 中的一个简单回路，Ω 是它的内部。如果 $P(x,y)$ 和 $Q(x,y)$ 是两个实值可微函数，则

$$\int_{\sigma} P\mathrm{d}x+Q\mathrm{d}y=\iint_{\Omega}\left(\frac{\partial Q}{\partial x}-\frac{\partial P}{\partial y}\right)\mathrm{d}x\mathrm{d}y。$$

通过把区域 Ω 放到平面 $z=0$ 上并设向量场为 $\langle P(x,y),Q(x,y),0\rangle$ 证明 Green 定理服从于 Stokes 定理。

第 6 章 微分形式和Stokes定理

基本对象：微分形式和流形
基本目标：Stokes 定理

在上一章中我们看了几个不同的定理，它们都把几何体边界上的函数值与内部函数的导数值联系起来。本章的目标是要证明存在一个单一的定理（Stokes 定理），它是所有这些结果的基础。不幸的是，在我们陈述这个伟大的基本定理之前需要很多工具。因为我们要讨论积分和导数，所以我们不得不去研究允许我们在 k 维空间上积分的技巧。这会导出微分形式，它们是在流形上可以进行积分运算的对象。外导数是对这种形式进行微分的技巧。因为提及了微分，我们需要讨论体积的计算。这在第 1 节被完成。第 2 节定义微分形式。第 3 节把微分形式同上一章的向量场、梯度、旋度和散度联系起来。第 4 节给出了流形的定义（事实上，给出了三种不同的定义流形的方法）。第 5 节讨论流形是可定向的是什么意思。第 6 节我们讨论怎么计算流形上的微分形式，这使我最后在第 7 节能够陈述 Stokes 定理并概述它的证明。

6.1 平行六面体的体积

本章中，我们最终对流形（我们已经定义了）上的积分感兴趣。尽管这一节是纯线性代数知识，但却是对本章其余各节至关重要的线性代数知识。

问题如下：在 $\mathbf{R}^n$ 中，假设给出 k 个向量 $\boldsymbol{v}_1$，…，$\boldsymbol{v}_k$。这 k 个向量会定义 $\mathbf{R}^n$ 中的一个平行六面体。问题是怎样计算这个平行六面体

的体积。例如，考虑两个向量

$$\boldsymbol{v}_1=\begin{pmatrix}1\\2\\3\end{pmatrix},\boldsymbol{v}_2=\begin{pmatrix}3\\2\\1\end{pmatrix}。$$

这两个向量固定的平行六面体为 $\mathbf{R}^3$ 中的一个平行四边形。我们想找到一个计算这个平行四边形的面积的公式。（注意：这个平面平行四边形真正的三维体积为 0，这与点的长度为 0 和线的面积为 0 同理。在这里我们试图测量这个平行四边形的二维“体积”。）

我们已经知道了两种特殊情况的答案。对于 $\mathbf{R}^n$ 中的一个单向量

$$\boldsymbol{v}=\begin{pmatrix}a_1\\ \vdots\\ a_n\end{pmatrix},$$

平行六面体就是单向量 $\boldsymbol{v}$。这里“体积”的意思是向量的长度，根据毕达哥拉斯定理有

$$\sqrt{a_1^2+\cdots+a_n^2}。$$

另一种情况是给出 $\mathbf{R}^n$ 中的 n 个向量。假设这 n 个向量为

$$\boldsymbol{v}_1=\begin{pmatrix}a_{11}\\ \vdots\\ a_{n1}\end{pmatrix},\cdots,\boldsymbol{v}_n=\begin{pmatrix}a_{1n}\\ \vdots\\ a_{nn}\end{pmatrix}。$$

这里我们知道得出的平行六面体的体积为

$$\left|\det\begin{pmatrix}a_{11}&\cdots&a_{1n}\\ \vdots&&\vdots\\ a_{n1}&\cdots&a_{nn}\end{pmatrix}\right|,$$

这是从第 1 章中给出的行列式的定义得出的。我们最终的公式将包括这两种结果。

我们先给出公式然后讨论为什么它是合理的。把 k 个向量 $\boldsymbol{v}_1$，…，$\boldsymbol{v}_k$ 写成列向量。令

$$\boldsymbol{A}=(\boldsymbol{v}_1,\cdots,\boldsymbol{v}_k)$$

为一个 $k\times n$ 矩阵。我们把 $\boldsymbol{A}$ 的转置记为 $\boldsymbol{A}^{\mathrm{T}}$，为 $n\times k$ 矩阵

$$\boldsymbol{A}^{\mathrm{T}}=\begin{pmatrix}\boldsymbol{v}_1^{\mathrm{T}}\\ \vdots\\ \boldsymbol{v}_k^{\mathrm{T}}\end{pmatrix},$$

其中每个 $\boldsymbol{v}_i^{\mathrm{T}}$ 是向量 $\boldsymbol{v}_i$ 行向量形式。则

定理 6.1.1 由向量 $\boldsymbol{v}_1$，…，$\boldsymbol{v}_k$ 得出的平行六面体的体积为

$$\sqrt{\det(\boldsymbol{A}^{\mathrm{T}}\boldsymbol{A})}。$$

在简述证明之前，让我们先看些例子。考虑单向量

$$\boldsymbol{v}=\begin{pmatrix}a_1\\ \vdots\\ a_n\end{pmatrix}。$$

这里的矩阵 $\boldsymbol{A}$ 就是 $\boldsymbol{v}$ 本身。则

$$\begin{aligned}\sqrt{\det(\boldsymbol{A}^{\mathrm{T}}\boldsymbol{A})}&=\sqrt{\det(\boldsymbol{v}^{\mathrm{T}}\boldsymbol{v})}\\&=\sqrt{\det\left((a_1,\cdots,a_n)\begin{pmatrix}a_1\\ \vdots\\ a_n\end{pmatrix}\right)}\\&=\sqrt{\det(a_1^2+\cdots+a_n^2)}\\&=\sqrt{a_1^2+\cdots+a_n^2},\end{aligned}$$

即向量 $\boldsymbol{v}$ 的长度。

现在 n 个向量 $\boldsymbol{v}_1$，…，$\boldsymbol{v}_n$ 的情况。那么矩阵 $\boldsymbol{A}$ 是 $n\times n$ 矩阵。我们会使用 $\det(\boldsymbol{A})=\det(\boldsymbol{A}^{\mathrm{T}})$。则

$$\begin{aligned}\sqrt{\det(\boldsymbol{A}^{\mathrm{T}}\boldsymbol{A})}&=\sqrt{\det(\boldsymbol{A}^{\mathrm{T}})\det(\boldsymbol{A})}\\&=\sqrt{\det(\boldsymbol{A})^2}\\&=|\det(\boldsymbol{A})|,\end{aligned}$$

即为所需。

现在看看为什么一般来说 $\sqrt{\det(\boldsymbol{A}^{\mathrm{T}}\boldsymbol{A})}$ 一定是体积。我们需要一个包含 $\sqrt{\det(\boldsymbol{A}^{\mathrm{T}}\boldsymbol{A})}$ 的更加本质的、使用几何上的方法的预备引理。

引理 6.1.1 对于矩阵

$$\boldsymbol{A}=(\boldsymbol{v}_1,\cdots,\boldsymbol{v}_k),$$

我们有

$$\boldsymbol{A}^{\mathrm{T}}\boldsymbol{A}=\begin{pmatrix}|\boldsymbol{v}_1|^2 & \boldsymbol{v}_1\cdot\boldsymbol{v}_2 & \cdots & \boldsymbol{v}_1\cdot\boldsymbol{v}_k\\ \vdots & \vdots & & \vdots\\ \boldsymbol{v}_k\cdot\boldsymbol{v}_1 & \boldsymbol{v}_k\cdot\boldsymbol{v}_2 & \cdots & |\boldsymbol{v}_k|^2\end{pmatrix},$$

其中 $\boldsymbol{v}_i\cdot\boldsymbol{v}_j$ 表示向量 $\boldsymbol{v}_i$ 和 $\boldsymbol{v}_j$ 的点积，$|\boldsymbol{v}_i|=\sqrt{\boldsymbol{v}_i\cdot\boldsymbol{v}_i}$ 表示向量 $\boldsymbol{v}_i$ 的长度。

这个引理的证明只需要看

$$\boldsymbol{A}^{\mathrm{T}}\boldsymbol{A}=\begin{pmatrix}\boldsymbol{v}_1^{\mathrm{T}}\\ \vdots\\ \boldsymbol{v}_k^{\mathrm{T}}\end{pmatrix}(\boldsymbol{v}_1,\cdots,\boldsymbol{v}_k)。$$

注意到如果我们应用 $\mathbf{R}^n$ 上保角和保长的任意线性变换（换言之，如果我们对 $\mathbf{R}^n$ 用一个旋转），数 $|\boldsymbol{v}_i|$ 和 $\boldsymbol{v}_i\cdot\boldsymbol{v}_j$ 不会改变。（$\mathbf{R}^n$ 上所有保持角度和长度的线性变换的集合组成了一个群，称为正交群，记为 $O(n)$。）这就允许我们把问题归结为找出 $\mathbf{R}^k$ 中的平行六面体体积的问题。

证明　我们知道

$$\sqrt{\det(\boldsymbol{A}^{\mathrm{T}}\boldsymbol{A})}=\sqrt{\det\begin{pmatrix}|\boldsymbol{v}_1|^2 & \boldsymbol{v}_1\cdot\boldsymbol{v}_2 & \cdots & \boldsymbol{v}_1\cdot\boldsymbol{v}_k\\ \vdots & \vdots & & \vdots\\ \boldsymbol{v}_k\cdot\boldsymbol{v}_1 & \boldsymbol{v}_k\cdot\boldsymbol{v}_2 & \cdots & |\boldsymbol{v}_k|^2\end{pmatrix}}。$$

我们要证明这一定是体积。回想 $\mathbf{R}^n$ 的标准基为

$$\boldsymbol{e}_1=\begin{pmatrix}1\\0\\ \vdots\\0\end{pmatrix},\boldsymbol{e}_2=\begin{pmatrix}0\\1\\ \vdots\\0\end{pmatrix},\cdots,\boldsymbol{e}_n=\begin{pmatrix}0\\0\\ \vdots\\1\end{pmatrix}。$$

我们能够找到 $\mathbf{R}^n$ 的一个旋转，它既保持长度和角度，还可以旋转我们的向量 $\boldsymbol{v}_1$，…，$\boldsymbol{v}_k$，使得它们能够位于前 k 个标准向量 $\boldsymbol{e}_1$，…，$\boldsymbol{e}_k$ 上。（要严格地证明这个需要一些时间，但是在几何上它是合理的。）在旋转后，每个向量 $\boldsymbol{v}_i$ 的后 $n-k$ 元为 0。因此我们可以把我们的平行六面体看成是由 $\mathbf{R}^k$ 中的 k 个向量组成的。但是我们已经知道怎么去计算它。它是

$$\sqrt{\det\begin{pmatrix}|\boldsymbol{v}_1|^2 & \boldsymbol{v}_1\cdot\boldsymbol{v}_2 & \cdots & \boldsymbol{v}_1\cdot\boldsymbol{v}_k\\ \vdots & \vdots & & \vdots\\ \boldsymbol{v}_k\cdot\boldsymbol{v}_1 & \boldsymbol{v}_k\cdot\boldsymbol{v}_2 & \cdots & |\boldsymbol{v}_k|^2\end{pmatrix}}。$$

证毕。

6.2　微分形式和外导数

这是一个很长而且有时很学术的内容。开始我们会定义 $\mathbf{R}^n$ 上的

初等 k-形式，它仍然有清晰的几何意义。然后我们会使用初等 k-形式来生成一般 k-形式。最后，毫无疑问是到现在为止最不直观的一部分内容，即我们要给出外导数的定义，它是一个可以把 k-形式映射成 $(k+1)$-形式的工具，而且最终会呈现为导数形式的运算。在下一节我们会看到上一章中的梯度、散度和旋度都可以用外导数来解释。

6.2.1 初等 k-形式

我们以试图理解 $\mathbf{R}^3$ 中的初等 2-形式开始。把 $\mathbf{R}^3$ 中的坐标轴标记为 x_1，x_2，x_3。有三种初等 2-形式，记为 $dx_1 \wedge dx_2$，$dx_1 \wedge dx_3$ 和 $dx_2 \wedge dx_3$。现在我们必须要确定这些符号是什么意思。（一会我们会定义 1-形式。）

字面上，$dx_1 \wedge dx_2$ 会度量在 $\mathbf{R}^3$ 中任意平行六面体 x_1x_2 平面上的投影的带符号的面积，$dx_1 \wedge dx_3$ 会度量在 $\mathbf{R}^3$ 中任意平行六面体的 x_1x_3 平面上的投影的带符号的面积，而 $dx_2 \wedge dx_3$ 会度量在 $\mathbf{R}^3$ 中任意平行六面体的 x_2x_3 平面上的投影的带符号的面积。

通过看一个例子，我们可看到实际上怎样去计算这些 2-形式。考虑 $\mathbf{R}^3$ 中的两个向量，记为

$$\boldsymbol{v}_1=\begin{pmatrix}1\\2\\3\end{pmatrix},\boldsymbol{v}_2=\begin{pmatrix}3\\2\\1\end{pmatrix}。$$

这些向量组成 $\mathbf{R}^3$ 中的一个平行六面体 P。考虑 $\mathbf{R}^3$ 到 x_1x_2 平面的投影映射 $\pi:\mathbf{R}^3\to\mathbf{R}^2$。因此

$$\pi(x_1,x_2,x_3)=(x_1,x_2)。$$

我们定义作用在平行六面体 P 上的 $dx_1 \wedge dx_2$ 为 $\pi(P)$ 的面积。注意到

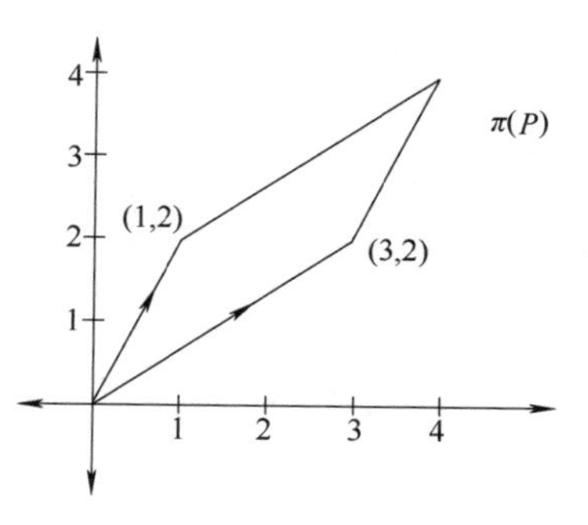

$$\pi(\boldsymbol{v}_1)=\begin{pmatrix}1\\2\end{pmatrix},\pi(\boldsymbol{v}_2)=\begin{pmatrix}3\\2\end{pmatrix}。$$

则 $\pi(P)$ 为平行四边形且带符号的面积为

$$\begin{aligned}dx_1 \wedge dx_2(P)&=\det(\pi(\boldsymbol{v}_1),\pi(\boldsymbol{v}_2))\\&=\det\begin{pmatrix}1&3\\2&2\end{pmatrix}\\&=-4\end{aligned}$$

一般来说，给出一个 3×2 矩阵

$$\boldsymbol{A}=\begin{pmatrix}a_{11} & a_{12}\\ a_{21} & a_{22}\\ a_{31} & a_{32}\end{pmatrix},$$

它的两列会定义一个平行六面体。那么这个平行六面体的 $\mathrm{d}x_1\wedge\mathrm{d}x_2$ 就为

$$\mathrm{d}x_1\wedge\mathrm{d}x_2(\boldsymbol{A})=\det\begin{pmatrix}a_{11} & a_{12}\\ a_{21} & a_{22}\end{pmatrix}。$$

同样地，$\mathrm{d}x_1\wedge\mathrm{d}x_3$ 将度量平行六面体在 x_1x_3 平面上的投影的面积。那么

$$\mathrm{d}x_1\wedge\mathrm{d}x_3(\boldsymbol{A})=\det\begin{pmatrix}a_{11} & a_{12}\\ a_{31} & a_{32}\end{pmatrix}。$$

同理，我们有

$$\mathrm{d}x_2\wedge\mathrm{d}x_3(\boldsymbol{A})=\det\begin{pmatrix}a_{21} & a_{22}\\ a_{31} & a_{32}\end{pmatrix}。$$

在定义一般的初等 k-形式之前，让我们看看初等 1-形式。在 $\mathbf{R}^3$ 中，有三个初等 1-形式，记为 $\mathrm{d}x_1$，$\mathrm{d}x_2$ 和 $\mathrm{d}x_3$。每一个都度量了 $\mathbf{R}^3$ 中的一维平行六面体在一个坐标轴上投影的一维体积（长度）。例如，

$$\boldsymbol{v}=\begin{pmatrix}1\\2\\3\end{pmatrix},$$

它在 x_1 轴上的投影为（1）。那么我们想定义

$$\mathrm{d}x_1(\boldsymbol{v})=\mathrm{d}x_1\begin{pmatrix}1\\2\\3\end{pmatrix}=1。$$

一般来说，对于向量

$$\begin{pmatrix}a_{11}\\a_{21}\\a_{31}\end{pmatrix}$$

我们有

$$\mathrm{d}x_1\begin{pmatrix}a_{11}\\a_{21}\\a_{31}\end{pmatrix}=a_{11},\mathrm{d}x_2\begin{pmatrix}a_{11}\\a_{21}\\a_{31}\end{pmatrix}=a_{21},\mathrm{d}x_3\begin{pmatrix}a_{11}\\a_{21}\\a_{31}\end{pmatrix}=a_{31}。$$

现在来定义 $\mathbf{R}^n$ 上的初等 k-形式。记 $\mathbf{R}^n$ 上坐标为 x_1，…，x_n。从$(1,2,\cdots,n)$中选出一个长为 k 的递增子列，记为

$$I=(i_1,\cdots,i_k),$$

其中 $1\leqslant i_1\leqslant\cdots\leqslant i_k\leqslant n$。设

$$\boldsymbol{A}=\begin{pmatrix}a_{11}&a_{12}&\cdots&a_{1k}\\\vdots&\vdots&&\vdots\\a_{n1}&a_{n2}&\cdots&a_{nk}\end{pmatrix}$$

为一个 $n\times k$ 矩阵。它的列组成了 $\mathbf{R}^n$ 中的一个 k 维平行六面体 P。为了方便阐述，设 $\boldsymbol{A}_i$ 为 $\boldsymbol{A}$ 的第 i 行，即

$$\boldsymbol{A}=\begin{pmatrix}\boldsymbol{A}_1\\\vdots\\\boldsymbol{A}_n\end{pmatrix}。$$

我们考虑让作用在矩阵 $\boldsymbol{A}$ 上的 k-形式

$$\mathrm{d}x_I=\mathrm{d}x_{i_1}\wedge\cdots\wedge\mathrm{d}x_{i_k}$$

给出平行六面体 P 在 k 维 x_{i_1}，…，x_{i_k}空间上的投影的 k 维体积。这就促成了定义

$$\mathrm{d}x_I(\boldsymbol{A})=\mathrm{d}x_{i_1}\wedge\cdots\wedge\mathrm{d}x_{i_k}(\boldsymbol{A})=\det\begin{pmatrix}\boldsymbol{A}_{i_1}\\\vdots\\\boldsymbol{A}_{i_k}\end{pmatrix}。$$

初等 k-形式正是测量 k 维平行六面体在投影到坐标 k 空间后的体积的工具。它的计算归结为取原始矩阵删掉一些行之后的矩阵的行列式。

6.2.2 k-形式的向量空间

回想第 1 章中我们给出了矩阵行列式的三个不同的解释。第一个只是怎样去计算它。第三个是根据平行六面体的体积，它是行列式在这里出现的原因。现在我们想集中精力于第二个解释，口头上行列式是矩阵列空间上的多重线性映射。更加准确地说，如果 $M_{nk}(\mathbf{R})$表示所有实元 $n\times k$ 矩阵的空间，我们就有 $n\times n$ 矩阵 $\boldsymbol{A}$ 的行

列式被定义为唯一的实值函数

$$\det: M_{nn}(\mathbf{R}) \to \mathbf{R}$$

满足

a） $\det(\boldsymbol{A}_1, \cdots, \lambda \boldsymbol{A}_k, \cdots, \boldsymbol{A}_n) = \lambda \det(\boldsymbol{A}_1, \cdots, \boldsymbol{A}_k)$；

b） $\det(\boldsymbol{A}_1, \cdots, \boldsymbol{A}_k + \lambda \boldsymbol{A}_i, \cdots, \boldsymbol{A}_n) = \det(\boldsymbol{A}_1, \cdots, \boldsymbol{A}_n), k \neq i$;

c） det(单位矩阵) = 1。

k-形式有看起来相似的定义。

定义 6.2.1　k-形式 ω 是一个实值函数

$$\omega: M_{nk}(\mathbf{R}) \to \mathbf{R}$$

满足

$$\omega(\boldsymbol{A}_1, \cdots, \lambda \boldsymbol{B} + \mu \boldsymbol{C}, \cdots, \boldsymbol{A}_k) = \lambda \omega(\boldsymbol{A}_1, \cdots, \boldsymbol{B}, \cdots, \boldsymbol{A}_k) + \mu \omega(\boldsymbol{A}_1, \cdots, \boldsymbol{C}, \cdots, \boldsymbol{A}_k)。$$

因此 ω 是一个多重线性实值函数。

根据行列式的性质，我们可以看到每一个初等 k-形式 $\mathrm{d}x_I$ 实际上都是一个 k-形式。(当然情况确实如此，或者我们开始不应该称它们为初等 k-形式。) 但事实上我们有

定理 6.2.1　向量空间 $\mathbf{R}^n$ 的 k-形式组成了一个维数为 $\binom{n}{k}$ 的向量空间。初等 k-形式是这个向量空间的一个基。这个向量空间表示为 $\wedge^k(\mathbf{R}^n)$。

我们不会证明这个定理。证明 k-形式是一个向量空间并不难。但需要花一点时间证明初等 k-形式是 $\wedge^k(\mathbf{R}^n)$ 的一个基。

最后，注意 0-形式就是实数本身。

6.2.3　处理 k-形式的准则

处理 k-形式有一整套机制。特别地，一个 k-形式和 l-形式可以结合成一个（$k+l$）-形式。完成这件事的方法直观上并不是很容易被理解，但是一旦你领会了它的窍门，它就是一个十分简单的计算工具。我们会仔细研究 $\mathbf{R}^2$ 的情形，然后描述结合形式的一般准则，最后看看这怎么与 $\mathbf{R}^n$ 的情形联系起来。

设 x_1 和 x_2 是 $\mathbf{R}^2$ 的坐标。则 $\mathrm{d}x_1$ 和 $\mathrm{d}x_2$ 是两个初等 1-形式，$\mathrm{d}x_1 \wedge \mathrm{d}x_2$ 是仅有的初等 2-形式。但是至少在符号上看起来两个 1-形式 $\mathrm{d}x_1$ 和 $\mathrm{d}x_2$ 以某种方式组成了 2-形式 $\mathrm{d}x_1 \wedge \mathrm{d}x_2$。我们会发现确实是这样的。

设

$$\boldsymbol{v}_1=\begin{pmatrix}a_{11}\\a_{21}\end{pmatrix},\boldsymbol{v}_2=\begin{pmatrix}a_{12}\\a_{22}\end{pmatrix}$$

是 $\mathbf{R}^2$ 中的两个向量。则

$$\mathrm{d}x_1(\boldsymbol{v}_1)=a_{11},\mathrm{d}x_1(\boldsymbol{v}_2)=a_{12}$$

且

$$\mathrm{d}x_2(\boldsymbol{v}_1)=a_{21},\mathrm{d}x_2(\boldsymbol{v}_2)=a_{22}。$$

作用在 2×2 矩阵$(\boldsymbol{v}_1,\boldsymbol{v}_2)$上的2-形式 $\mathrm{d}x_1\wedge\mathrm{d}x_2$ 是由向量 $\boldsymbol{v}_1$ 和 $\boldsymbol{v}_2$ 组成的平行四边形的面积，因此为矩阵$(\boldsymbol{v}_1,\boldsymbol{v}_2)$的行列式。因此

$$\mathrm{d}x_1\wedge\mathrm{d}x_2(\boldsymbol{v}_1,\boldsymbol{v}_2)=a_{11}a_{22}-a_{12}a_{21}。$$

但是注意到这等于

$$\mathrm{d}x_1(\boldsymbol{v}_1)\mathrm{d}x_2(\boldsymbol{v}_2)-\mathrm{d}x_1(\boldsymbol{v}_2)\mathrm{d}x_2(\boldsymbol{v}_1)。$$

在某种程度上我们把2-形式 $\mathrm{d}x_1\wedge\mathrm{d}x_2$ 同1-形式 $\mathrm{d}x_1$ 和 $\mathrm{d}x_2$ 联系了起来，但并不清楚是怎么联系起来的。特别地，乍一看把上面的负号变成正号好像更加讲得通，但是不幸的是，那样的话，不能正确地算出结果。

我们要回想几个关于 n 元置换群 S_n 的事实。（在第11章中会有更多关于置换的讨论。）S_n 的每个元素都按照集$\{1,2,\cdots,n\}$的顺序置换。一般说来，S_n 的每个元素都可以被表示为翻转（或变换）的组成。

如果我们需要偶数次的翻转来表达一个元，我们说这个元的符号为0，而如果我们需要奇数次的翻转来表达一个元，则符号为1。（注意到为了使它被良好地定义，我们需要说明如果元素有符号0(1)，则它只能写成偶（奇）数次翻转的组合。这确实是正确的，但是我们不加证明。）

考虑 S_2。我们只有两种方式置换集$\{1,2\}$。我们或者把$\{1,2\}$留下（恒等置换），它的符号为0，要么把$\{1,2\}$翻转成$\{2,1\}$，它的符号为1。我们记把$\{1,2\}$变成$\{2,1\}$的翻转为$(1,2)$。有六种方式置换三元的$\{1,2,3\}$，因此 S_3 中有六个元素。例如，把$\{1,2,3\}$变为$\{3,1,2\}$（这意味着把第1个元素移到第2个位置，第2个元素移到第3个位置，而第3个元素移到第1个位置）的置换是翻转$(1,3)$和翻转$(1,2)$的组合，因为以$\{1,2,3\}$开始然后应用翻转$(1,2)$，我们得到$\{2,1,3\}$。然后应用翻转$(1,3)$（它只是交换第1个和第3个元素），

我们得到$\{3,1,2\}$。

我们会使用下列的符号规定。如果 σ 表示翻转(1,2)，则我们说

$$\sigma(1)=2,\sigma(2)=1。$$

类似地，如果 σ 表示 S_3 中元素(1,2)和(1,3)的组合，那么我们有

$$\sigma(1)=2,\sigma(2)=3,\sigma(3)=1,$$

因为在这种置换下 1 被送到 2，2 被送到 3，而 3 被送到 1。

假设我们有一个 k-形式和一个 l-形式。设 $n=k+l$。我们会考虑 S_n 的一个特殊子集，(k,l)洗牌，其中所有元素 $\sigma\in S_n$，满足性质

$$\sigma(1)<\sigma(2)<\cdots<\sigma(k),$$

且

$$\sigma(k+1)<\sigma(k+2)<\cdots<\sigma(k+l)。$$

因此由翻转(1,3)和翻转(1,2)组成的元素 σ 是一个(2,1)洗牌，因为

$$\sigma(1)=2<3=\sigma(2)。$$

记所有(k,l)洗牌的集合为 $S(k,l)$。本章结尾的练习之一就是对它们叫作洗牌的理由做出解释。

最后我们就能够正式地定义楔积。

定义 6.2.2　对于任意的 N，设 $\boldsymbol{A}=(\boldsymbol{A}_1,\cdots,\boldsymbol{A}_{k+1})$为一个 $N\times(k+l)$矩阵。(这里每一个 $\boldsymbol{A}_i$ 表示一个列向量。) 设 τ 为一个 k-形式，ω 为一个 l-形式。定义

$$\tau\wedge\omega(\boldsymbol{A})=\sum_{\sigma\in S(k,l)}(-1)^{\mathrm{sign}(\sigma)}\tau(\boldsymbol{A}_{\sigma(1)},\cdots,\boldsymbol{A}_{\sigma(k)})\omega(\boldsymbol{A}_{\sigma(k+1)},\cdots,\boldsymbol{A}_{\sigma(k+l)})。$$

使用这个定义使我们看到 $\mathbf{R}^2$ 中两个初等 1-形式的楔积确实是一个初等 2-形式。在 $\mathbf{R}^3$ 中一个很长的计算会说明三个初等 1-形式的楔积产生了初等 3-形式。

根据定义可以证明两个 1-形式是反交换的，意思是

$$\mathrm{d}x\wedge\mathrm{d}y=-\mathrm{d}y\wedge\mathrm{d}x。$$

一般来说，如果 τ 为一个 k-形式，ω 为一个 l-形式，则

$$\tau\wedge\omega=(-1)^{kl}\omega\wedge\tau。$$

这可以通过根据上述楔积的定义直接计算证得（尽管这种证明方法并不太让人理解）。注意到如果 k 和 l 都是奇数，就意味着

$$\tau\wedge\omega=(-1)\omega\wedge\tau。$$

如果 k 是奇数，我们一定有

$$\tau \wedge \tau = (-1)\tau \wedge \tau,$$

这种情况只有在

$$\tau \wedge \tau = 0$$

时才会出现。这尤其意味着总有

$$\mathrm{d}x_i \wedge \mathrm{d}x_i = 0,$$

而且如果 $i \neq j$,

$$\mathrm{d}x_i \wedge \mathrm{d}x_j = -\mathrm{d}x_j \wedge \mathrm{d}x_i。$$

6.2.4 微分 *k*-形式和外导数

这一节抽象度仍然很高。我们要寻找什么是可以被积分（这就是微分 k-形式）的一般概念和导数是什么（这就是外微分）的一般概念。

首先定义微分 k-形式。在 $\mathbf{R}^n$ 中，如果我们令 $I = \{i_1, \cdots, i_k\}$ 表示某个整数列

$$1 \leqslant i_1 \leqslant \cdots \leqslant i_k \leqslant n,$$

然后我们令

$$\mathrm{d}x_I = \mathrm{d}x_{i_1} \wedge \cdots \wedge \mathrm{d}x_{i_k}。$$

则微分 k-形式 ω 为

$$\omega = \sum_{\text{所有可能的}I} f_I \mathrm{d}x_I,$$

其中每个 $f_I = f_I(x_1, \cdots, x_n)$ 为一个可微函数。

因此

$$(x_1 + \sin(x_2))\mathrm{d}x_1 + x_1 x_2 \mathrm{d}x_2$$

是微分 1-形式的一个例子，而

$$\mathrm{e}^{x_1 + x_3}\mathrm{d}x_1 \wedge \mathrm{d}x_3 + x_2^3 \mathrm{d}x_2 \wedge \mathrm{d}x_3$$

是一个微分 2-形式。

每个微分 k-形式在 $\mathbf{R}^n$ 中的每个点处定义了一个不同的 k-形式。例如，微分 1-形式（$x_1 + \sin$（x_2））$\mathrm{d}x_1 + x_1x_2\mathrm{d}x_2$ 在点$(3,0)$处是 1-形式 $3\mathrm{d}x_1$，而在点$(4,\pi/2)$处是 $5\mathrm{d}x_1 + 2\pi\mathrm{d}x_2$。

为了定义外导数，我们首先定义微分 0-形式的外导数，然后通过归纳来定义一般微分 k-形式的外微分。我们会看到外微分是从 k-形式到（$k+1$)-形式的映射

$$\mathrm{d}: k\text{-形式} \rightarrow (k+1)\text{-形式},$$

微分 0-形式只是可微函数的另一个名字。给出一个 0-形式 $f(x_1, \cdots,$

x_n)，它的外导数记为 df

$$\mathrm{d}f = \sum_{i=1}^{n} \frac{\partial f}{\partial x_i}\mathrm{d}x_i。$$

例如，如果 $f(x_1,x_2) = x_1x_2 + x_2^3$，则

$$\mathrm{d}f = x_2\mathrm{d}x_1 + (x_1 + 3x_2^2)\mathrm{d}x_2。$$

注意到 f 的梯度与 $(x_2, x_1 + 3x_2^2)$ 看起来相似。我们会在下一节看到这并不是巧合。

给定一个 k-形式 $\omega = \sum_{\text{所有可能的}I} f_I\mathrm{d}x_I$，外导数 d$\omega$ 为

$$\mathrm{d}\omega = \sum_{\text{所有可能的}I} \mathrm{d}f_I \wedge \mathrm{d}x_I。$$

例如，在 $\mathbf{R}^3$ 中，设

$$\omega = f_1\mathrm{d}x_1 + f_2\mathrm{d}x_2 + f_3\mathrm{d}x_3$$

为某个 1-形式。则

$$\begin{aligned}
\mathrm{d}\omega &= \mathrm{d}f_1\mathrm{d}x_1 + \mathrm{d}f_2\mathrm{d}x_2 + \mathrm{d}f_3\mathrm{d}x_3 \\
&= \left(\frac{\partial f_1}{\partial x_1}\mathrm{d}x_1 + \frac{\partial f_1}{\partial x_2}\mathrm{d}x_2 + \frac{\partial f_1}{\partial x_3}\mathrm{d}x_3\right)\wedge \mathrm{d}x_1 + \\
&\quad \left(\frac{\partial f_2}{\partial x_1}\mathrm{d}x_1 + \frac{\partial f_2}{\partial x_2}\mathrm{d}x_2 + \frac{\partial f_2}{\partial x_3}\mathrm{d}x_3\right)\wedge \mathrm{d}x_2 + \\
&\quad \left(\frac{\partial f_3}{\partial x_1}\mathrm{d}x_1 + \frac{\partial f_3}{\partial x_2}\mathrm{d}x_2 + \frac{\partial f_3}{\partial x_3}\mathrm{d}x_3\right)\wedge \mathrm{d}x_3 \\
&= \left(\frac{\partial f_3}{\partial x_1} - \frac{\partial f_1}{\partial x_3}\right)\mathrm{d}x_1 \wedge \mathrm{d}x_3 + \left(\frac{\partial f_2}{\partial x_1} - \frac{\partial f_1}{\partial x_2}\right)\mathrm{d}x_1 \wedge \mathrm{d}x_2 + \\
&\quad \left(\frac{\partial f_3}{\partial x_2} - \frac{\partial f_2}{\partial x_3}\right)\mathrm{d}x_2 \wedge \mathrm{d}x_3。
\end{aligned}$$

注意到这与向量场

$$(f_1, f_2, f_3)$$

的旋度看起来相似。

许多计算的关键是：

命题 6.2.1　对于任意微分 k-形式的 ω，我们有

$$\mathrm{d}(\mathrm{d}\omega) = 0。$$

它的证明是本章结尾处的练习之一，但是你需要用到“在 $\mathbf{R}^n$ 中微分的顺序不重要”，即

$$\frac{\partial}{\partial x_i}\frac{\partial f}{\partial x_j}=\frac{\partial}{\partial x_j}\frac{\partial f}{\partial x_i},$$

还有 $\mathrm{d}x_i \wedge \mathrm{d}x_j = -\mathrm{d}x_j \wedge \mathrm{d}x_i$。

6.3 微分形式和向量场

本章的整体目标是要说明经典散度定理、Green 定理和 Stokes 定理都是一个一般定理的特殊情形。这个一般定理会用微分形式的语言陈述。为了看到它怎么得到上一章的定理，我们需要把微分形式同函数和向量场联系起来。在 $\mathbf{R}^3$ 中，我们会看到在合适的解释下，外微分会与梯度、旋度和散度对应起来。

设 x，y 和 z 表示 $\mathbf{R}^3$ 的标准坐标。第 1 步是定义映射

T_0:0-形式→$\mathbf{R}^3$ 上的函数

T_1:1-形式→$\mathbf{R}^3$ 上的向量场

T_2:2-形式→$\mathbf{R}^3$ 上的向量场

T_3:3-形式→$\mathbf{R}^3$ 上的函数

我们会看到 T_0，T_1 和 T_3 都有自然的定义。T_2 的定义需要一些理由。

上一节中，我们看到微分 0-形式就是函数。因此 T_0 就是恒等映射。从上一节中我们知道有三个初等 1-形式：$\mathrm{d}x$，$\mathrm{d}y$ 和 $\mathrm{d}z$。因此一般的 1-形式就是

$$\omega=f_1(x,y,z)\,\mathrm{d}x+f_2(x,y,z)\,\mathrm{d}y+f_3(x,y,z)\,\mathrm{d}z,$$

其中 f_1，f_2 和 f_3 是 $\mathbf{R}^3$ 上三个不同的函数。然后定义

$$T_1(\omega)=(f_1,f_2,f_3)。$$

T_3 的定义很简单。我们知道在 $\mathbf{R}^3$ 上只有一个初等 3-形式，即 $\mathrm{d}x\wedge\mathrm{d}y\wedge\mathrm{d}z$。因此一般 3-形式看起来像

$$\omega=f(x,y,z)\,\mathrm{d}x\wedge\mathrm{d}y\wedge\mathrm{d}z,$$

其中 f 是 $\mathbf{R}^3$ 上的函数。然后我们设

$$T_3(\omega)=f(x,y,z)。$$

正如我们提到的，T_2 的定义并不那么简单。有三个初等 2-形式：$\mathrm{d}x\wedge\mathrm{d}y$，$\mathrm{d}x\wedge\mathrm{d}z$ 和 $\mathrm{d}y\wedge\mathrm{d}z$。一般 2-形式看起来像

$$\omega=f_1(x,y,z)\,\mathrm{d}x\wedge\mathrm{d}y+f_2(x,y,z)\,\mathrm{d}x\wedge\mathrm{d}z+f_3(x,y,z)\,\mathrm{d}y\wedge\mathrm{d}z,$$

其中，正如预料的那样，f_1，f_2 和 f_3 是 $\mathbf{R}^3$ 上的函数。定义映射 T_2 为

$$T_2(\omega)=(f_3,-f_2,f_1)。$$

解释这个定义的一个方法就是它允许我们证明把外微分同梯度、旋度和散度联系起来时需要的定理。另一种方法根据对偶空间得到，一会我们将会看到。

我们想要证明

定理 6.3.1　在 $\mathbf{R}^3$ 上，令 ω_k 表示一个 k-形式。则

$$T_1(\mathrm{d}\omega_0) = \nabla(T_0(\omega_0)),$$

$$T_2(\mathrm{d}\omega_1) = \mathbf{curl}(T_1(\omega_1)),$$

且

$$T_3(\mathrm{d}\omega_2) = \mathrm{div}(T_2(\omega_2))。$$

每一个都是一个计算（而且是本章结尾的一个练习）。我们那样定义 T_2 是为了解决上面的计算。这是我们能对我们给出的映射 T_2 的定义做出解释的方法之一。

还有另一种解释我们那样定义 T_2 的方法。这种方法有点抽象，但是却更重要，因为它可以推广到更高维。考虑 $\mathbf{R}^n$，坐标为 x_1，…，x_n。只有一种初等 n-形式，即 $\mathrm{d}x_1 \wedge \cdots \wedge \mathrm{d}x_n$。因此 $\mathbf{R}^n$ 上 n-形式的向量空间 $\wedge^n(\mathbf{R}^n)$ 是一维的并且可以确定为实数 $\mathbf{R}$。把这个映射记为

$$T: \wedge^n(\mathbf{R}^n) \to \mathbf{R}。$$

因此 $T(\alpha \mathrm{d}x_1 \wedge \cdots \wedge \mathrm{d}x_n) = \alpha$。

现在我们想看看 $\wedge^k(\mathbf{R}^n)$ 的对偶空间可以自然地确定为向量空间 $\wedge^{n-k}(\mathbf{R}^n)$。设 ω_{n-k} 在 $\wedge^{n-k}(\mathbf{R}^n)$ 中。首先我们说明一个（$n-k$）-形式怎样能够被解释为 $\wedge^k(\mathbf{R}^n)$ 上的一个线性映射。如果 ω_k 是任意 k-形式，定义

$$\omega_{n-k}(\omega_k) = T(\omega_{n-k} \wedge \omega_k)。$$

可以直接计算这是一个线性映射。根据第 1 章我们知道对偶空间与原始空间有相同的维数。通过直接的计算，我们也知道 $\wedge^k(\mathbf{R}^n)$ 和 $\wedge^{n-k}(\mathbf{R}^n)$ 的维数相同。因此 $\wedge^{n-k}(\mathbf{R}^n)$ 是 $\wedge^k(\mathbf{R}^n)$ 的对偶空间。

现在考虑向量空间 $\wedge^1(\mathbf{R}^3)$，它的自然基为 $\mathrm{d}x$，$\mathrm{d}y$ 和 $\mathrm{d}z$。那么它的对偶为 $\wedge^2(\mathbf{R}^3)$。作为一个对偶向量空间，自然基的一个元素是把 $\wedge^1(\mathbf{R}^3)$ 的基向量之一变成 1，而把另一个基向量变成 0 的基。因此考虑到 $\wedge^2(\mathbf{R}^3)$ 是一个对偶向量空间，它的自然基是 $\mathrm{d}y \wedge \mathrm{d}z$（这与 1-形式 $\mathrm{d}x$ 相对应，因为 $\mathrm{d}y \wedge \mathrm{d}z \wedge \mathrm{d}x = 1 \cdot \mathrm{d}x \wedge \mathrm{d}y \wedge \mathrm{d}z$），$-\mathrm{d}x \wedge \mathrm{d}z$（这与 $\mathrm{d}y$ 对应）和 $\mathrm{d}x \wedge \mathrm{d}y$（这与 $\mathrm{d}z$ 对应）。则把 $\mathrm{d}x$ 确定为行向量

(1,0,0)，dy 为 (0, 1, 0)，dz 为(0,0,1)，我们会看到 $dy \wedge dz$ 应该被确定为(1,0,0)，$-dx \wedge dz$ 为(0, -1,0)，$dx \wedge dy$ 为(0,0,1)。则 2-形式

$$\omega = f_1 dx \wedge dy + f_2 dx \wedge dz + f_3 dy \wedge dz$$

确实应该被确定为$(f_3, -f_2, f_1)$，这就是映射 T_2 被定义的方式。

6.4 流形

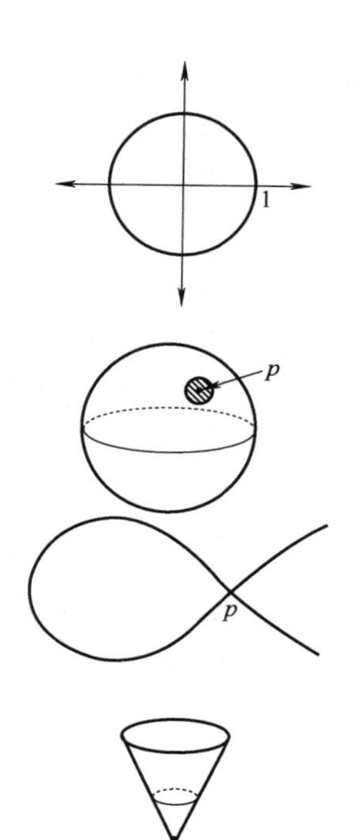

虽然在某种程度上，流形是一些最自然出现的几何体，但是要给出它的正确定义，仍需要花一些时间和心思。在本质上，k 维流形是在任意点的一个邻域中看起来像 $\mathbf{R}^k$ 中的一个球的任意拓扑空间。我们首先会关心位于 $\mathbf{R}^n$ 中的流形。对于这种流形，我们给出两种等价定义：参数化版本和隐式版本。对于每个版本，我们都会仔细地说明 $\mathbf{R}^2$ 中的单位圆 S^1 是一个一维流形。(当然如果我们只对圆感兴趣，我们就不需要这么多的定义。我们只是用圆去得到定义的正确性的一个感觉。) 然后我们会定义一个抽象的流形，一种不需要根据 $\mathbf{R}^n$ 定义的几何体。

再一次考虑圆 S^1。在任意点 $p \in S^1$ 附近圆看起来像一个区间 (不可否认是一个弯曲的区间)。以类似的方式，我们想让我们的定义满足 $\mathbf{R}^3$ 中的单位球 S^2 是一个二维流形，因为在任一点 $p \in S^2$ 附近，球看起来像个圆盘 (尽管又一次看起来更像个弯曲的圆盘)。我们想从我们对于流形的定义中排除包含没有良好定义切空间概念的点的几何体，例如它在 p 点处的切线有问题，还有圆锥它在定点 p 处的切面有问题。作为一个说明，我们在这部分中会令 M 表示一个第二可数的 Hausdorff 空间。

对于 $k \leqslant n$，k 维参数化映射是任意可微映射

$$\varphi(\mathbf{R}^k \text{ 中的球}) \to \mathbf{R}^n,$$

使得在每点处的 Jacobi 矩阵的秩正是 k。在局部坐标中，如果 $u_1, \cdots, u_k$ 是 $\mathbf{R}^k$ 的坐标，φ 由 n 个可微函数 $\varphi_1, \cdots, \varphi_n$ 描述 (即 $\varphi = (\varphi_1, \cdots, \varphi_n)$)，我们要求在所有点处的 $n \times k$ Jacobi 矩阵

$$D\varphi=\begin{pmatrix}\frac{\partial\varphi_1}{\partial u_1} & \cdots & \frac{\partial\varphi_1}{\partial u_k}\\ \vdots & & \vdots\\ \frac{\partial\varphi_n}{\partial u_1} & \cdots & \frac{\partial\varphi_n}{\partial u_k}\end{pmatrix}$$

都有一个可逆的 $k\times k$ 子矩阵。

定义 6.4.1　（参数化流形）$\mathbf{R}^n$ 中的 Hausdorff 拓扑空间 M 是一个 k 维流形，如果对于 $\mathbf{R}^n$ 中的每一点 $p\in M$，在 $\mathbf{R}^n$ 中存在一个开集 U 包含点 p 和一个参数化的映射 φ 使得

$$\varphi(\mathbf{R}^k\text{ 中的球})=M\cap U。$$

考虑圆 S^1。在点 $p=(1,0)$ 处，一个参数化映射为

$$\varphi(u)=(\sqrt{1-u^2},u),$$

而在点 $(0,1)$ 处，一个参数化映射为

$$\varphi(u)=(u,\sqrt{1-u^2})。$$

给定参数，在第 5 节中我们会看到很容易找到流形的切空间的一个基。更准确地说，切空间是由 Jacobi 矩阵 $D\varphi$ 的列组成的。这确实是使用参数定义流形的计算优势之一。

另一个方法是把流形定义为 $\mathbf{R}^n$ 上一个函数集的零位点。这里的定义实际上给出的是法向量。

定义 6.4.2　（隐式流形）$\mathbf{R}^n$ 中的集 M 是一个 k 维流形，如果对于任意点 $p\in M$，存在一个包含 p 的开集 U 和 $(n-k)$ 个可微函数 ρ_1，…，ρ_{n-k} 使得

1. $M\cap U=(\rho_1=0)\cap\cdots\cap(\rho_{n-k}=0)$；
2. 在 $M\cap U$ 的所有点处，梯度向量

$$\nabla\rho_1,\cdots,\nabla\rho_{n-k}$$

是线性无关的。

可以证明法向量就是不同的 $\nabla\rho_j$。

举个例子，再次回到圆 S^1。隐式方法就是

$$S^1=\{(x,y)\mid x^2+y^2-1=0\}。$$

这里我们有 $\rho=x^2+y^2-1$。因为

$$\nabla(x^2+y^2-1)=(2x,2y)$$

永远不会是零向量，所以我们证完了。

这两个定义是等价的，正如在隐函数定理的一节中讨论的那样。但是这两个定义都依赖于我们的 M 要在 $\mathbf{R}^n$ 中。它们都严格地使用了这个在 $\mathbf{R}^n$ 中的性质。还有一些情况，就是我们想要在看起来不自然地位于 $\mathbf{R}^n$ 的点集上做微积分运算。在历史上这在爱因斯坦的广义相对论中首次被强调，在广义相对论中宇宙本身被描述为一个既不是 $\mathbf{R}^4$ 也不以任何自然的方式位于更高维的 $\mathbf{R}^n$ 中的四维流形。据说，爱因斯坦对数学家已经建立了他所需的整套数学机制感到很惊讶。这里我们的目标是给出一个抽象流形的定义，然后再一次说明 S^1 是一个流形。我们会用已知的函数 $f:\mathbf{R}^n\to\mathbf{R}^n$ 可微的含义贯穿始终。

定义 6.4.3 （流形）一个第二可数拓扑空间 M 是一个 n 维流形，如果存在一个开覆盖（U_α）使得对于每个开集 U_α，我们有一个连续映射

$$\varphi_\alpha:\mathbf{R}^n\text{ 中的开球}\to U_\alpha$$

是一对一的到上映射，而且使得映射

$$\varphi_\alpha^{-1}\varphi_\beta:\varphi_\beta^{-1}(U_\alpha\cap U_\beta)\to\varphi_\alpha^{-1}(U_\alpha\cap U_\beta)$$

是可微的。

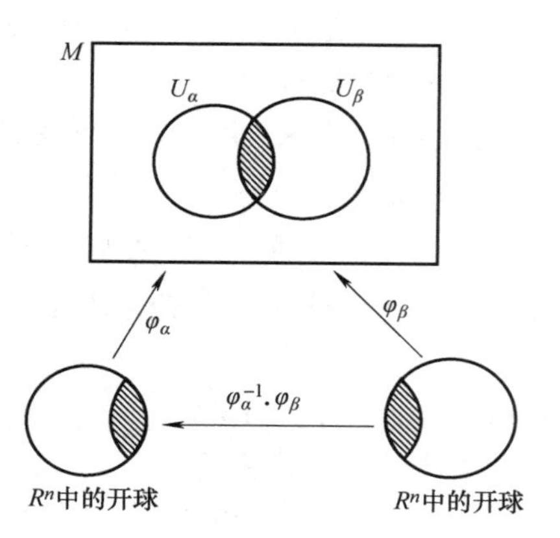

注意到 $\varphi_\beta^{-1}(U_\alpha\cap U_\beta)$ 和 $\varphi_\alpha^{-1}(U_\alpha\cap U_\beta)$ 都是 $\mathbf{R}^n$ 中的开集，因此我们确实知道 $\varphi_\alpha^{-1}\varphi_\beta$ 可微的含义，这在第 3 章中已经讨论过了。其思想是我们想去用 $\mathbf{R}^n$ 中相对应的开球来确定 M 中的每个开集 U_α。事实上，如果 x_1，…，x_n 是 $\mathbf{R}^n$ 的坐标，我们就能把 U_α 中的每个点 p 标记为由 $\varphi_\alpha^{-1}(p)$ 给出的 n 元向量。通常人们只是说我们已经为 U_α 选择了一个坐标系，而且把它确定为 $\mathbf{R}^n$ 的坐标 x_1，…，x_n。这个定义鼓励数学家认定流形在局部上每一点的周围都看起来像 $\mathbf{R}^n$ 中的开球。

现在来说明 S^1 满足这个流形的定义。我们会找到一个由 4 个开集组成的 S^1 的开覆盖，每一个都写成相应的映射 φ_i，然后会看到 $\varphi_1^{-1}\varphi_2$ 可微。（说明其他的 $\varphi_i^{-1}\varphi_j$ 可微的方法类似。）

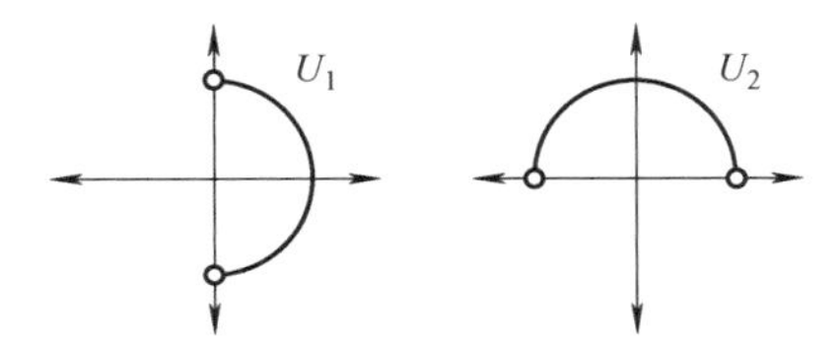

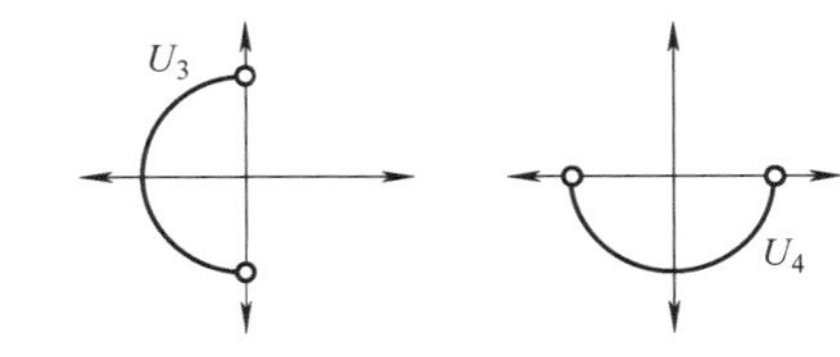

令

$$U_1 = \{(x,y) \in S^1 \mid x > 0\},$$

且设

$$\varphi_1 : (-1,1) \to U_1$$

定义为

$$\varphi_1(u) = (\sqrt{1-u^2}, u)。$$

这里 $(-1,1)$ 表示开区间 $\{x \mid -1 < x < 1\}$。类似地，令

$$U_2 = \{(x,y) \in S^1 \mid y > 0\},$$

$$U_3 = \{(x,y) \in S^1 \mid x < 0\},$$

$$U_4 = \{(x,y) \in S^1 \mid y < 0\},$$

且

$$\varphi_2(u) = (u, \sqrt{1-u^2})$$

$$\varphi_3(u) = (-\sqrt{1-u^2}, u)$$

$$\varphi_4(u) = (u, -\sqrt{1-u^2})。$$

现在证明在适当的定义域上 $\varphi_1^{-1}\varphi_2$ 可微。我们有

$$\varphi_1^{-1}\varphi_2(u) = \varphi_1^{-1}(u, \sqrt{1-u^2} = \sqrt{1-u^2},$$

这在 $-1 < u < 1$ 时确实是可微的。（其他验证一样简单。）

现在我们可以讨论流形上函数可微的含义了。我们将再一次把

定义归结为对关于从 $\mathbf{R}^n$ 到 $\mathbf{R}$ 的函数的可微性的陈述。

定义 6.4.4 在流形 M 上的实值函数 f 是可微的，如果对于一个开覆盖（U_α）和映射 $\varphi_\alpha:\mathbf{R}^n$ 中的开球$\to U_\alpha$，复合函数

$$f\circ\varphi_\alpha:\mathbf{R}^n\text{ 中的开球}\to\mathbf{R}$$

是可微的。

在流形的抽象定义中仍然有一个困难。这个定义依赖于 M 的开覆盖的存在。考虑圆 S^1 的开覆盖。当然还有很多其他的开覆盖可以在 S^1 上放置一个流形结构，如

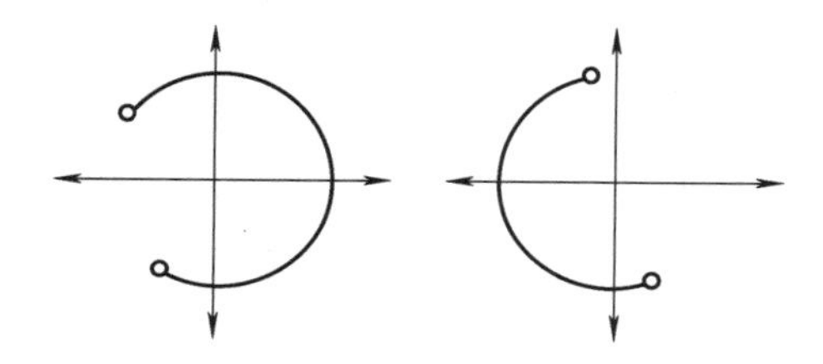

但仍然是相同的圆。我们怎样才能确定这些在圆上放置一个流形结构的不同的方式呢？我们需要找到流形之间等价性的一个自然概念（正如我们将会看到的，我们把这种等价性称为两个流形是微分同胚的）。在给出定义之前，我们需要定义在两个流形之间有可微映射的含义。对于符号，设 M 为一个有开覆盖（U_α）的 m 维流形和相应的映射 φ_α，设 N 为一个有开覆盖（V_β）的 n 维流形和相应的映射 η_β。

定义 6.4.5 设 $f:M\to N$ 为一个从 M 到 N 的映射。设 $p\in M$，U_α 为一个包含 p 的开集。设 $q=f(p)$ 并且假设 V_β 是一个包含 q 的开集。则 f 在 p 处可微，如果映射 $\eta_\beta^{-1}\circ f\circ\varphi_\alpha$ 在 $\mathbf{R}^m$ 中点 $\varphi_\alpha^{-1}(p)$ 的一个邻域中可微。映射 f 是可微的，如果它在所有点处都可微。

现在我们就可以定义等价的概念了。

定义 6.4.6 两个流形 M 和 N 是微分同胚的，如果存在一个映射 $f:M\to N$，它是一个可微的一对一到上映射而且它的逆映射 f^{-1} 也是可微的。

最后，通过用连续函数、解析函数等来替换不同函数可微的要求，我们可以定义连续流形、解析流形，等等。

6.5 切空间和定向

在说明怎么对微分 k-形式沿一个 k 维流形进行积分之前，我们必须要解决定向性的完全混乱的问题。但是在我们定义定向性之前，我们必须要定义流形的切空间。如果我们用流形的隐式或参数定义将是很简单的。抽象流形的定义要复杂得多（但就像大多数好的抽象定义一样，它最终是考虑切向量的正确方式）。

6.5.1 隐式和参数化流形的切空间

设 M 是 $\mathbf{R}^n$ 上一个隐式定义的 k 维流形。然后根据定义，对于每个点 $p \in M$，存在一个包含 p 的开集 U 和定义在 U 上的（$n-k$）个实值函数 ρ_1，…，ρ_{n-k} 使得

$$(\rho_1 = 0) \cap \cdots (\rho_{n-k} = 0) = M \cap U,$$

且在每点 $q \in M \cap U$ 处，向量

$$\nabla\rho_1(q), \cdots, \nabla\rho_{n-k}(q)$$

是线性无关的。我们有

定义 6.5.1　在点 p 处 M 的法空间 $N_p(M)$ 是由向量

$$\nabla\rho_1(p), \cdots, \nabla\rho_{n-k}(p)$$

组成的向量空间。在点 p 处流形 M 的切空间 $T_p(M)$ 由 $\mathbf{R}^n$ 中所有垂直于每个法向量的向量 $\boldsymbol{v}$ 组成。

如果 x_1，…，x_n 是 $\mathbf{R}^n$ 的标准坐标，我们有

引理 6.5.1　向量 $\boldsymbol{v} = (v_1, \cdots, v_n)$ 在切空间 $T_p(M)$ 中，如果对于所有的 $i = 1, \cdots, n-k$，我们有

$$0 = \boldsymbol{v} \cdot \nabla\rho_i(p) = \sum_{j=1}^{n} \frac{\partial\rho_i(p)}{\partial x_j} v_j。$$

以参数形式定义的流形的切空间的定义一样简单。这里参数化映射的 Jacobi 矩阵是关键。设 M 是 $\mathbf{R}^n$ 中的一个流形，有参数化映射

$$\varphi: (\mathbf{R}^k \text{ 中的球}) \to \mathbf{R}^n$$

由 n 个函数

$$\varphi = (\varphi_1, \cdots, \varphi_n)$$

给出。φ 的 Jacobi 矩阵是 $n \times k$ 矩阵

$$D\varphi=\begin{pmatrix}\frac{\partial\varphi_1}{\partial u_1} & \cdots & \frac{\partial\varphi_1}{\partial u_k}\\ \vdots & & \vdots\\ \frac{\partial\varphi_n}{\partial u_1} & \cdots & \frac{\partial\varphi_n}{\partial u_k}\end{pmatrix}。$$

定义 6.5.2 在点 p 处流形 M 的切空间 $T_p(M)$ 由矩阵 $D\varphi$ 的列向量生成。

这两个定义的等价性当然可以被证明。

6.5.2 抽象流形的切空间

隐式和参数化定义的流形都位于一个环绕的 $\mathbf{R}^n$ 中，这使得它含有自然的向量空间结构。尤其是在 $\mathbf{R}^n$ 中有一个向量垂直的自然定义。我们使用这个环绕空间去定义切空间。不幸的是，对于抽象流形没有这样的环绕的 $\mathbf{R}^n$ 存在。我们知道的是实值函数可微的含义。

在微积分中，我们了解到微分既是找到切线，也是计算函数变化率的工具。这里我们专注于导数作为变化率。考虑三维空间 $\mathbf{R}^3$，有三个偏导数$\frac{\partial}{\partial x}$，$\frac{\partial}{\partial y}$和$\frac{\partial}{\partial z}$。每一个都对应 $\mathbf{R}^3$ 的一个切方向，而且每一个都给出了一种度量函数$f(x,y,z)$变化有多快的方法，即$\frac{\partial f}{\partial x}=f$ 在 x 方向变化有多快，$\frac{\partial f}{\partial y}=f$ 在 y 方向变化有多快，$\frac{\partial f}{\partial z}=f$ 在 z 方向变化有多快。

这就是我们怎样定义抽象流形的切空间的方式，就像函数的变化率。我们会抽象出导数的代数性质（即它们是线性的，而且满足 Leibniz 法则）。

但是我们再仔细地看看 M 上的可微函数。如果我们想取函数 f 在 p 点的导数，我们想让它度量 f 在 p 点处的变化率。这应该只与 f 在 p 点附近的值有关，与离 p 点远的 f 的值应该是无关的。这就是下列等价关系背后的动因。设 (f,U) 表示 M 上的一个包含 p 点的开集和定义在 U 上的一个可微函数 f。我们会说

$$(f,U)\sim(g,V),$$

如果在开集 $U \cap V$ 上我们有 $f=g$。这使得我们定义

$$C_p^\infty = \{(f,U)\}/\sim$$

我们会经常用符号把 C_p^∞ 中的一个元素记为 f。空间 C_p^∞ 是一个向量空间，而且具有在点 p 附近函数的性质。（由于数学文化的原因，C_p^∞ 是簇的起源的一个例子，这种情况是可微函数簇。）

定义 6.5.3　切空间 $T_p(M)$ 是所有满足

$$v(fg)=fv(g)+gv(f)$$

的线性映射

$$v: C_p^\infty \to C_p^\infty$$

的空间。

为了完成这个理论，我们还需要证明这个定义与其他两个一致，这个我们留为课后练习。

6.5.3　向量空间的定向

我们的目标是看到对于任意给定的向量空间 V 有两种可能的定向。我们的方法是在 V 的可能的基上建立一个等价关系，然后发现只有两个等价类，我们称每一个为一个定向。

设 $\boldsymbol{v}_1, \cdots, \boldsymbol{v}_n$ 和 $\boldsymbol{w}_1, \cdots, \boldsymbol{w}_n$ 为 V 的两个基。则存在唯一的实数 $a_{ij}, i,j=1,\cdots,n$ 使得

$$\begin{gathered}\boldsymbol{w}_1 = a_{11}\boldsymbol{v}_1 + \cdots + a_{1n}\boldsymbol{v}_n \\ \vdots \\ \boldsymbol{w}_n = a_{n1}\boldsymbol{v}_1 + \cdots + a_{nn}\boldsymbol{v}_n。\end{gathered}$$

记 $n \times n$ 矩阵（a_{ij}）为 $\boldsymbol{A}$。那么我们知道 $\det(\boldsymbol{A}) \neq 0$。如果 $\det(\boldsymbol{A}) > 0$，我们说基 $\boldsymbol{v}_1, \cdots, \boldsymbol{v}_n$ 和 $\boldsymbol{w}_1, \cdots, \boldsymbol{w}_n$ 有相同的定向，如果 $\det(\boldsymbol{A}) < 0$，那么我们说这两个基有相反的定向。这可以通过矩阵乘法证明。

引理 6.5.2　有相同的定向是向量空间的基的集合上的一个等价关系。

直观上两个基 $\boldsymbol{v}_1, \cdots, \boldsymbol{v}_n$ 和 $\boldsymbol{w}_1, \cdots, \boldsymbol{w}_n$ 应该有相同的定向，如果我们可以把基 $\boldsymbol{v}_1, \cdots, \boldsymbol{v}_n$ 连续地移动到 $\boldsymbol{w}_1, \cdots, \boldsymbol{w}_n$，使得在每一步我们仍然有一个基。在 $\mathbf{R}^2$ 的图中，基 $\{(0,1),(1,0)\}$ 和 $\{(1,1),(-1,1)\}$ 有相同的定向，但是不同于基 $\{(-1,0),(0,1)\}$。

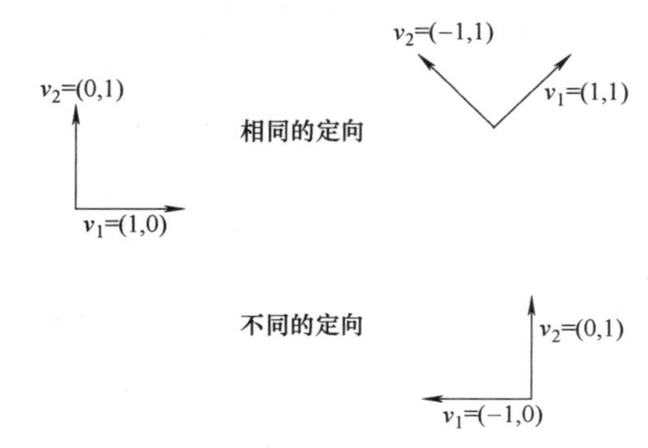

选择向量空间的一个定向意味着选择两个可能的定向之一，即某个基。

6.5.4 流形和它的边界的定向

如果对每个切空间 $T_p(M)$ 我们都能选择一个平滑变化的方向，则流形 M 有一个定向。我们忽略专业术语“平滑变化”的含义，思路是我们能够以一种平滑的方式在流行 M 中从一点到另一点移动我们的基。

现在设 X^o 为我们的可定向流形 M 中的一个开连通集，使得如果 X 表示 X^o 的闭包，那么边界 $\partial X = X - X^o$ 是一个维数比 M 小 1 的平滑流形。例如，如果 $M = \mathbf{R}^2$，X^o 的一个例子就是单位开圆盘

$$D = \{(x,y) \mid x^2 + y^2 < 1\}。$$

则 D 的边界是单位圆

$$S^1 = \{(x,y) \mid x^2 + y^2 = 1\},$$

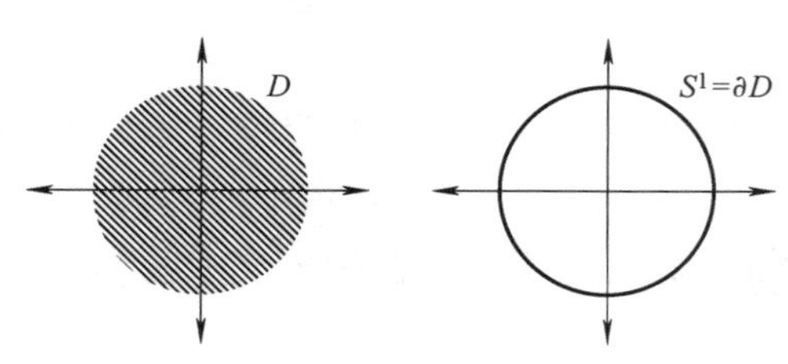

它是一个一维流形。开集 X^o 继承了流形 M 的定向。我们的目标是说明边界 ∂X 有一个规范定向。设 $p \in \partial(X)$。因为 $\partial(X)$ 的维数比 M 小 1，所以点 p 的法空间的维数为 1。选择一个指出 X 而不是指进 X 的法方向 $\boldsymbol{n}$。向量 $\boldsymbol{n}$ 与 $\partial(X)$ 正交，是 M 的一个切向量。选择$T_p(\partial(X))$的一

个基 $\boldsymbol{v}_1$，…，$\boldsymbol{v}_{n-1}$，所以基 $\boldsymbol{n}$，$\boldsymbol{v}_1$，…，$\boldsymbol{v}_{n-1}$ 与 M 的定向一致。可以证明 $T_p(\partial(X))$ 中所有这样选出的基都有相同的定向，因此向量 $\boldsymbol{v}_1$，…，$\boldsymbol{v}_{n-1}$ 的选择决定了边界流形 $\partial(X)$ 上的一个定向。

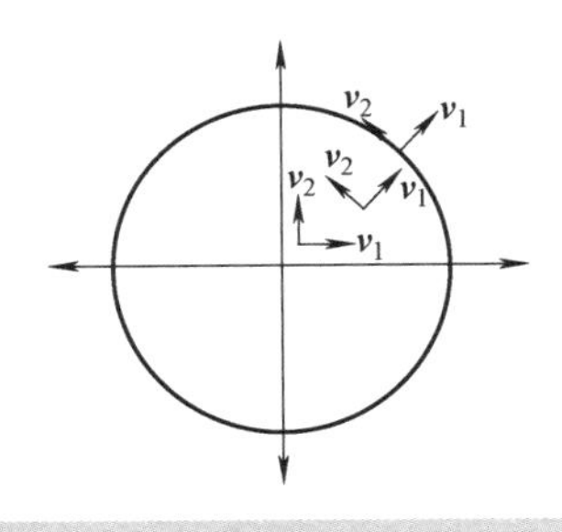

例如，设 $M=\mathbf{R}^2$。在 $\mathbf{R}^2$ 的每一点，选择基 $\{(1,0),(0,1)\}$。对于单位圆 S^1，在每点 $p=(x,y)$ 处，向外指出的法向量就是向量 (x,y)。则切向量 $(-y,x)$ 会给我们 $\mathbf{R}^2$ 中一个与所给出的向量有相同定向的基。因此对于边界流形我们有一个自然定向选择。

6.6　流形上的积分

这部分的目标是弄明白符号的意义。其中 M 是一个 k 维流形，ω 是 $\int_M \omega$，一个微分 k-形式。因此我们（最终）想要说明微分 k-形式是可以沿 k 维流形进行积分运算的。方法是把所有的计算归结为计算 $\mathbf{R}^k$ 上的多重积分，其做法是已知的。

我们首先会仔细看 $\mathbf{R}^2$ 上的 1-形式的情况。我们的流形是 1 维的，因此是曲线。设 C 为平面 $\mathbf{R}^2$ 上的一条曲线，是由满足

$$\sigma(u)=(x(u),y(u))$$

的映射

$$\sigma:[a,b]\to\mathbf{R}^2$$

参数表示的。如果 $f(x,y)$ 是定义在 $\mathbf{R}^2$ 上的一个连续函数，则定义路径积分 $\int_C f(x,y)\,\mathrm{d}x$ 的公式为

$$\int_C f(x,y)\,\mathrm{d}x=\int_a^b f(x(u),y(u))\frac{\mathrm{d}x}{\mathrm{d}u}\mathrm{d}u。$$

注意到第二个积分就是一个在实数轴的一个区间上的单变量积分。同样地，符号 $\int_C f(x,y)\,\mathrm{d}y$ 可以表示为

$$\int_C f(x,y)\,\mathrm{d}y=\int_a^b f(x(u),y(u))\frac{\mathrm{d}y}{\mathrm{d}u}\mathrm{d}u。$$

使用链式法则，可以检验 $\int_C f(x,y)\,\mathrm{d}x$ 与 $\int_C f(x,y)\,\mathrm{d}y$ 的值与参数的选择无关。这两个式子都高度暗示着至少形式上 $f(x,y)\,\mathrm{d}x$ 与 $f(x,y)\,\mathrm{d}y$ 与平面上 $\mathbf{R}^2$ 的微分 1-形式看起来很像。考虑参数化映射 $\sigma(u)$ 的 Jacobi 矩阵，它是一个 2×1 矩阵

$$D\sigma=\begin{pmatrix}\mathrm{d}x/\mathrm{d}u\\\mathrm{d}y/\mathrm{d}u\end{pmatrix}。$$

设 $f(x,y)\,\mathrm{d}x$ 和 $f(x,y)\,\mathrm{d}y$ 为 1-形式，根据定义在 $\sigma(u)$ 的每点我们有

$$f(x,y)\,\mathrm{d}x(D\sigma)=f(x,y)\,\mathrm{d}x\left(\begin{pmatrix}\mathrm{d}x/\mathrm{d}u\\\mathrm{d}y/\mathrm{d}u\end{pmatrix}\right)=f(x(u),y(u))\frac{\mathrm{d}x}{\mathrm{d}u}$$

和

$$f(x,y)\,\mathrm{d}y(D\sigma)=f(x,y)\,\mathrm{d}y\left(\begin{pmatrix}\mathrm{d}x/\mathrm{d}u\\\mathrm{d}y/\mathrm{d}u\end{pmatrix}\right)=f(x(u),y(u))\frac{\mathrm{d}y}{\mathrm{d}u}。$$

因此，我们可以把积分 $\int_C f(x,y)\,\mathrm{d}x$ 和 $\int_C f(x,y)\,\mathrm{d}y$ 写成

$$\int_C f(x,y)\,\mathrm{d}x=\int_a^b f(x,y)\,\mathrm{d}x(D\sigma)\,\mathrm{d}u$$

和

$$\int_C f(x,y)\,\mathrm{d}y=\int_a^b f(x,y)\,\mathrm{d}y(D\sigma)\,\mathrm{d}u。$$

这暗示了怎么定义一般的 $\int_M\omega$。我们会用到 k-形式 ω，会把任意 $n\times k$ 矩阵变成一个实数。我们会用参数表示流形 M 取参数化映射的 Jacobi 矩阵的 ω。

定义 6.6.1 设 M 是 $\mathbf{R}^n$ 中的一个 k 维定向可微流形，使得存在一个参数化的一对一到上映射

$$\varphi:B\to M,$$

其中 B 表示 $\mathbf{R}^k$ 中的单位球。进一步假设参数化映射与流形 M 的定向一致。设 ω 为 $\mathbf{R}^n$ 上的一个可微 k-形式。则

$$\int_M\omega=\int_B\omega(D\varphi)\,\mathrm{d}u_1\cdots\mathrm{d}u_k。$$

通过一个链式法则计算，我们可以证明 $\int_M\omega$ 是被良好定义的。

引理 6.6.1 给定 k 维流形 M 的两个保持参数化 φ_1 和 φ_2 的定向，我们有

$$\int_B\omega(D\varphi_1)\,\mathrm{d}u_1\cdots\mathrm{d}u_k=\int_B\omega(D\varphi_2)\,\mathrm{d}u_1\cdots\mathrm{d}u_k。$$

因此 $\int_M\omega$ 与参数化无关。

现在我们知道对于一个从 $\mathbf{R}^k$ 中的一个球出发的一对一映射的图像的流形 $\int_M \omega$ 是什么含义了。并不是所有的流形都可以被描述为一个单参数映射的图像。例如，$\mathbf{R}^3$ 中的单位球 S^2 至少需要两个这样的映射（主要是为了覆盖北极和南极）。但是我们（几乎）能通过一个非重叠参数的可数集覆盖一个合理的定向流形。更准确地说，我们能够找到 M 中的非重叠开集族 $\{U_\alpha\}$ 使得对于每个 α 存在一个保持映射

$$\varphi_\alpha : B \to U_\alpha$$

的参数化映射，并使得空间 $M - \cup U_\alpha$ 的维数严格小于 k。那么对于任意微分 k-形式，我们令

$$\int_M \omega = \sum_\alpha \int_{U_\alpha} \omega。$$

当然，这个定理好像依赖于我们对开集的选择，但是我们可以（尽管我们不去）证明

引理 6.6.2　$\int_M \omega$ 的值与集 $\{U_\alpha\}$ 的选择无关。

虽然在实际中上述和可能是无穷的，在这种情况下收敛问题就出现了，但实际上这个问题很少出现。

6.7 Stokes 定理

现在我们来到本章的目标。

定理 6.7.1　（Stokes 定理）设 M 是 $\mathbf{R}^n$ 中的一个有边界 ∂M 的定向 k 维流形，∂M 是一个由 M 的定向诱导的带有定向的平滑 $(k-1)$ 维流形。设 ω 是一个微分（$k-1$）-形式。则

$$\int_M \mathrm{d}\omega = \int_{\partial M} \omega。$$

这是一个对直观做定量的版本。

边界上函数的平均值 = 内部导数的平均值。这个定理包括散度定理、Green 定理和向量微积分的 Stokes 定理等经典结论的特殊情况。

我们只会明确地证明在 M 是 $\mathbf{R}^k$ 中的单位立方体，且当

$$\omega = f(x_1, \cdots, x_k)\,\mathrm{d}x_2 \wedge \cdots \wedge \mathrm{d}x_k$$

的情况下的 Stokes 定理。在证明这种特殊情形之后，我们会简述一般情形下证明的主要思想。

在单位立方体情况下的证明　这里

$$M=\{(x_1,\cdots,x_k)\mid 对于每个\ i,0\leqslant x_i\leqslant 1\}。$$

这个立方体的边界 ∂M 由 $\mathbf{R}^{k-1}$ 中 $2k$ 个单位立方体组成。我们关心两个边界组成

$$S_1=\{(0,x_2,\cdots,x_k)\in M\}$$

和

$$S_2=\{(1,x_2,\cdots,x_k)\in M\}$$

对于 $\omega=f(x_1,\cdots,x_k)\mathrm{d}x_2\wedge\cdots\wedge\mathrm{d}x_k$，我们有

$$\begin{aligned}\mathrm{d}\omega&=\sum\frac{\partial f}{\partial x_i}\mathrm{d}x_i\wedge\mathrm{d}x_2\wedge\cdots\wedge\mathrm{d}x_k\\&=\frac{\partial f}{\partial x_1}\mathrm{d}x_1\wedge\mathrm{d}x_2\wedge\cdots\wedge\mathrm{d}x_k,\end{aligned}$$

因为总有 $\mathrm{d}x_j\wedge\mathrm{d}x_j=0$。

现在计算 $\mathrm{d}\omega$ 沿单位立方体 M 的积分。我们选择保持参数化映射作为恒等映射的定向，则

$$\int_M\mathrm{d}\omega=\int_0^1\cdots\int_0^1\frac{\partial f}{\partial x_1}\mathrm{d}x_1\cdots\mathrm{d}x_k。$$

根据微积分基本定理我们可以计算第一个积分，得到

$$\int_M\mathrm{d}\omega=\int_0^1\cdots\int_0^1 f(1,x_2,\cdots,x_k)\mathrm{d}x_2\cdots\mathrm{d}x_k-\int_0^1\cdots\int_0^1 f(0,x_2,\cdots,x_k)\mathrm{d}x_2\cdots\mathrm{d}x_k。$$

现在来看积分 $\int_{\partial M}\omega$。因为 $\omega=f(x_1,\cdots,x_k)\mathrm{d}x_2\wedge\cdots\wedge\mathrm{d}x_k$，所以沿边界积分的唯一的不是 0 的部分就是 S_1 和 S_2，它们都是 $\mathbf{R}^{k-1}$ 中的单位立方体，坐标由 x_2，…，x_k 给出。尽管如此，它们有相反的定向。(这可以在 M 是平面上的正方形的例子中看到。这样 S_1 就是正方形的底部，而 S_2 是正方形的顶部。注意怎样做到由正方形的定向诱导出的 S_1 和 S_2 的定向确实是相反的。)

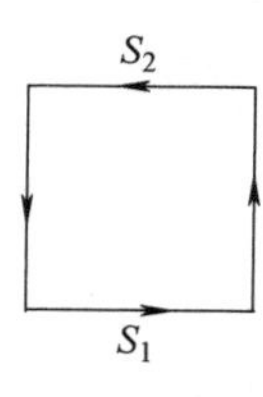

则

$$\begin{aligned}\int_{\partial M}\omega&=\int_{S_1}\omega+\int_{S_2}\omega\\&=\int_0^1\cdots\int_0^1-f(0,x_2,\cdots,x_k)\mathrm{d}x_2\cdots\mathrm{d}x_k+\int_0^1\cdots\int_0^1 f(1,x_2,\cdots,x_k)\mathrm{d}x_2\cdots\mathrm{d}x_k,\end{aligned}$$

我们刚刚证明了（上式）等于 $\int_M \mathrm{d}\omega_0$。这正是我们希望得出的结果。□

现在简述对于 $\mathbf{R}^n$ 中的流形 M 的一种错误的一般证明。我们会使用到上述对于单位立方体的论断，它可以以一种类似的方式用到任何立方体中。而且，任何一般的微分（$k-1$）-形式看起来为

$$\omega = \sum f_I \mathrm{d}x_I,$$

其中每个 I 是一个来自$(1,\cdots,n)$的 $k-1$ 元数组。

把 M 分成许多小立方体。相邻的立方体的边界会有相反的定向。则

$$\begin{aligned}\int_M \mathrm{d}\omega &\approx \text{所有}\int_{\text{小立方体}} \mathrm{d}\omega \text{ 的和} \\ &= \text{所有}\int_{\partial\text{小立方体}} \omega \text{ 的和} \\ &\approx \int_{\partial(M)} \omega 。\end{aligned}$$

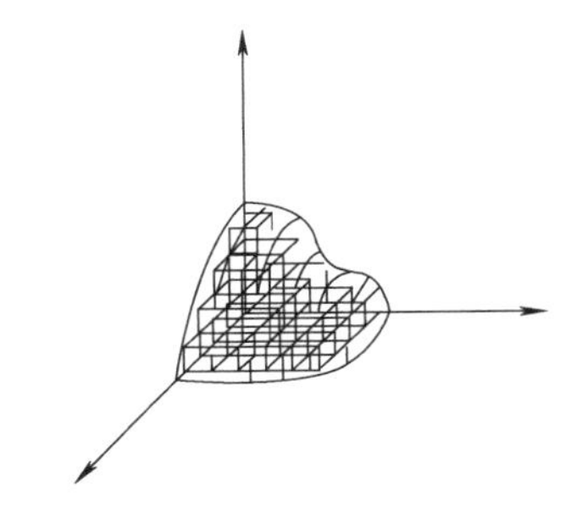

最后的约等式是因为立方体相邻的边界有相反的定向，它们会相互抵消。剩下的唯一的边界部分是那些顶着 M 的边界。最后一步说明随着我们取越来越小的立方体，我们可以用等式代替上面的约等式。

必须要注意的是 M 不能被分成这些小立方体的并集。要证明这件事是很困难的。

6.8 推荐阅读

最近的几本好书是 Hubbard 和 Hubbard 的《向量微积分、线性代数和微分形式：一种统一的方法》[64]，它包含了丰富的信息，把微分形式放到经典向量微积分和线性代数的语境中。Spivak 的《流形上的微积分》[103] 对于很多人都是最好的教材。它非常简捷（在很多方面与在 [102] 中 Spivak 对于 ε 和 δ 的实分析内容的介绍相反）。Spivak 强调数学工作应该从正确的定义出发以便于定理（尤其是 Stokes 定理）能很容易地得出。尽管它的简捷可能不是最好的介绍。Fleming 的《几个变量的函数》[37] 也是一个很好的介绍。

6.9 练习

1. 说明为什么的确洗牌被称为洗牌是合理的?（根据洗一副牌考虑)。

2. 在 $\mathbf{R}^3$ 中，设 dx，dy 和 dz 表示三个初等 1-形式。使用楔积的定义，证明

$$(dx \wedge dy) \wedge dz = dx \wedge (dy \wedge dz)。$$

并证明它们与 3-形式 $dx \wedge dy \wedge dz$ 相等。

3. 证明对于任意的微分 k-形式 ω，我们有

$$d(d\omega) = 0。$$

4. 在 $\mathbf{R}^n$ 中，设 dx 和 dy 为 1-形式。证明

$$dx \wedge dy = -dy \wedge dx。$$

5. 证明定理 6.3.1。

6. 证明本章中定义的映射

$$\omega_{n-k}(\omega_k) = T(\omega_{n-k} \wedge \omega_k),$$

$T: \wedge^n \mathbf{R}^n \to \mathbf{R}$，提供了一个从 $\wedge^{n-k}\mathbf{R}^n$ 到对偶空间 $\wedge^k \mathbf{R}^{n*}$ 的线性映射。

7. 使用三个定义证明 $\mathbf{R}^3$ 中的单位球 S^2 是一个二维流形。

8. 考虑有确定的相反的边的矩形

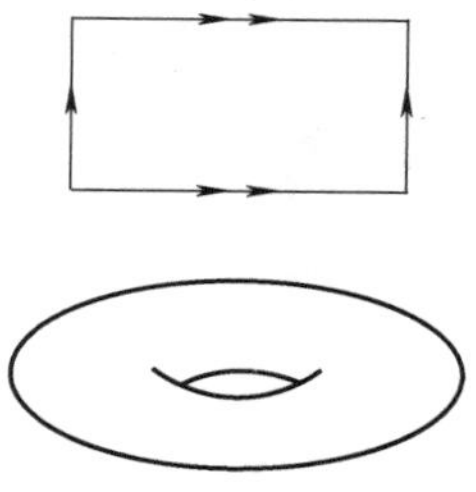

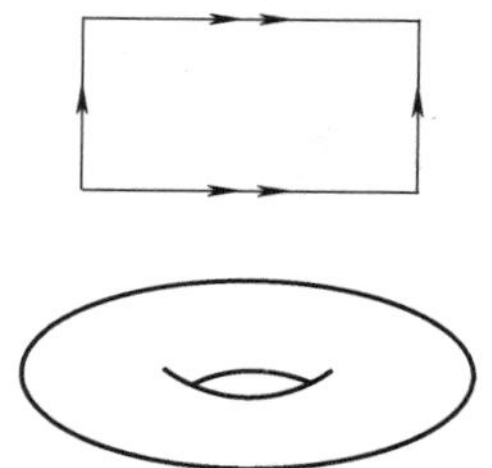

首先说明它为什么是一个环面

然后说明为什么它是一个二维流形。

9. 本题的目标是证明实射影空间是一个流形。在 $\mathbf{R}^{n+1} - 0$ 上定义等价关系

$$(x_0, x_1, \cdots, x_n) \sim (\lambda x_0, \lambda x_1, \cdots, \lambda x_n),$$

λ 为任意非零实数。定义实射影 n 空间为

$$\boldsymbol{P}^n = \mathbf{R}^{n+1} - (0) / \sim。$$

因此在射影 3 空间中，我们把(1,2,3)确定为(2,4,6)或(−10,−20,−30)，而不是(2,3,1)或(1,2,5)。在 $\boldsymbol{P}^n$ 中，我们把包含 $(x_0, \cdots, x_n)$ 的等价类记为 $(x_0 : \cdots : x_n)$。因此 $\boldsymbol{P}^3$ 中对应于(1,2,3)的点表示为(1 : 2 : 3)。则在 $\boldsymbol{P}^3$ 中，我们有(1 : 2 : 3) = (2 : 4 : 6) ≠ (1 : 2 : 5)。定义

$$\varphi_0: \mathbf{R}^n \to \boldsymbol{P}^n$$

为

$$\varphi_0(u_1,\cdots,u_n)=(1:u_1:\cdots:u_n),$$

定义

$$\varphi_1:\mathbf{R}^n\to\boldsymbol{P}^n$$

为

$$\varphi_1(u_1,\cdots,u_n)=(u_1:1:u_2:\cdots:u_n),$$

等等，以这样的方式定义映射 φ_n。证明这些映射可以被用来使 $\boldsymbol{P}^n$ 成为一个 n 维流形。

10. 证明本章的 Stokes 定理有这些特殊情形：

a）微积分基本定理；（注意到我们需要使用微积分基本定理去证明 Stokes 定理，因此我们实际上不能说微积分定理只是 Stokes 定理的一个推论。）

b）Green 定理；

c）散度定理；

d）第 5 章的 Stokes 定理。

第7章

曲线和曲面的曲率

基本对象：空间中的曲线和曲面
基本目标：计算曲率

中学数学大部分关心直线和平面。当然有比这些平面几何体更多的几何体。经典微分几何关心曲线和曲面在空间中怎样弯曲和扭转。单词“曲率”被用来表示已经被发现的扭转的不同测度。

不幸的是，计算不同种类的曲率的计算和公式是相当复杂的，但无论曲率是什么，它都应该满足直线和平面的曲率必须为0，而半径为 r 的圆（或球）的曲率在每一点应该相同，而且半径小的圆（或球）的曲率要比半径大的圆（或球）的曲率大（它体现了在地球上要比在保龄球上更容易保持平衡的思想）。

曲率思想的第一次介绍通常是在微积分中。一阶导数给出我们切线（因此是线性的）的信息，而二阶导数度量了凹凸性，即一个曲率型测度。因此我们应该期望在曲率计算中看到二阶导数。

7.1 平面曲线

我们会通过参数化

$$r(t)=(x(t),y(t))$$

描述平面曲线。因此是一个映射

$$r:\mathbf{R}\rightarrow\mathbf{R}^2。$$

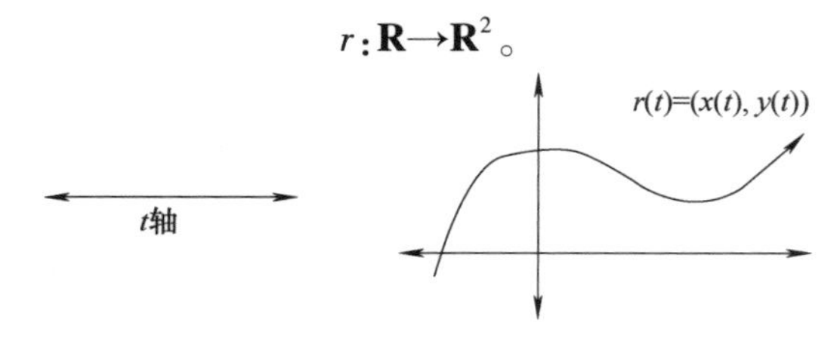

变量 t 称为参数（而且通常被认为是时间）。一个实际的平面曲线可以用很多不同的方式进行参数化。例如，

$$r_1(t)=(\cos(t),\sin(t))$$

和

$$r_2(t)=(\cos(2t),\sin(2t))$$

都描述了单位圆。曲率的任何计算都应该与参数化的选择无关。计算曲率有几种合理的方式，所有方式都可以被证明是等价的。我们会采取总是对一个规范参数化（弧长参数化）做固定的方法。这是一个参数化 $r:[a,b]\to\mathbf{R}$ 使得曲线的弧长就是 $b-a$。因为弧长为

$$\int_a^b \sqrt{\left(\frac{\mathrm{d}x}{\mathrm{d}s}\right)^2+\left(\frac{\mathrm{d}y}{\mathrm{d}s}\right)^2}\,\mathrm{d}s,$$

我们需要

$$\sqrt{\left(\frac{\mathrm{d}x}{\mathrm{d}s}\right)^2+\left(\frac{\mathrm{d}y}{\mathrm{d}s}\right)^2}=1。$$

因此对于弧长参数化，切向量的长度总是 1

$$|\boldsymbol{T}(s)|=\left|\frac{\mathrm{d}r}{\mathrm{d}s}\right|=\left|\left(\frac{\mathrm{d}x}{\mathrm{d}s},\frac{\mathrm{d}y}{\mathrm{d}s}\right)\right|=\sqrt{\left(\frac{\mathrm{d}x}{\mathrm{d}s}\right)^2+\left(\frac{\mathrm{d}y}{\mathrm{d}s}\right)^2}=1。$$

回到曲率的问题。考虑直线，如右上图，注意到直线上每一点都有相同的切线。

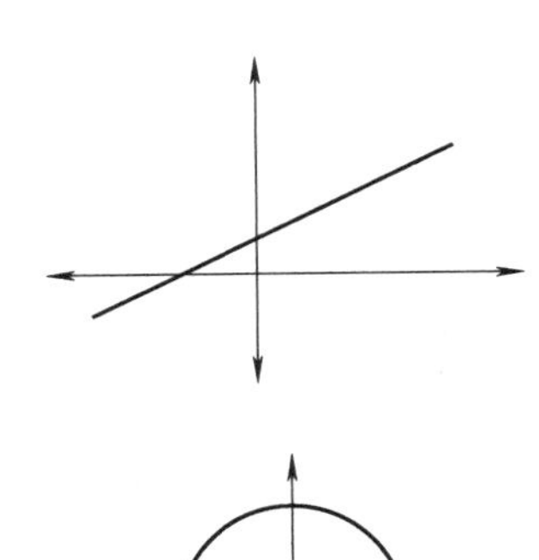

现在考虑圆，如右下图，这里切向量的方向是不断变化的。这就使人们产生了定义曲率的想法，即试图把曲率定义为切线方向的改变的测度。为了度量变化率，我们需要使用导数。这就导致

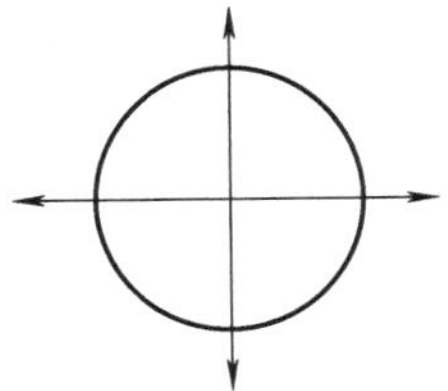

定义 7.1.1　对于一个由弧长参数化的平面曲线

$$r(s)=(x(s),y(s)),$$

定义曲线上一点的主曲率 κ 为关于参数 s 的切向量的导数的长度，即

$$\kappa=\left|\frac{\mathrm{d}\boldsymbol{T}(s)}{\mathrm{d}s}\right|。$$

考虑直线 $r(s)=(as+b,cs+d)$，其中 a，b，c，d 为常数。切向量为

$$\boldsymbol{T}(s)=\frac{\mathrm{d}r}{\mathrm{d}s}=(a,c)。$$

则曲率为

$$\kappa = \left|\frac{\mathrm{d}\boldsymbol{T}(s)}{\mathrm{d}s}\right| = |(0,0)| = 0,$$

即为所需。

现在考虑圆心为原点，半径为 a 的圆。一个弧长参数化为

$$r(s) = \left(a\cos\left(\frac{s}{a}\right), a\sin\left(\frac{s}{a}\right)\right),$$

则曲率为

$$\begin{aligned}\kappa &= \left|\frac{\mathrm{d}\boldsymbol{T}(s)}{\mathrm{d}s}\right| \\ &= \left|\left(-\frac{1}{a}\cos\left(\frac{s}{a}\right), -\frac{1}{a}\sin\left(\frac{s}{a}\right)\right)\right| \\ &= \sqrt{\frac{1}{a^2}\cos^2\left(\frac{s}{a}\right) + \frac{1}{a^2}\sin^2\left(\frac{s}{a}\right)} \\ &= \frac{1}{a}。\end{aligned}$$

因此，曲率的定义确实与我们最初关于直线和圆的直觉一致。

7.2 空间曲线

在这里，情况更复杂。这里没有能描述曲率的单个数字。因为我们对空间曲线感兴趣，所以我们的参数化形式为

$$r(s) = (x(s), y(s), z(s))。$$

在上一节中，我们通过假定根据长度进行的参数化来标准化，即

$$\begin{aligned}|\boldsymbol{T}(s)| = \left|\frac{\mathrm{d}r}{\mathrm{d}s}\right| &= \left|\left(\frac{\mathrm{d}x}{\mathrm{d}s}, \frac{\mathrm{d}y}{\mathrm{d}s}, \frac{\mathrm{d}z}{\mathrm{d}s}\right)\right| \\ &= \sqrt{\left(\frac{\mathrm{d}x}{\mathrm{d}s}\right)^2 + \left(\frac{\mathrm{d}y}{\mathrm{d}s}\right)^2 + \left(\frac{\mathrm{d}z}{\mathrm{d}s}\right)^2} \\ &= 1。\end{aligned}$$

我们再一次以计算切向量方向的变化率开始。

定义 7.2.1 对于一个由弧长参数化的空间曲线

$$r(s) = (x(s), y(s), z(s)),$$

定义曲线上一点的主曲率 κ 为关于参数 s 的切向量的导数的长度，即

$$\kappa=\left|\frac{\mathrm{d}\boldsymbol{T}(s)}{\mathrm{d}s}\right|。$$

κ是描述曲率的数之一。另一个是挠率，但是在给出它的定义之前我们需要做一些预备工作。

设

$$\boldsymbol{N}=\frac{1}{\kappa}\frac{\mathrm{d}\boldsymbol{T}}{\mathrm{d}s}。$$

向量$\boldsymbol{N}$称为主法向量。注意到它的长度为1。更重要的是，正如下面的命题说明的，这个向量垂直于切向量$\boldsymbol{T}(s)$。

命题7.2.1　在空间曲线的所有点上

$$\boldsymbol{N}\cdot\boldsymbol{T}=0。$$

证明　因为我们使用弧长参数化，所以切向量的长度总是1，这意味着

$$\boldsymbol{T}\cdot\boldsymbol{T}=1。$$

因此

$$\frac{\mathrm{d}}{\mathrm{d}s}(\boldsymbol{T}\cdot\boldsymbol{T})=\frac{\mathrm{d}}{\mathrm{d}s}(1)=0。$$

根据乘积法则我们有

$$\frac{\mathrm{d}}{\mathrm{d}s}(\boldsymbol{T}\cdot\boldsymbol{T})=\boldsymbol{T}\cdot\frac{\mathrm{d}\boldsymbol{T}}{\mathrm{d}s}+\frac{\mathrm{d}\boldsymbol{T}}{\mathrm{d}s}\cdot\boldsymbol{T}=2\boldsymbol{T}\cdot\frac{\mathrm{d}\boldsymbol{T}}{\mathrm{d}s}。$$

则

$$\boldsymbol{T}\cdot\frac{\mathrm{d}\boldsymbol{T}}{\mathrm{d}s}=0。$$

因此向量$\boldsymbol{T}$是和$\frac{\mathrm{d}\boldsymbol{T}}{\mathrm{d}s}$垂直的。因为主法向量$\frac{\mathrm{d}\boldsymbol{T}}{\mathrm{d}s}$是向量$\boldsymbol{N}$的数量倍，所以我们就得出了结论。证毕。

设

$$\boldsymbol{B}=\boldsymbol{T}\times\boldsymbol{N}$$

称为副法线向量。因为$\boldsymbol{T}$和$\boldsymbol{N}$的长度都为1，所以$\boldsymbol{B}$也是一个单位向量。因此在曲线的每一点我们有三个互相垂直的单位向量$\boldsymbol{T}$，$\boldsymbol{N}$和$\boldsymbol{B}$。挠率是一个与副法线向量$\boldsymbol{B}$的变化率有关的量，但是在给出它的定义之前我们还需要一个命题。

命题7.2.2　向量$\frac{\mathrm{d}\boldsymbol{B}}{\mathrm{d}s}$是主法向量$\boldsymbol{N}$的一个数量倍。

证明 我们会说明$\frac{d\boldsymbol{B}}{ds}$垂直于$\boldsymbol{T}$和$\boldsymbol{B}$，这就意味着$\frac{d\boldsymbol{B}}{ds}$和$\boldsymbol{N}$一定指向相同的方向。首先，因为$\boldsymbol{B}$的长度为1，根据和前面的命题相同的理由，只需要把所有的$\boldsymbol{T}$换成$\boldsymbol{B}$，我们就能得到

$$\frac{d\boldsymbol{B}}{ds}\cdot\boldsymbol{B}=0。$$

现在

$$\begin{aligned}\frac{d\boldsymbol{B}}{ds}&=\frac{d}{ds}(\boldsymbol{T}\times\boldsymbol{N})\\&=\left(\frac{d\boldsymbol{T}}{ds}\times\boldsymbol{N}\right)+\left(\boldsymbol{T}\times\frac{d\boldsymbol{N}}{ds}\right)\\&=(\kappa\boldsymbol{N}\times\boldsymbol{N})+\left(\boldsymbol{T}\times\frac{d\boldsymbol{N}}{ds}\right)\\&=\left(\boldsymbol{T}\times\frac{d\boldsymbol{N}}{ds}\right)。\end{aligned}$$

因此$\frac{d\boldsymbol{B}}{ds}$一定垂直于向量$\boldsymbol{T}$。

定义 7.2.2 空间曲线的挠率是数τ使得

$$\frac{d\boldsymbol{B}}{ds}=-\tau\boldsymbol{N}。$$

我们现在需要对这两个数的含义有一个直观的理解。基本上来说，挠率度量空间曲线从一个平面曲线偏离了多少，而主曲率度量空间曲线想要成为的平面曲线的曲率。考虑空间曲线$r(s)=\left(3\cos\left(\frac{s}{3}\right),3\sin\left(\frac{s}{3}\right),5\right)$。它是一个位于平面$z=5$上的半径为3的圆。我们会看到挠率为0。首先，切向量为

$$\boldsymbol{T}(s)=\frac{dr}{ds}=\left(-\sin\left(\frac{s}{3}\right),\cos\left(\frac{s}{3}\right),0\right)。$$

那么

$$\frac{d\boldsymbol{T}}{ds}=\left(-\frac{1}{3}\cos\left(\frac{s}{3}\right),-\frac{1}{3}\sin\left(\frac{s}{3}\right),0\right),$$

所以主曲率为1/3。主法向量为

$$\boldsymbol{N}=\frac{1}{\kappa}\frac{d\boldsymbol{T}}{ds}=\left(-\cos\left(\frac{s}{3}\right),-\sin\left(\frac{s}{3}\right),0\right)。$$

则副法向量为

$$B = T \times N = (0,0,1),$$

所以

$$\frac{\mathrm{d}B}{\mathrm{d}s} = (0,0,0) = 0 \cdot N。$$

挠率确实为0，反映了我们实际上是把一个平面曲线伪装成了空间曲线的事实。

现在考虑螺旋

$$r(t) = (\cos(t), \sin(t), t)。$$

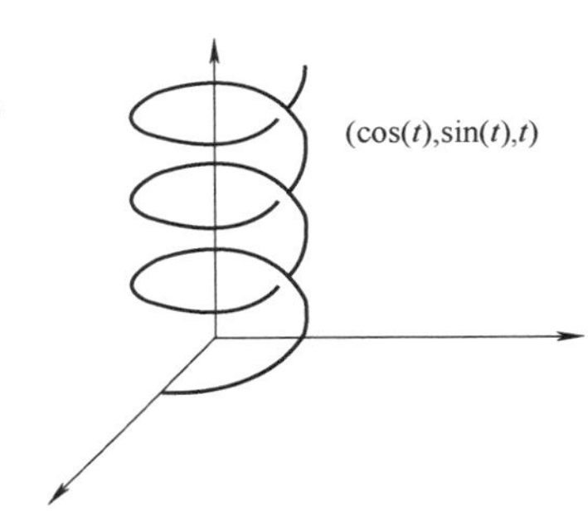

它应该是主曲率为一个正常数的情况，因为曲线想要变成一个圆。类似地，由于 z 坐标的 t 项，螺旋不断地移出平面。因此挠率应该也是一个非零常数。切向量

$$\frac{\mathrm{d}r}{\mathrm{d}t} = (-\sin(t), \cos(t), 1)$$

长度不唯一。这个螺旋线的弧长参数化为

$$r(t) = \left(\cos\left(\frac{1}{\sqrt{2}}t\right), \sin\left(\frac{1}{\sqrt{2}}t\right), \frac{1}{\sqrt{2}}t\right)。$$

则单位切向量为

$$T(t) = \left(-\frac{1}{\sqrt{2}}\sin\left(\frac{1}{\sqrt{2}}t\right), \frac{1}{\sqrt{2}}\cos\left(\frac{1}{\sqrt{2}}t\right), \frac{1}{\sqrt{2}}\right)。$$

主曲率 κ 是向量

$$\frac{\mathrm{d}T}{\mathrm{d}t} = \left(-\frac{1}{2}\cos\left(\frac{1}{\sqrt{2}}t\right), -\frac{1}{2}\sin\left(\frac{1}{\sqrt{2}}t\right), 0\right)$$

的长度。因此

$$\kappa = \frac{1}{2}。$$

那么主法向量为

$$N(t) = 2\frac{\mathrm{d}T}{\mathrm{d}t} = \left(-\cos\left(\frac{1}{\sqrt{2}}t\right), -\sin\left(\frac{1}{\sqrt{2}}t\right), 0\right)。$$

副法向量为

$$\begin{aligned} B &= T \times N \\ &= \left(\frac{1}{\sqrt{2}}\sin\left(\frac{1}{\sqrt{2}}t\right), -\frac{1}{\sqrt{2}}\cos\left(\frac{1}{\sqrt{2}}t\right), \frac{1}{\sqrt{2}}\right)。\end{aligned}$$

挠率 τ 是向量

$$\frac{\mathrm{d}\boldsymbol{B}}{\mathrm{d}t}=\left(\frac{1}{2}\cos\left(\frac{1}{\sqrt{2}}t\right),\frac{1}{2}\sin\left(\frac{1}{\sqrt{2}}t\right),0\right)$$

的长度，因此

$$\tau=\frac{1}{2}。$$

7.3 曲面

度量切向量如何变化对于理解空间曲线的曲率非常有效。到曲面的一个可能的推广就是检查切平面的变化。因为平面的方向由它的法向量方向决定，所以我们会通过度量法向量的变化率来定义曲率函数。例如，对于平面 $ax+by+cz=d$，它在每点处的法向量都为 (a,b,c)。

法向量是一个常数。它的方向没有变化。一旦我们在适当的地方有了正确的定义，它就会提供给我们直觉上可信的想法，这是因为法方向不变，所以曲率一定是0。

记曲面为

$$X=\{(x,y,z)\mid f(x,y,z)=0\}。$$

因此我们隐式定义曲面，而不是用参数化定义。曲面每点的法向量是所定义的函数的梯度，即

$$\boldsymbol{n}=\nabla f=\left\langle\frac{\partial f}{\partial x},\frac{\partial f}{\partial y},\frac{\partial f}{\partial z}\right\rangle。$$

因为我们感兴趣的是法向量的方向怎样变化而不是法向量的长度怎样变化（因为如果不变化原始曲面，长度是很容易改变的），我们通过要求每点处的法向量 $\boldsymbol{n}$ 的长度都为1

$$|\boldsymbol{n}|=1$$

来规范所定义的函数 f。现在我们有下面自然的映射。

定义 7.3.1 Gauss 映射是函数

$$\sigma:X\to S^2,$$

其中 S^2 是 $\mathbf{R}^2$ 中的单位球，函数 σ 定义为

$$\sigma(p)=\boldsymbol{n}(p)=\nabla f=\left\langle\frac{\partial f}{\partial x}(p),\frac{\partial f}{\partial y}(p),\frac{\partial f}{\partial z}(p)\right\rangle。$$

当我们在曲面 X 上不断移动函数，相应的法向量就在球上不断移动。

为了度量法向量如何变化，我们需要求向量值函数 σ 的导数，因此要看 Gauss 映射的 Jacobi 矩阵

$$\mathrm{d}\sigma: TX \to TS^2,$$

其中 TX 和 TS^2 表示各自的切平面。如果对于这两个向量空间 TX 和 TS^2 我们都选择正交基，我们就可以把 $\mathrm{d}\sigma$ 写成一个 2×2 矩阵，此矩阵十分重要，甚至有自己的名字。

定义 7.3.2　与 Gauss 映射的 Jacobi 矩阵相关的 2×2 矩阵是 Hesse 矩阵。

虽然选择 TX 和 TS^2 不同的正交基会产生不同的 Hesse 矩阵，但是特征值、迹和行列式仍然是常数（因此是 Hesse 矩阵的不变量）。这些不变量就是我们在研究曲率时的焦点所在。

定义 7.3.3　对于曲面 X，Hesse 矩阵的两个特征值是主曲率。Hesse 矩阵的行列式（等价于主曲率的乘积）是 Gauss 曲率，Hesse 矩阵的迹（等价于主曲率的和）是平均曲率。

现在我们想知道怎样计算这些曲率，部分原因是为了看看它们是否与我们直观上所需要的东西一致。幸运的是，有一种很简单的算法算出这些曲率。以定义我们的曲面 X 为 $\{(x,y,z)\mid f(x,y,z)=0\}$ 开始，使得在每点上法向量的长度都为 1。定义扩展的 Hesse 矩阵为

$$\widetilde{\boldsymbol{H}} = \begin{pmatrix} \partial^2 f/\partial x^2 & \partial^2 f/\partial x\partial y & \partial^2 f/\partial x\partial z \\ \partial^2 f/\partial x\partial y & \partial^2 f/\partial y^2 & \partial^2 f/\partial y\partial z \\ \partial^2 f/\partial x\partial z & \partial^2 f/\partial y\partial z & \partial^2 f/\partial z^2 \end{pmatrix}。$$

（注意 $\widetilde{\boldsymbol{H}}$ 通常没有名字。）

在 X 上点 p 处选两个正交切向量

$$\boldsymbol{v}_1 = a_1\frac{\partial}{\partial x} + b_1\frac{\partial}{\partial y} + c_1\frac{\partial}{\partial z} = (a_1, b_1, c_1),$$

$$\boldsymbol{v}_2 = a_2\frac{\partial}{\partial x} + b_2\frac{\partial}{\partial y} + c_2\frac{\partial}{\partial z} = (a_2, b_2, c_2)。$$

正交意味着我们要求

$$\boldsymbol{v}_i \cdot \boldsymbol{v}_j = (a_i, b_i, c_i)\begin{pmatrix} a_j \\ b_j \\ c_j \end{pmatrix} = \delta_{ij},$$

其中当 $i\neq j$ 时 δ_{ij} 为 0，当 $i=j$ 时 δ_{ij} 为 1。令

$$h_{ij}=(a_i,b_i,c_i)\widetilde{\boldsymbol{H}}\begin{pmatrix}a_j\\b_j\\c_j\end{pmatrix}。$$

则一个十分依赖于链式法则的论断会满足。

引理 7.3.1 可以选择坐标系使得 Hesse 矩阵为矩阵 $\boldsymbol{H}$。因此曲面 X 在点 p 处的主曲率是矩阵

$$\boldsymbol{H}=\begin{pmatrix}h_{11} & h_{12}\\h_{21} & h_{22}\end{pmatrix}$$

的特征值，Gauss 曲率为 $\det(\boldsymbol{H})$，平均曲率为 $\mathrm{trance}(\boldsymbol{H})$。

现在我们可以计算一些例子。以由

$$ax+by+cz-d=0$$

给出的平面 X 开始。因为线性函数 $ax+by+cz-d$ 的所有二阶导数都为 0，所以扩展的 Hesse 矩阵是 3×3 零矩阵，这意味着 Hesse 矩阵是 2×2 零矩阵，这就意味着主曲率、Gauss 曲率和平均曲率都为 0，即为所需。

现在假设

$$X=\left\{(x,y,z)\mid\frac{1}{2r}(x^2+y^2+z^2-r^2)=0\right\}$$

是一个半径为 r 的球。

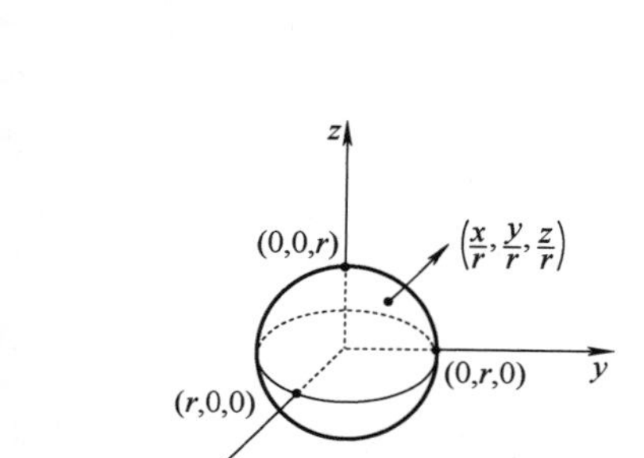

法向量是单位向量

$$\left(\frac{x}{r},\frac{y}{r},\frac{z}{r}\right),$$

且扩展的 Hesse 矩阵为

$$\widetilde{\boldsymbol{H}}=\begin{pmatrix}\frac{1}{r} & 0 & 0\\0 & \frac{1}{r} & 0\\0 & 0 & \frac{1}{r}\end{pmatrix}=\frac{1}{r}\boldsymbol{I}。$$

然后给定任意两个正交向量 $\boldsymbol{v}_1$ 和 $\boldsymbol{v}_2$，我们有

$$h_{ij}=(a_i,b_i,c_i)\widetilde{\boldsymbol{H}}\begin{pmatrix}a_j\\b_j\\c_j\end{pmatrix}=\frac{1}{r}\boldsymbol{v}_i\cdot\boldsymbol{v}_j,$$

因此 Hesse 矩阵是下列对角矩阵

$$\boldsymbol{H}=\begin{pmatrix}\frac{1}{r} & 0\\ 0 & \frac{1}{r}\end{pmatrix}=\frac{1}{r}\boldsymbol{I}。$$

两个主曲率都为$\frac{1}{r}$，因此与考虑球上的哪个点无关，这又一次与直觉一致。

最后一个例子，设 X 为圆柱

$$X=\left\{(x,y,z)\mid\frac{1}{2r}(x^2+y^2-r^2)=0\right\}。$$

因为这个圆柱与任意平行于 xy 平面的平面的交集都是一个半径为 r 的圆，我们猜测主曲率之一应该是圆的曲率，即$\frac{1}{r}$。而且经过圆柱上的每一点都有一条直线平行于 z 轴，这就表明另一个主曲率应该是 0。现在我们来检验这个猜想。扩展的 Hesse 矩阵为

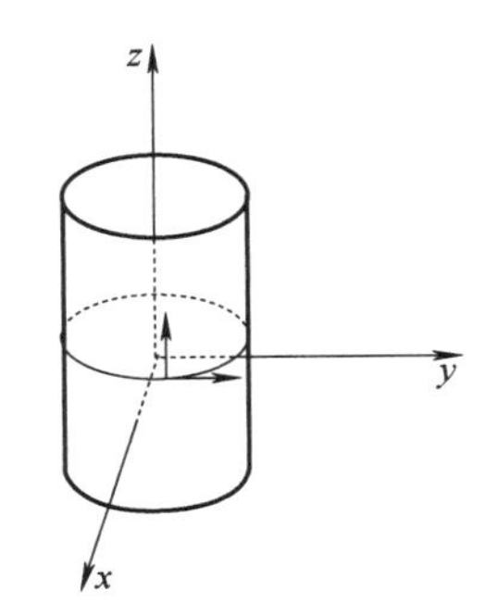

$$\widetilde{\boldsymbol{H}}=\begin{pmatrix}\frac{1}{r} & 0 & 0\\ 0 & \frac{1}{r} & 0\\ 0 & 0 & 0\end{pmatrix}。$$

我们可以在圆柱的每一点处选择形式为

$$\boldsymbol{v}_1=(a,b,0)$$

和

$$\boldsymbol{v}_2=(0,0,1)$$

的正交向量。则 Hesse 矩阵为对角矩阵

$$\boldsymbol{H}=\begin{pmatrix}\frac{1}{r} & 0\\ 0 & 0\end{pmatrix},$$

这就意味着主曲率之一确实是$\frac{1}{r}$而另一个是 0。

7.4 Gauss-Bonet 定理

曲率不是一个拓扑不变量。球和椭球在拓扑上是等价的（直观

上意味着其中一个可以连续地变形为另一个。术语上意味着存在从一个到另一个上的拓扑同胚），但很明显曲率是不同的。但是我们不能大幅度改变曲率，更准确地说，如果我们使一点附近的曲率适当变大些，它一定会在其他的点上补偿回来。这就是 Gauss-Bonet 定理的本质，在这节中我们讲的就是它。

我们把注意力集中在紧致的可定向曲面，在拓扑学上是球、圆环、双孔圆环、三孔圆环，等等。

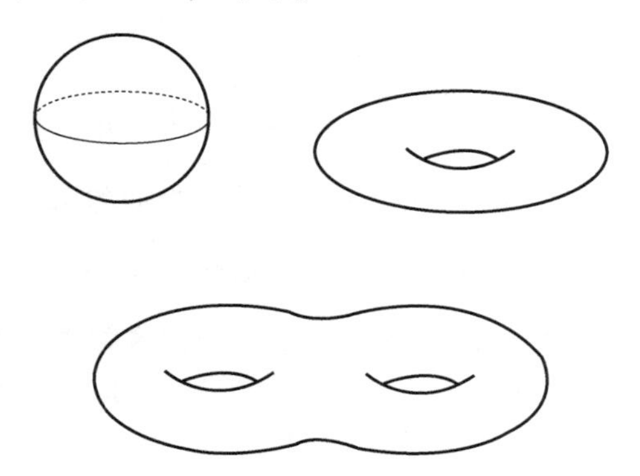

孔的数量（称为类 g）是已知的唯一的拓扑不变量，意思是如果两个曲面有相同的类，它们在拓扑上等价。

定理 7.4.1 （Gauss-Bonet 定理）对于曲面 X，我们有

$$\int_X \text{Gauss 曲率} = 2\pi(2-2g),$$

因此虽然 Gauss 曲率不是一个局部拓扑不变量，但它在曲面上的平均值是一个这样的不变量。注意等式左边包含分析，而等式右边是拓扑的。形式为

分析信息 = 拓扑信息

的方程遍布于现代数学中，在 20 世纪 60 年代中期的 Atiyah-Singer 指数公式达到使用高峰。到现在为止，人们认为如果你有一个局部的微分不变量，就应该存在一个对应的全局拓扑不变量。主要工作在寻找对应中。

7.5 推荐阅读

关于本章的教材非常多。部分是因为曲线和曲面的微分几何根

植于 19 世纪，而更高维的微分几何通常在 20 世纪才发展得更好。很长时间内都很受欢迎的三本书是 do Carmo [29]，Millman 和 Parker [85] 和 O'Neil [91]。Henderson [56] 是最近的一本强调几何直观的创新教材。Alfred Gray [48] 写了一本建立在 Mathematica 基础上的很长的书。这是一本了解如何进行实际计算的优秀教材。Thorpe 的教材 [111] 也很有趣。

Mcleary 的《来自微分观点的几何》[84] 中有很多材料，这是它被列在公理化几何的章节中的原因。Morgan 写了一本简短易读的黎曼几何介绍 [86]。还有几本经典教材。Spivak 的五卷 [102] 令人印象深刻，第一卷是一个可靠的介绍。20 世纪 60 年代和 20 世纪 70 年代的权威是 Kobayashi 和 Nomizu 的《微分几何基础》[74]。尽管其淡出时代，我仍然要建议所有初学微分几何的人好好研究这两卷书，而不是将其作为一个介绍性教材去阅读。

7.6 练习

1. 设 C 是由 $r(t)=(x(t),y(t))$ 给出的平面曲线。证明在任意点的曲率为

$$\kappa=\frac{x'y''-y'x''}{((x')^2+(y')^2)^{3/2}}。$$

(注意参数化 $r(t)$ 不一定是弧长参数化。)

2. 设 C 是由 $y=f(x)$ 给出的平面曲线。证明点 $p=(x_0,y_0)$ 是一个拐点当且仅当它在 p 点的曲率为 0。(注意 p 是拐点，如果 $f''(x_0)=0$。)

3. 对于

$$z=x^2+\frac{y^2}{4}$$

给出的曲面，计算每点处的主曲率。画出曲面的草图。这个草图是否与主曲率计算提供了相同的直观?

4. 考虑圆锥

$$z^2=x^2+y^2。$$

找出 Gauss 映射的图像。(注意需要确保法向量的长度为 1。) 关于主曲率，这个图像说明了什么?

5. 设

$$A(t) = (a_1(t), a_2(t), a_3(t))$$

且

$$B(t) = (b_1(t), b_2(t), b_3(t))$$

为两个可微函数的三元组。证明

$$\frac{\mathrm{d}}{\mathrm{d}t}(A(t) \cdot B(t) = \frac{\mathrm{d}A}{\mathrm{d}t} \cdot B(t) + A(t) \cdot \frac{\mathrm{d}B}{\mathrm{d}t}。$$

第8章 几何学

基本对象：平面中的点和线
基本目标：不同几何学的公理

欧几里得的公理化几何是至少要从公元前300年到19世纪中期正确的合理的模型。它是一套以基本的定义和公理开始的思想，然后继续根据定理证明几何的定理，没有任何经验输入。人们认为欧式几何正确地描述了我们所生活的空间。纯粹的思想似乎告诉了我们关于物理世界的东西，这对于数学家来说是个令人兴奋的想法。但是到19世纪早期，非欧几何就已经被发现了，并在20世纪早期狭义和广义相对论中蓬勃发展起来。由于存在不同种类的几何学，所以描述我们的宇宙用哪种几何很清楚是一个经验问题。纯粹的思想能够告诉我们可能性，但好像不能选出正确的一个。（作为一个由出色的数学家和数学工作者所著的有关这种发展的报告，参见Kline的《数学和知识的搜索》[73]）。

欧几里得从基础定义开始并且试图给出它的定义。今天，这被看作是个错误的开始。一个公理化体系应该以未被定义的项目的集合与这些未被定义的项目之间的关系的集合（公理）开始。然后，我们可以基于这些公理证明定理。如果没有矛盾出现，一个公理化体系是“有效的”。当人们发现双曲几何和椭圆几何中任何可能的矛盾都可以被翻译回欧式几何中的一个矛盾，它们得到了重视，而人们之前是不相信欧式几何中包含矛盾的。这会在本章中进行讨论。

8.1 欧式几何

欧几里得以23个定义、5个公设和5个常见概念开始。我们会通过每一个给出几个例子给出它的语言（遵循Heath的对于欧几里得的《几何原本》的翻译［32］。另一个很好的来源是Cederberg的《现代几何课程》［17］）。

例如，这是直线的欧几里得定义，即直线是没有宽度的长度。

而对于曲面，定义为曲面是只有长度和宽度的几何体。

虽然这些定义与我们直觉上所理解的这些词的含义确实一致，但对于现代人来说它们听起来很模糊。

他的5个公设在现今被称为公理。它们建立了欧式几何的基础假设。例如，他的第4个假设叙述为所有的直角都相等。

最后，他的5个常见概念是关于等价的基础假设。例如，他的第3个常见概念为等量减等量，其差仍相等。

所有这些都是简捷的，除了令人困惑的第5个公设。这个公设与其余的公理的感觉十分不同。

第5公设　若两条直线都与第三条直线相交，并且在同一侧的内角之和小于两个直角和，则这两条直线在这一侧必定相交。

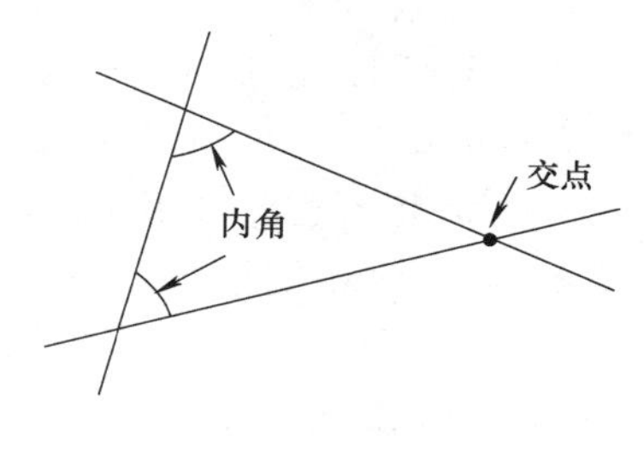

当然通过看图（见左图）我们看到这是一个完全合理的陈述。如果这是错的，我们会感到惊讶。令人困惑的是这是一个基础假设。公理不仅要合理而且要显而易见。但这条假设并不显而易见。而且比起其他假设它要复杂得多，甚至从表面上看它的陈述比其他假设需要更多文字。在某种程度上，它做了一个关于无穷的假设，因为它的陈述是如果你进一步延伸直线，将会存在一个交点。数学家们都有一种担心的感觉，从欧几里得自己就开始有这种感觉了，所以他试图使这个假设尽可能地短。

一种可能的方法是用另一个更加有吸引力的假设代替这个假设，把这个令人困惑的假设变成一个定理。有很多种陈述等价于第5公设，但是没有一个真正解决这个问题的。可能最著名的就是平行公理。

通过一个不在直线上的点，有且仅有一条不与该直线相交的直线。

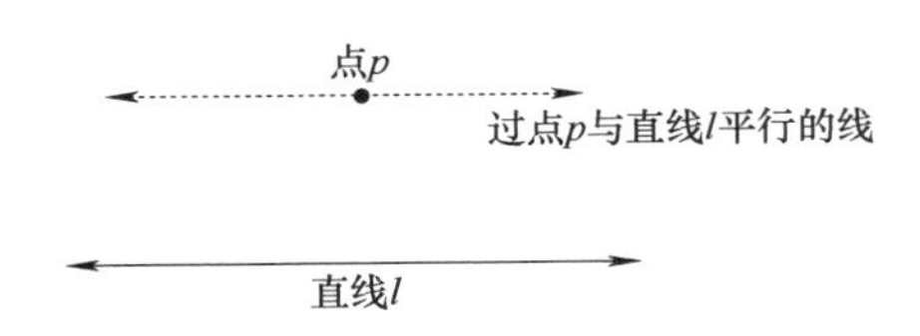

这当然是一个合理的陈述。但把它作为一个基础假设仍然十分大胆。如果第5公设可以被证明是一个可以从其他公理证得的陈述，则这将是理想的。其他几何的发展都起源于试图证明第5公设时失败的尝试。

8.2 双曲几何

有一种证明方法是这样的，根据另外一个公理得到“第五公设”，然后假设这个公理是错误的，然后找出它们之间的矛盾。使用平行公理有两种可能性：或者过点没有平行于给出直线的直线，或者过点不止存在一条直线平行于给定直线。这些假设现在有了名字。

椭圆公理　给定直线外一点，过这点没有直线平行于所给直线。

这实际上就是做出了声明，没有平行的直线，或者说每两条直线一定相交（它看起来也很荒谬）。

双曲公理　给定直线外一点，过这点有多于一条直线与所给出的直线平行。

平行的意义一定要明确。两条直线被定义为平行的，如果它们没有交点。

Geroloamo Saccheri（1667—1773）是第一个试图从第5公设是错误的假定中找出矛盾的人。他很快就证明了如果没有这样的平行直线，那么矛盾就会出现。但是当他假定双曲公理时，就没有矛盾出现。对于Saccheri来说不幸的是他认为他已经发现了这样的一个矛盾，并且写了一本书*Euclides ab Omni Naevo Vindicatus*，声称证明了欧几里得是正确的。

Gauss（1777—1855）也考虑了这个问题并且好像已经意识到通过否定第5公设，其他的几何学就会出现。但是他从没有向任何人提及这项工作，而且也没有发表他的结果。

是Lobatchevsky（1793—1856）和Janos Bolyai（1802—1860）第一个独自地发展了非欧几何，现在称为双曲几何。他们都像Saccheri 那样证明了椭圆公理不与欧几里得的其他公理一致，而且都证明了双曲公理好像不与其他公理矛盾。尽管如此，和 Saccheri 不同的是，他们都是自信地发表了他们的工作，而且并没有找到错误的矛盾。

当然，仅因为检验了大量结果而没有出现问题，并不意味着问题不存在。换句话说，Bolyai 和 Lobatchevsky 的证明前后并不一致，并不是一个完美的证明。尽管我们现在看到的模型是由 Poincare（1854—1912）发展来的，但 Felix Klein（1849—1925）是发现能让证明结论一致的不同几何模型的主要人物。

因此，问题的关键即是如何通过一系列给定的公理来得出一条正确的推论。模型方法不会证明双曲几何是一致的，但会证明它和欧式几何一致。这种方法是建立双曲几何中的直线模型为欧式几何中的半圆。这个过程可逆，使得每个欧式几何的公理都会成为双曲几何中的一个定理。因此，如果在双曲几何中有某个隐含的矛盾，那么在欧式几何中也一定会有一个隐含的矛盾（一个没有人相信会存在的矛盾）。

现在来看这个模型的细节。以上半平面

$$H=\{(x,y)\in\mathbf{R}^2 \mid y>0\}$$

开始。

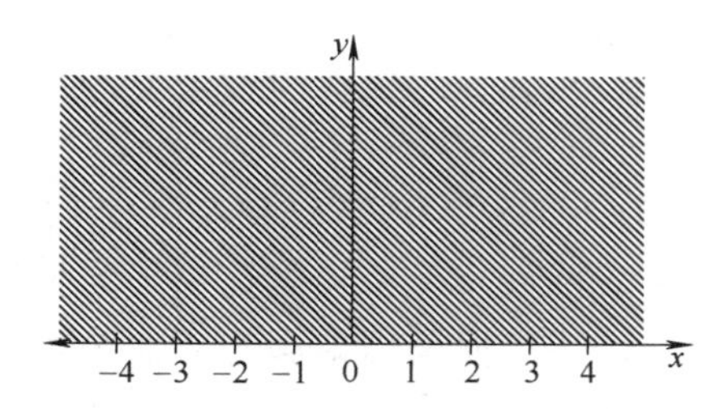

我们的点就是 H 中的点。我们的双曲几何模型的关键是我们怎样定义直线。我们说的直线或者是 H 中的垂直线，或者是 H 中与 x 轴垂直相交的半圆。

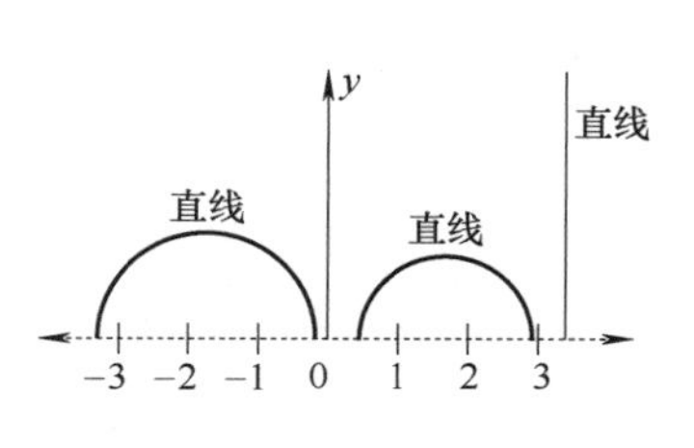

为了看到这确实是双曲几何的一个模型，我们需要检验每个公理。例如，我们需要检验在任意两点之间只有一条直线（或者在这种情况下，证明对于 H 中的任意两点，在它们之间或者有一条垂直线或者有一个唯一的半圆）。

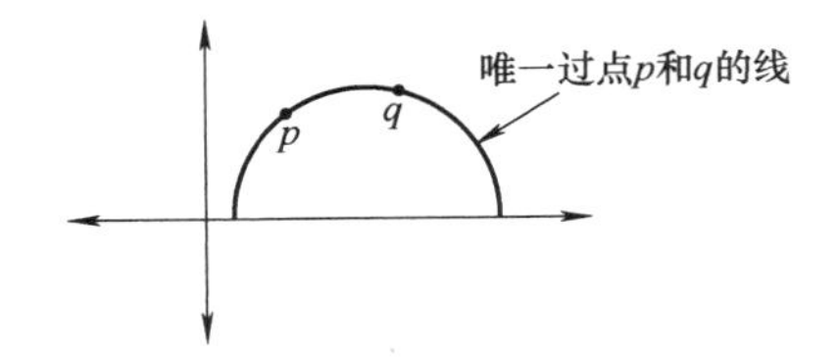

主要要看的是对于这个模型，双曲公理明显是正确的。

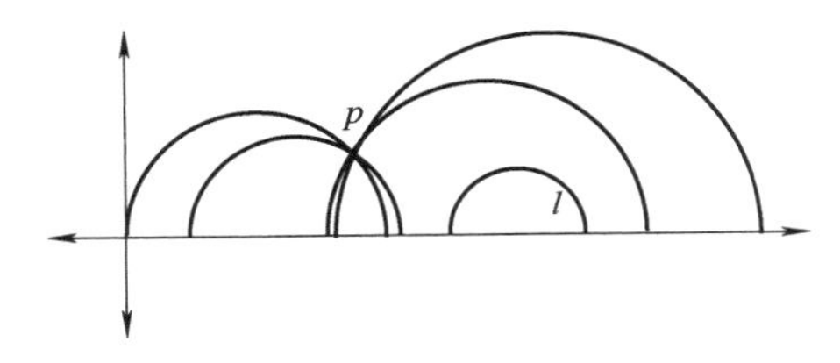

这个模型允许我们做的是把双曲几何的每个公理翻译成欧式几何中的定理。因此双曲几何中关于直线的公理就变成了欧式几何中关于半圆的定理。因此，双曲几何与欧式几何一样，是一致的。

进一步，这个模型证明了第5公设可以被假定为对的或者错的。这意味着第5公设与其他公理无关。

8.3 椭圆几何

但是如果我们假定椭圆公理会怎样呢？Saccheri、Gauss、Bolyai和Lobatchevsky都证明了这个新的公理与其他公理不一致。尽管如此，我们能不能改变其他的公理来想出另一种新的几何学？Riemann（1826—1866）确实做了这件事，证明了有两种改变其他公理的方式，因此有两种新的几何学，在现今被称为单椭圆几何与双椭圆几何（由Klein命名）。对于这两种几何学，Klein都研究了模型，而且证明这两种几何都与欧式几何一致。

在欧式几何中，任何两个不同的点都在唯一的直线上。而且在欧式几何中，直线一定能把平面分开，这意味着给定任意直线 l，至少在 l 外有两个点使得连结两点的直线段一定与 l 相交。

对于单椭圆几何，除了椭圆公理，我们还假定直线不能分开平面。我们保留任意两点唯一地确定一条直线的欧几里得假设。对于双椭圆几何，我们需要假定两点可以位于不止一条直线上，但是现在保留直线会分开平面的欧几里得假设。如果你把直线想成从童年就得知的直线，所有这些听起来一定很荒谬。但是在 Klein 研究的模型下，它们讲得通，就如我们将会看到的。

对于双椭圆几何，我们的“平面”是单位球，点是球上的点，而我们的“直线”是球上的大圆。（大圆就是球上有最大直径的圆。）

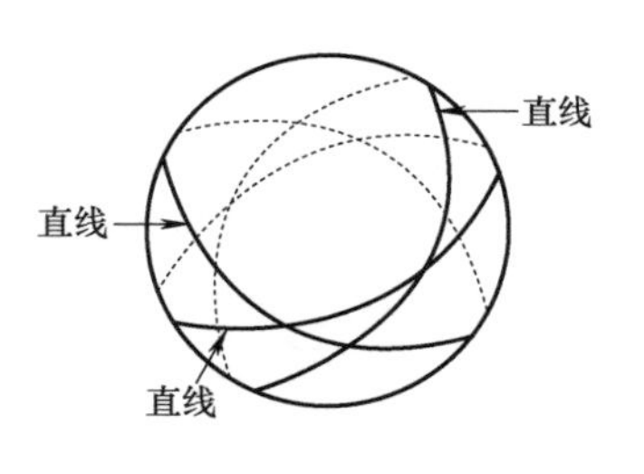

注意任意两条直线一定相交（因此满足椭圆公理），而且虽然多数对的点会唯一地确定一条直线，但相对的点会位于无穷多条直线上。因此在双椭圆几何中关于线的陈述与欧式几何中关于大圆的陈述一致。

对于单椭圆几何，模型有点复杂。我们的“平面”是上半球，边界圆上的点被确定为它们的对极点，即

$\{(x,y,z)\mid x^2+y^2+z^2=1,z\geqslant 0\}\mid\{(x,y,0)$被确定为$(-x,-y,0)\}$。

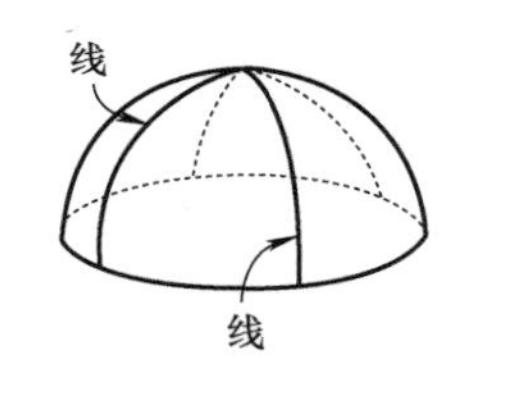

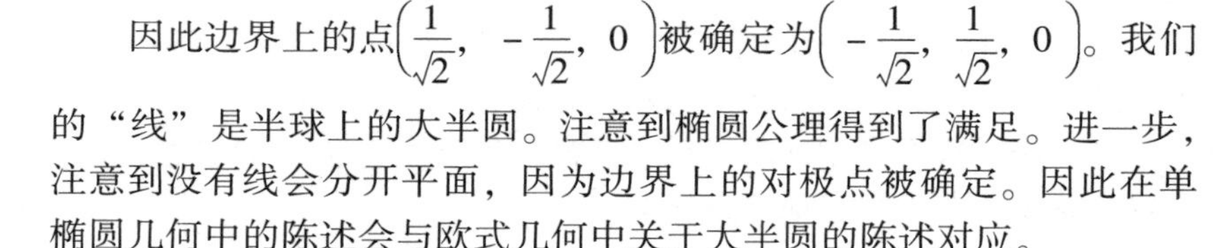

因此边界上的点$\left(\frac{1}{\sqrt{2}},\ -\frac{1}{\sqrt{2}},\ 0\right)$被确定为$\left(-\frac{1}{\sqrt{2}},\ \frac{1}{\sqrt{2}},\ 0\right)$。我们的“线”是半球上的大半圆。注意到椭圆公理得到了满足。进一步，注意到没有线会分开平面，因为边界上的对极点被确定。因此在单椭圆几何中的陈述会与欧式几何中关于大半圆的陈述对应。

8.4 曲率

欧式几何中最基本的结论之一是三角形的内角和为 180°，换言之，两个直角的和为 180°。

回想证明。给定一个顶点为 P，Q，R 的三角形，根据平行公理，经过点 R 存在唯一的直线平行于直线 PQ。根据内错角的结论，我们看到角 α，β，γ 的和一定等于两个直角的和。

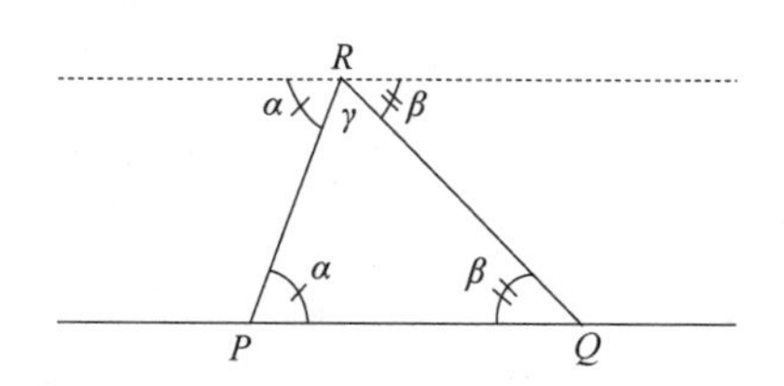

注意到我们需要使用平行公理。因此这个结果在非欧几何中不一定是正确的。在看双曲上半平面中的三角形和双椭圆几何的球上三角形的图时，这看起来就是合理的。

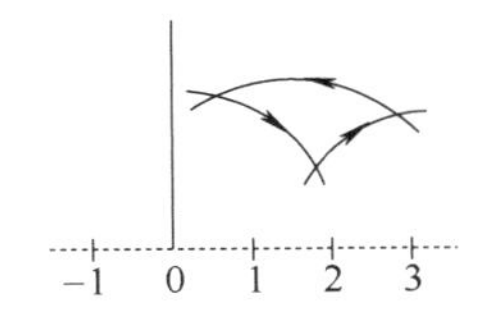

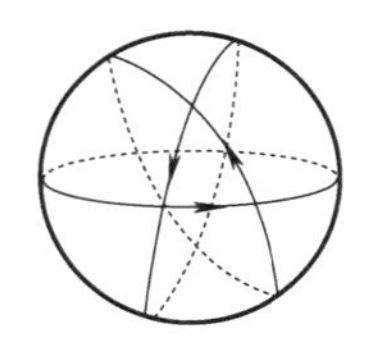

在双曲几何中，三角形的内角和小于180°，而对于椭圆几何，三角形内角和大于180°。可以证明三角形的面积越小，三角形的内角和越接近于180°。这与Gauss曲率有关。情况是（虽然并不明显）可以选择测量距离（即度量）的方法使得不同种类的几何学有不同的Gauss曲率。更准确地说，欧式平面的Gauss曲率为0，双曲平面的Gauss曲率为-1，而椭圆平面的Gauss曲率为1。因此微分几何和曲率与不同几何的公理体系有关。

8.5 推荐阅读

一直以来最受欢迎的数学书籍之一是Hibert和Cohn-Vossens的《几何与想象》[58]。所有严谨的学生都应该认真学习这本书。20世纪最好的几何学者（实际上数学家并不认为他是几何学领域的人），Coxeter写了一本非常棒的书，《几何简介》[23]。关于不同种类的几何的更加标准、简单的教材是Gans [44]，Cederberg [17]和Lang与Murrow [81]。Robin Hartshorne的《几何学：欧几里得与超越》[55] 是最近一本非常有趣的书。而且，McLeary的《微分观点的几何》[84] 是一本既能看到非欧几何又能看到微分几何的起源的书。

8.6 练习

1. 本题给出了双曲几何的另一种模型。我们的点是开圆盘

$$D=\{(x,y)\mid x^2+y^2<1\}$$

上的点。直线是与D的边界垂直相交的圆弧。证明这种模型满足双曲公理。

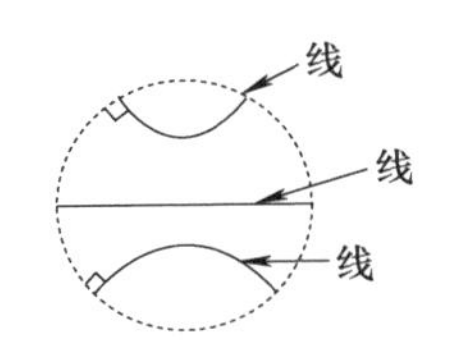

2. 证明练习1中的模型和上半平面模型是等价的，如果我们在上半平面模型中把所有无穷远点确定为一个单点。

3. 给出空间中平面的平行公理的类似说法。

4. 研究上半平面的思想使得如果 P 是一个“平面”，而且 p 是这个平面外的一点，则存在无穷多个包含 p 的平面与平面 P 不相交。

5. 这是另一个单椭圆几何的模型。以单位圆盘

$$D=\{(x,y)\mid x^2+y^2\leqslant 1\}$$

开始。确定边界上的对极点。因此确定点(a,b)为$(-a,-b)$，在 $a^2+b^2=1$ 的条件下。我们的点是圆盘的点，满足边界上的这种确定关系。

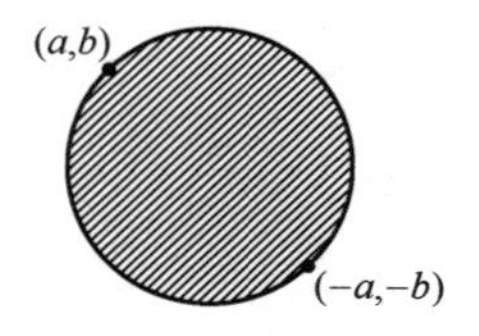

在这个模型中的直线就是欧式直线，假定它们以对极点开始和结束。证明这个模型描述了一个单椭圆几何。

6. 这仍然是单椭圆几何的另一个模型。设我们的点是空间中穿过原点的直线。这个几何中的直线是空间中穿过原点的平面。（注意到穿过原点的两条直线确实组成了唯一的平面。）证明这个模型描述了一个单椭圆几何。

7. 通过看空间中穿过原点的直线怎样与单位球上半部分

$$\{(x,y,z)\mid x^2+y^2+z^2=1 \text{ 且 } z\geqslant 0\}$$

相交，证明在练习 6 中给出的模型与本章中给出的单椭圆几何的模型等价。

第9章 复分析

基本对象：复数
基本映射：解析函数
基本目标：解析函数的等价命题

单变量复分析研究一类特殊的函数（称为解析函数或全纯函数），它们将复数映射到复数。对于解析函数有几种看起来不相关但实际是等价的定义方法，每种方法都有其优势，因此值得了解。

我们首先以一个极限来定义解析（直接类比实值函数中导数的定义）。然后我们将看到这个定义能用柯西-黎曼方程来描述，这是一组奇妙的偏微分方程。解析性同样可以用一个和原函数相关的路径积分来表示（即柯西积分公式）。更进一步地，我们将发现一个函数是解析的当且仅当它可以局部地展开成一个收敛的幂级数。并且，我们把一个解析函数看成是一个由实数平面$\mathbf{R}^2$到$\mathbf{R}^2$的映射，如果这个函数的导数不含零点，那么还具有保角的性质。

定理 9.0.1 设$f: U \to C$是从复开域U到复数域的函数。如果有下列性质成立，则称$f(z)$是解析的。

（1）对一切$z_0 \in U$，有极限存在，即

$$\lim_{z \to z_0} \frac{f(z) - f(z_0)}{z - z_0},$$

上面式子记为$f'(z_0)$，称为（复）导数。

（2）解析函数f的实部和虚部满足柯西-黎曼方程

$$\frac{\partial \mathrm{Re}(f)}{\partial x} = \frac{\partial \mathrm{Im}(f)}{\partial y},$$

$$\frac{\partial \mathrm{Re}(f)}{\partial y} = -\frac{\partial \mathrm{Im}(f)}{\partial x}。$$

(3) 令 σ 是 U 中逆时针方向的简单闭曲线，那么对于 σ 内部的任意点 z_0 有

$$f(z_0) = \frac{1}{2\pi i}\int_\sigma \frac{f(z)}{z - z_0}dz。$$

(4) 对于 U 中任意一点 z_0 及其邻域内可以展开为一致收敛的级数

$$f(z) = \sum_{n=0}^{\infty} a_n (z - z_0)^n。$$

除此之外，如果 f 在 z_0 处解析，并且 $f'(z_0) \neq 0$，那么函数 f 在 z_0 处是**保角的**。看作是从 $\mathbf{R}^2$ 到 $\mathbf{R}^2$ 的映射。

实分析和复分析是有明显的区别的。实分析主要研究的是可微函数，而复分析研究的是解析函数，对于函数类型有着限制，并因而能导出一些奇妙而实用的规律性质。解析函数贯穿于现代数学和物理学中，从素数最深刻的性质到流体的细微之处均有其用武之地。

9.1 解析函数

在这节中，U 表示复数域 $\mathbf{C}$ 的一个开集，$f: U \to \mathbf{C}$ 是从复开域 U 到复数域的函数。

定义 9.1.1 称 $f(z)$ 在点 $z_0 \in U$ 处是**解析的**（或**全纯的**），如果有极限

$$\lim_{z \to z_0} \frac{f(z) - f(z_0)}{z - z_0}$$

存在，并记为 $f'(z_0)$，称为导数。极限也可写为下面等价形式

$$\lim_{h \to 0} \frac{f(z_0 + h) - f(z_0)}{h},$$

其中 $h \in \mathbf{C}$。

注意到这里就是把可导函数定义中的实数域 $\mathbf{R}$ 全换成复数域 $\mathbf{C}$。于是很多的可导函数的基本性质（比如求导四则运算法则，链式法则）可以直接运用。现在看来，解析函数较可微函数没有特别之处。但是要注意的是这里的极限不是实数轴上的极限，而是实数平面上的极限，这种复杂性的增加导致了二者变得十分不同，这将是我们要看到的。

下面我们要看一个非解析函数的例子。先说明一些基本术语与

符号。事实上，复数域 **C** 是一个二维实向量空间。每个复数 z 能写成实部与虚部之和

$$z = x + \mathrm{i}y。$$

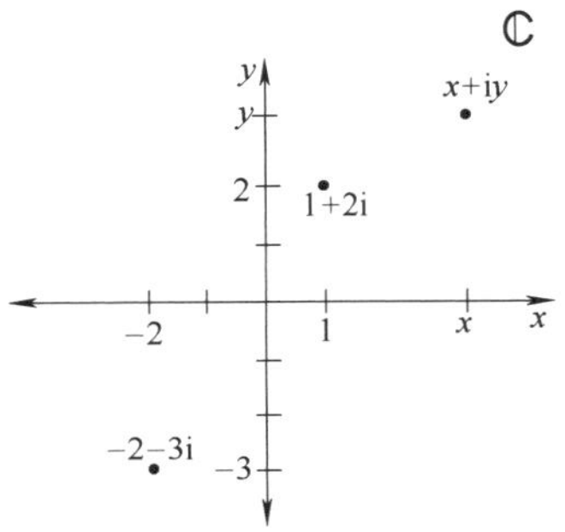

复数 z 的**共轭复数**是

$$\bar{z} = x - \mathrm{i}y。$$

把复数 z 看成一个 $\mathbf{R}^2$ 上的一个向量，$|z|$ 表示其模，则有

$$|z|^2 = x^2 + y^2 = z\bar{z}。$$

现在对函数 $f(z) = \bar{z}$ 来说，我们将要说明它并非解析的。在解析函数定义中，h 是任意的复数意味着 h 在 $\mathbf{R}^2$ 上沿着任意路径趋于 0 时的极限都要存在。我们如果分别从两条不同路径上求出了不同的极限就意味着函数非解析。

为简便起见，不妨看 $z_0 = 0$ 这点的极限，并让 h 是实数（即从 x 轴方向趋近 0）。则有

$$\lim_{h \to 0} \frac{f(h) - f(0)}{h - 0} = \lim_{h \to 0} \frac{h}{h} = 1,$$

然后让 h 是虚数（即从 y 轴方向趋近 0），可以记 $h = b\mathrm{i}$，b 是实数。则

$$\lim_{b\mathrm{i} \to 0} \frac{f(b\mathrm{i}) - f(0)}{b\mathrm{i} - 0} = \lim_{b \to 0} \frac{-b\mathrm{i}}{b\mathrm{i}} = -1,$$

两极限不相等，因此函数 $f(z) = \bar{z}$ 不是一个解析函数。

9.2 柯西-黎曼方程

对函数 $f: U \to C$，我们可将实部和虚部分开写。用 $z = x + \mathrm{i}y = (x, y)$ 可以将

$$f(z)=u(z)+\mathrm{i}v(z)$$

写成

$$f(x,y)=u(x,y)+\mathrm{i}v(x,y),$$

例如 $f(z)=z^2$，

$$\begin{aligned}f(z)&=z^2\\&=(x+\mathrm{i}y)^2\\&=x^2-y^2+2xy\mathrm{i},\end{aligned}$$

则函数 f 的实部和虚部分别是

$$u(x,y)=x^2-y^2,$$
$$v(x,y)=2xy。$$

本小节的目标，是通过判断实值函数 u 和 v 的一组偏微分方程来确定函数 f 的解析性。

定义 9.2.1 实值函数 u，$v:U\to\mathbf{R}$ 满足柯西-黎曼方程，即

$$\frac{\partial u(x,y)}{\partial x}=\frac{\partial v(x,y)}{\partial y},$$
$$\frac{\partial u(x,y)}{\partial y}=-\frac{\partial v(x,y)}{\partial x}。$$

尽管不是显而易见的，但由于它与解析性的密切关系，这算是整个数学中最重要的一组偏微分方程了。

定理 9.2.1 复变函数 $f(x,y)=u(x,y)+\mathrm{i}v(x,y)$ 在 $z_0=x_0+\mathrm{i}y_0$ 处解析当且仅当实值函数 $u(x,y)$，$v(x,y)$ 满足 z_0 处的柯西-黎曼方程。

我们将展示解析性是暗含柯西-黎曼方程成立的，而柯西-黎曼方程加上偏导数$\left(\frac{\partial u}{\partial x},\frac{\partial u}{\partial y},\frac{\partial v}{\partial x},\frac{\partial v}{\partial y}\right)$的连续条件能推出解析性。虽然连续性的假设并不是必要的，但如果不这样假设的话，证明会变得比较困难。

证明 先设在 $z_0=x_0+\mathrm{i}y_0$ 处，极限

$$\lim_{h\to 0}\frac{f(z_0+h)-f(z_0)}{h}$$

存在并记为 $f'(z_0)$。由于 h 是复数，意味着 h 沿任意路径趋近 0 时上述极限都要存在。

通过选不同的路径可以证明柯西-黎曼方程。

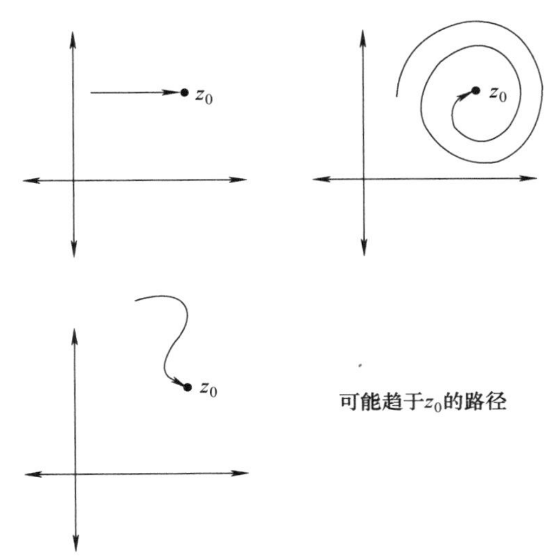

首先令 h 是实数，由解析函数定义 $f(z_0+h)=f(x_0+h,y_0)=u(x_0+h,y_0)+\mathrm{i}v(x_0+h,y_0)$。

由偏导数的定义

$$
\begin{aligned}
f'(z_0)&=\lim_{h\to 0}\frac{f(z_0+h)-f(z_0)}{h}\\
&=\lim_{h\to 0}\frac{u(x_0+h,y_0)+\mathrm{i}v(x_0+h,y_0)-(u(x_0,y_0)+\mathrm{i}v(x_0,y_0))}{h}\\
&=\lim_{h\to 0}\frac{u(x_0+h,y_0)-u(x_0,y_0)}{h}+\mathrm{i}\lim_{h\to 0}\frac{v(x_0+h,y_0)-v(x_0,y_0)}{h}\\
&=\frac{\partial u}{\partial x}(x_0,y_0)+\mathrm{i}\frac{\partial v}{\partial x}(x_0,y_0)。
\end{aligned}
$$

再令 h 是虚数，为方便不妨改记 h 为 $h\mathrm{i}$，这里 h 是实数。

$$f(z_0+h\mathrm{i})=f(x_0,y_0+h)=u(x_0,y_0+h)+\mathrm{i}v(x_0,y_0+h)。$$

再计算极限

$$
\begin{aligned}
f'(z_0)&=\lim_{h\to 0}\frac{f(z_0+\mathrm{i}h)-f(z_0)}{\mathrm{i}h}\\
&=\lim_{h\to 0}\frac{u(x_0,y_0+h)+\mathrm{i}v(x_0,y_0+h)-(u(x_0,y_0)+\mathrm{i}v(x_0,y_0))}{\mathrm{i}h}\\
&=\frac{1}{\mathrm{i}}\lim_{h\to 0}\frac{u(x_0,y_0+h)-u(x_0,y_0)}{h}+\lim_{h\to 0}\frac{v(x_0,y_0+h)-v(x_0,y_0)}{h}\\
&=-\mathrm{i}\frac{\partial u}{\partial y}(x_0,y_0)+\frac{\partial v}{\partial y}(x_0,y_0)。
\end{aligned}
$$

根据偏微分的定义，并且由于$\frac{1}{i}=-i$。由于两极限相等，因此柯西-黎曼方程

$$\frac{\partial u}{\partial x}=\frac{\partial v}{\partial y},$$
$$\frac{\partial u}{\partial y}=-\frac{\partial v}{\partial x}$$

成立。

在反推解析性成立之前，我们先以映射的角度来看复数乘法。复数乘法可以看成是$\mathbf{R}^2$到$\mathbf{R}^2$的线性映射。

给定复数$a+ib$，以及另外任意复数$x+iy$，有

$$(a+ib)(x+iy)=(ax-by)+i(ay+bx)。$$

用$\mathbf{R}^2$中向量$(x,y)'$表示复数$x+iy$，那么乘上复数$a+bi$相当于下面矩阵乘法

$$\begin{pmatrix} a & -b \\ b & a \end{pmatrix}\begin{pmatrix} x \\ y \end{pmatrix}=\begin{pmatrix} ax-by \\ bx+ay \end{pmatrix},$$

从上面可以看出并不是所有形如$\begin{pmatrix} A & B \\ C & D \end{pmatrix}$: $\mathbf{R}^2\to\mathbf{R}^2$的线性变换都能对应到某个复数的乘法，并有下面引理成立。

引理 9.2.1 矩阵$\begin{pmatrix} A & B \\ C & D \end{pmatrix}$能和复数$a+bi$的乘法对应当且仅当$A=D=a$，$B=-C=-b$。

现在回到先前的证明，即通过柯西-黎曼方程证明解析性。

把函数f: $\mathbf{C}\to\mathbf{C}$看成是映射f: $\mathbf{R}^2\to\mathbf{R}^2$，即

$$f(x,y)=\begin{pmatrix} u(x,y) \\ v(x,y) \end{pmatrix},$$

如第3章讨论的那样，它的 Jacobi 矩阵是

$$Df=\begin{pmatrix} \frac{\partial u}{\partial x}(x_0,y_0) & \frac{\partial u}{\partial y}(x_0,y_0) \\ \frac{\partial v}{\partial x}(x_0,y_0) & \frac{\partial v}{\partial y}(x_0,y_0) \end{pmatrix},$$

满足

$$\lim_{\substack{x\to x_0 \\ y\to y_0}}\frac{\left|\begin{pmatrix} u(x,y) \\ v(x,y) \end{pmatrix}-\begin{pmatrix} u(x_0,y_0) \\ v(x_0,y_0) \end{pmatrix}-Df\cdot\begin{pmatrix} x-x_0 \\ y-y_0 \end{pmatrix}\right|}{|(x-x_0,y-y_0)|}=0,$$

由柯西-黎曼方程我们知道 Jacobi 矩阵 Df 对应一个复数的乘法，记这个复数是 $f'(z_0)$，$z=x+\mathrm{i}y$，$z_0=x_0+\mathrm{i}y_0$，那么上式可写成

$$\lim_{z\to z_0}\frac{|f(z)-f(z_0)-f'(z_0)(z-z_0)|}{|z-z_0|}=0,$$

去掉绝对值符号也成立，

$$\begin{aligned}0&=\lim_{z\to z_0}\frac{f(z)-f(z_0)-f'(z_0)(z-z_0)}{z-z_0}\\&=\lim_{z\to z_0}\frac{f(z)-f(z_0)}{z-z_0}-f'(z_0),\end{aligned}$$

即

$$f'(z_0)=\lim_{z\to z_0}\frac{f(z)-f(z_0)}{z-z_0}$$

总是成立，这意味着函数 $f:\mathbf{C}\to\mathbf{C}$ 是解析的。

9.3 复变函数的积分表示

解析函数同样可以用 $\mathbf{C}$ 上闭曲线的路径积分来表示。我们可以把解析函数写成积分形式，即所谓的积分表示。我们将看到解析函数在闭曲线 σ 内部的值完全由函数在曲线边界上的值决定，这正是解析函数一个特性。从同源理论到复杂实值函数积分的计算，此范围内的都可以由上述有关解析函数积分表示得出结果。

首先需要做一些关于路径积分和格林定理的准备工作。设 σ 是开集 U 的一条路径，或者说是一个可微映射的像集。

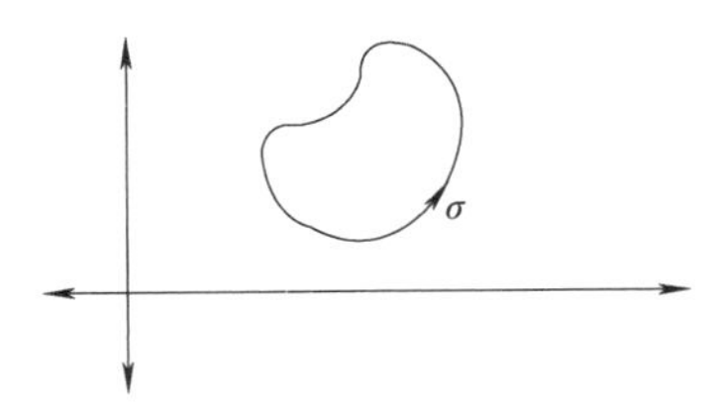

$$\sigma:[0,1]\to U,$$

记 $\sigma(t)=(x(t),y(t))$，其中 x 表示 $\mathbf{C}$ 的实坐标，y 表示 $\mathbf{C}$ 的虚坐标。

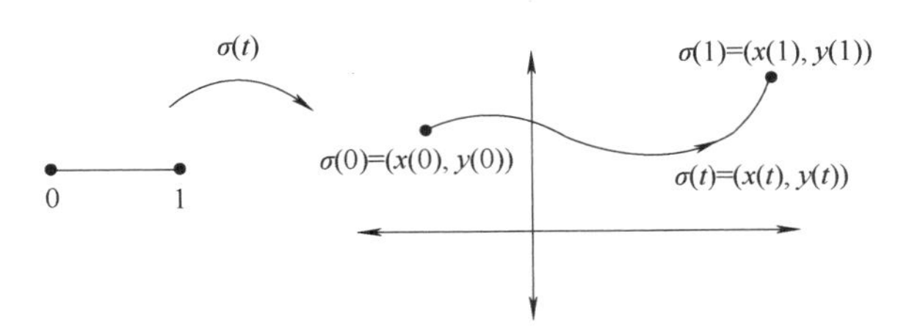

定义 9.3.1　$P(x,y)$，$Q(x,y)$ 是定义在 $\mathbf{R}^2=\mathbf{C}$ 上的开集 U 的实

值函数，则

$$\int_{\sigma} P\mathrm{d}x + Q\mathrm{d}y = \int_{0}^{1} P(x(t),y(t))\frac{\mathrm{d}x}{\mathrm{d}t}\mathrm{d}t + \int_{0}^{1} Q(x(t),y(t))\frac{\mathrm{d}y}{\mathrm{d}t}\mathrm{d}t,$$

如果将函数 $f:U\to\mathbf{C}$ 写成

$$f(z)=f(x,y)=u(x,y)+\mathrm{i}v(x,y)=u(z)+\mathrm{i}v(z),$$

有

定义 9.3.2 路径积分 $\int_{\sigma} f(z)\mathrm{d}z$ 定义为

$$\int_{\sigma} f(z)\mathrm{d}z = \int_{\sigma}(u(x,y)+\mathrm{i}v(x,y))(\mathrm{d}x+\mathrm{i}\mathrm{d}y)$$
$$= \int_{\sigma} u(x,y)+\mathrm{i}v(x,y)\mathrm{d}x + \int_{\sigma}\mathrm{i}u(x,y)-v(x,y)\mathrm{d}y,$$

这节将会看到当函数是解析的时候，其路径积分会出现一些特别的性质。

如果路径 $\sigma:[0,1]\to U$ 的参数方程满足 $\sigma(0)=\sigma(1)$，则称它是开集 U 中的**闭曲线**。注意这里我们对实际路径以及路径的参数化函数都用记号 σ 表示。如果这个闭曲线还满足对于一切 $s\neq t$，有 $\sigma(s)\neq\sigma(t)$，则称为**简单闭曲线**。

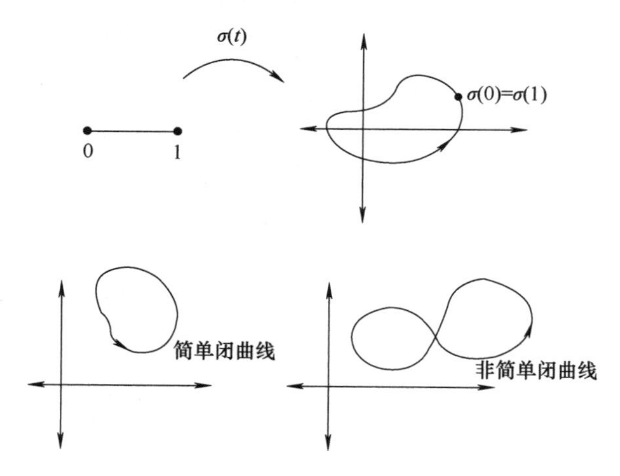

我们把所有的简单闭曲线都参数化以规定曲线的方向，确保曲线总是沿曲线内部逆时针绕行。例如，单位圆在如下参数化之后就是一个逆时针的简单闭曲线。

$$\sigma(t)=(\cos(2\pi t),\sin(2\pi t))。$$

我们有兴趣来看看解析函数沿着一个简单闭曲线的路径积分。

下面有两个重要而且简单的例子，并且都是在单位圆上的积分。

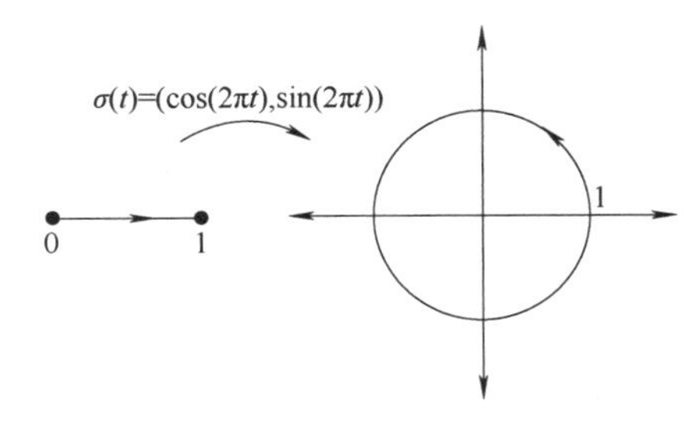

考虑函数$f(z)=z=x+\mathrm{i}y$，那么

$$\begin{aligned}\int_\sigma f(z)\,\mathrm{d}z &= \int_\sigma z\,\mathrm{d}z\\ &= \int_\sigma (x+\mathrm{i}y)(\mathrm{d}x+\mathrm{i}\,\mathrm{d}y)\\ &= \int_\sigma (x+\mathrm{i}y)\,\mathrm{d}x + \int_\sigma (x\mathrm{i}-y)\,\mathrm{d}y\\ &= \int_0^1 \left(\cos(2\pi t)+\mathrm{i}\sin(2\pi t)\,\frac{\mathrm{d}}{\mathrm{d}t}\cos(2\pi t)\right)\mathrm{d}t + \\ &\quad \int_0^1 \left(\mathrm{i}\cos(2\pi t)-\sin(2\pi t)\,\frac{\mathrm{d}}{\mathrm{d}t}\sin(2\pi t)\right)\mathrm{d}t\\ &= 0。\end{aligned}$$

这就是该积分的值。

再考虑函数$f(z)=\dfrac{1}{z}$。在单位圆上有$|z|^2=z\bar{z}=1$，因此$\dfrac{1}{z}=\bar{z}$。计算过程是

$$\int_\sigma f(z)\,\mathrm{d}z = \int_\sigma \frac{\mathrm{d}z}{z} = \int_\sigma \bar{z}\,\mathrm{d}z = \int (\cos(2\pi t)-\mathrm{i}\sin(2\pi t))(\mathrm{d}x+\mathrm{i}\,\mathrm{d}y) = 2\pi\mathrm{i}。$$

我们马上就会看到$\int_\sigma \dfrac{\mathrm{d}z}{z}$沿单位圆积分是$2\pi\mathrm{i}$是由于被积函数$\dfrac{1}{z}$在单位圆内部定义“不好”（就是因为原点），不然这个积分也应该是0的。下面的一系列定理说明了如果函数在曲线内部解析，其沿曲线的路径积分总是为零。先看格林定理。

定理 9.3.1 （格林定理）σ是$\mathbf{C}$上的逆时针简单闭曲线，记其内部为Ω。$P(x,y)$，$Q(x,y)$是两个可微实值函数，则有

$$\int_\sigma P\,\mathrm{d}x + Q\,\mathrm{d}y = \iint_\Omega \left(\frac{\partial Q}{\partial x}-\frac{\partial P}{\partial y}\right)\mathrm{d}x\,\mathrm{d}y。$$

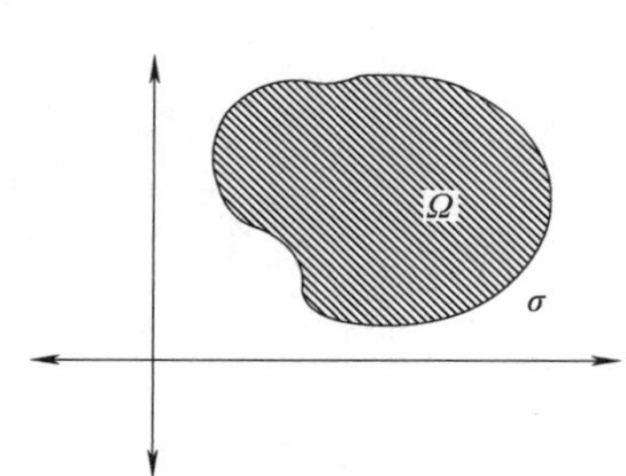

在第5章练习5证明过。

下面看柯西定理。

定理9.3.2 （柯西定理）σ 是开集 U 上的逆时针简单闭曲线，σ 内部的任一点也包含在 U 内。则对解析函数 $f:U\to\mathbf{C}$ 有

$$\int_\sigma f(z)\,\mathrm{d}z = 0,$$

将路径积分 $\int_\sigma f(z)\,\mathrm{d}z$ 看成是 $f(z)$ 沿着曲线 σ 的一种均值，则上述结论就是说解析函数的均值是0。然而这个定理对于多数函数都是有巨大错误的，这说明了解析函数是十分特殊的。

证明 （这里假设导数 $f'(z)$ 是连续的，这样可以简化不少）函数 $f(z)=u(z)+\mathrm{i}v(z)$，其中 $u(z),v(z)$ 都是实值函数，因为 $f(z)$ 是解析函数，所以满足柯西-黎曼方程

$$\frac{\partial u}{\partial x}=\frac{\partial v}{\partial y},$$

$$\frac{\partial u}{\partial y}=-\frac{\partial v}{\partial x}。$$

那么，

$$\begin{aligned}\int_\sigma f(z)\,\mathrm{d}z &= \int_\sigma (u+\mathrm{i}v)(\mathrm{d}x+\mathrm{i}\mathrm{d}y)\\ &= \int_\sigma (u\mathrm{d}x - v\mathrm{d}y) + \mathrm{i}\int_\sigma (u\mathrm{d}y + v\mathrm{d}x)\\ &= \iint_\Omega \left(-\frac{\partial v}{\partial x}-\frac{\partial u}{\partial y}\right)\mathrm{d}x\mathrm{d}y + \mathrm{i}\iint_\Omega \left(\frac{\partial u}{\partial x}-\frac{\partial v}{\partial y}\right)\mathrm{d}x\mathrm{d}y,\end{aligned}$$

这里 Ω 表示闭曲线的内部。由柯西-黎曼方程知道上述积分值为0，证毕。

尽管这个证明过程看起来很简单，事实上除了假设的原因外，还因为运用了两个主要的结论，也就是柯西-黎曼方程和格林定理（完整的证明并不简单）。柯西定理是有关解析函数的积分性质的核心定理，比如它又可以推出下面定理。

定理9.3.3 $f:U\to\mathbf{C}$ 是区域 U 上的解析函数，σ，$\hat{\sigma}$ 是两个简单闭曲线，并且 σ 能连续地变形为 $\hat{\sigma}$（即 σ，$\hat{\sigma}$ 在 U 中是同伦的）。则

$$\int_\sigma f(z)\,\mathrm{d}z = \int_{\hat{\sigma}} f(z)\,\mathrm{d}z。$$

直观地看，两个曲线在 U 中是同伦的就是指能从一条曲线连续地变形为第二条曲线。因此图中 σ_1，σ_2 是同伦的，但与 σ_3 不同伦(而这三条曲线在 $\mathbf{C}$ 中都是互相同伦的)。同伦的严格说法如下定义。

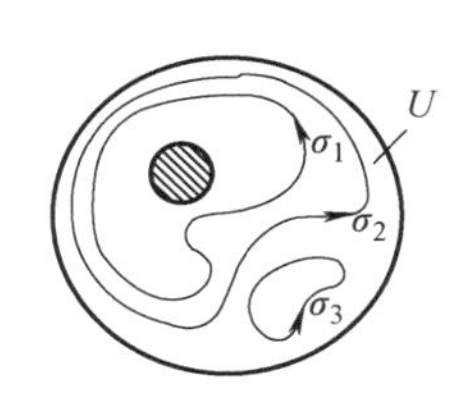

定义 9.3.3 路径 σ_1，σ_2 在 U 中是同伦的，如果存在一个连续映射

$$T:[0,1]\times[0,1]\to U$$

使得

$$T(t,0)=\sigma_1(t),$$
$$T(t,1)=\sigma_2(t)。$$

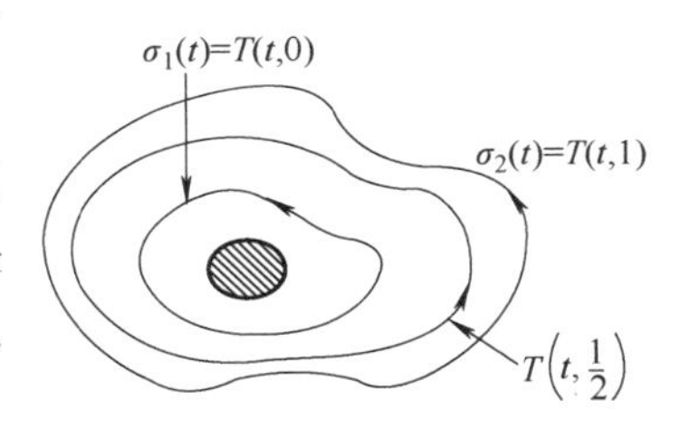

在柯西定理中要求闭曲线 σ 内部要包含在开集 U 中，于是也可以陈述为要求闭曲线 σ 与开集 U 中某一点同伦。

如果 $\mathbf{C}$ 中的区域 U 中任意闭曲线都与其中的某点同伦，则称区域 U 是单连通的，直观地讲就是区域 U 中没有“洞”。例如 $\mathbf{C}$ 就是单连通的，而 $\mathbf{C}-(0,0)$ 就不是单连通的，因为 $\mathbf{C}-(0,0)$ 不含原点。

下面我们看下推广柯西定理后的一个结论。

命题 9.3.1 设 U 是 $\mathbf{C}$ 中的单连通区域，连续函数 $f:U\to\mathbf{C}$ 除了在 z_0 可能不解析之外其他处解析，σ 是 U 中任意的逆时针简单闭曲线，则

$$\int_\sigma f(z)\,\mathrm{d}z=0。$$

证明类似于柯西定理，这里还要保证即使 z_0 恰好在 σ 上定理也要成立。

上面的讨论引出了下述定理。

定理 9.3.4 （柯西积分公式）设 U 是 $\mathbf{C}$ 中的单连通区域，函数 $f:U\to\mathbf{C}$ 在 U 内解析，σ 是 U 中的逆时针简单闭曲线。则对任意 σ 内部的点 z_0 有

$$f(z_0)=\frac{1}{2\pi\mathrm{i}}\int_\sigma\frac{f(z)}{z-z_0}\mathrm{d}z。$$

这个定理表示解析函数在一个区域内部任意点的函数值可以通过该函数在区域的边界上的值求得。

证明 定义函数

$$g(z)=\begin{cases}\dfrac{f(z)-f(z_0)}{z-z_0}, & z\neq z_0,\\ f'(z_0), & z=z_0。\end{cases}$$

由 $f(z)$ 的解析性定义知

$$f'(z_0)=\lim_{z\to z_0}\frac{f(z)-f(z_0)}{z-z_0},$$

可知 $g(z)$ 在任意处连续，并且除了在 z_0 处可能不解析之外在其他处均解析。则由上面的柯西定理的推广结论可知 $\int_\sigma g(z)\mathrm{d}z=0$。那么，

$$0=\int_\sigma\frac{f(z)-f(z_0)}{z-z_0}\mathrm{d}z=\int_\sigma\frac{f(z)}{z-z_0}\mathrm{d}z-\int_\sigma\frac{f(z_0)}{z-z_0}\mathrm{d}z,$$

于是有

$$\begin{aligned}\int_\sigma\frac{f(z)}{z-z_0}\mathrm{d}z&=\int_\sigma\frac{f(z_0)}{z-z_0}\mathrm{d}z\\&=f(z_0)\int_\sigma\frac{1}{z-z_0}\mathrm{d}z。\end{aligned}$$

通过计算右面的积分，把 σ 可以变形（同伦）为以 z_0 为圆心的圆，则可以得到结果为 $2\pi\mathrm{i}f(z_0)$，证毕。

事实上，此定理的逆也成立。

定理 9.3.5 σ 是一条逆时针简单闭曲线，函数 $f:\sigma\to\mathbf{C}$ 在 σ 上连续。通过下式

$$f(z_0)=\frac{1}{2\pi\mathrm{i}}\int_\sigma\frac{f(z)}{z-z_0}\mathrm{d}z$$

将函数 f 延拓到 σ 的内部，其中 z_0 是 σ 的内部的点。则延拓后的函数 f 在 σ 的内部解析，并且更进一步有 f 将无限次可导

$$f^{(k)}(z_0)=\frac{k!}{2\pi\mathrm{i}}\int_\sigma\frac{f(z)}{(z-z_0)^{k+1}}\mathrm{d}z。$$

在大多数复分析书上都有其完全的证明，我们只粗略说明为什么导数 $f'(z_0)$ 能写成路径积分

$$\frac{1}{2\pi\mathrm{i}}\int_\sigma\frac{f(z)}{(z-z_0)^2}\mathrm{d}z。$$

为简便，我们改写一下符号

$$f(z)=\frac{1}{2\pi\mathrm{i}}\int_\sigma\frac{f(w)}{w-z}\mathrm{d}w,$$

那么

$$
\begin{aligned}
f'(z) &= \frac{\mathrm{d}}{\mathrm{d}z}f(z) \\
&= \frac{\mathrm{d}}{\mathrm{d}z}\left(\frac{1}{2\pi\mathrm{i}}\int_{\sigma}\frac{f(w)}{w-z}\mathrm{d}w\right) \\
&= \frac{1}{2\pi\mathrm{i}}\int_{\sigma}\frac{\mathrm{d}}{\mathrm{d}z}\left(\frac{f(w)}{w-z}\right)\mathrm{d}w \\
&= \frac{1}{2\pi\mathrm{i}}\int_{\sigma}\frac{f(w)}{(w-z)^2}\mathrm{d}w
\end{aligned}
$$

成立。

这个定理在开始时并没有要求 $f:\sigma\to\mathbf{C}$ 在 σ 上解析，事实上这个定理表明可以用任意的在简单闭曲线上连续的函数来构造出一个在其内部解析的函数。在上面的说明过程中，没有严格证明可以把求导 $\frac{\mathrm{d}}{\mathrm{d}z}$ 和积分号调换，因此只能算是一个粗略的证明。

9.4 解析函数的幂级数表示

多项式是一类很好的函数，它们易于求微分也易于求积分。如果我们只需要处理多项式该多好。而事实并非总是如愿，即使是基本的如同 e^z，$\log z$ 这样的函数也并非多项式。不错的是，在这节我们将看到所有解析函数几乎就是多项式，准确地说是“美化的多项式”，也就是我们说的幂级数。这节我们主要证明下面定理。

定理 9.4.1 设 U 是 $\mathbf{C}$ 中的开集，函数 $f:U\to\mathbf{C}$ 在 U 内一点 z_0 解析，当且仅当 f 在 z_0 的一个邻域内可以展开为一致收敛幂级数

$$
f(z) = \sum_{n=0}^{\infty} a_n (z-z_0)^n,
$$

很少有函数能写成一致收敛的幂级数（即“美化的多项式”）。

如果

$$
\begin{aligned}
f(z) &= \sum_{n=0}^{\infty} a_n (z-z_0)^n \\
&= a_0 + a_1(z-z_0) + a_2(z-z_0)^2 + \cdots,
\end{aligned}
$$

可以得到

$$f(z_0)=a_0,$$
$$f'(z_0)=a_1,$$
$$f^{(2)}(z_0)=2a_2,$$
$$\vdots$$
$$f^{(k)}(z_0)=k!\ a_k。$$

于是有

$$f(z)=\sum_{n=0}^{\infty}\frac{f^{(n)}(z_0)}{n!}(z-z_0)^n,$$

换句话说，上述定理表明一个解析函数等于它的泰勒级数。

我们先来说明一个一致收敛的幂级数能定义一个解析函数，为此先快速回顾一下幂级数的基本知识，然后给出大概的证明。

定义 9.4.1 设 U 是 $\mathbf{C}$ 中的开集，如果对于函数列 $f_n:U\to\mathbf{C}$ 与函数 $f:U\to\mathbf{C}$ 满足对任意的 $\varepsilon>0$，存在某个 N，使得对于一切 $n\geqslant N$，有

$$|f_n(z)-f(z)|<\varepsilon,$$

对一切 $z\in U$ 成立，则称 f_n 一致收敛于 f。

也就是说我们能保证到最后所有的 f_n 都会落在极限函数 f 的一个 ε-管中。

一致收敛的重要性在下面定理中体现，这个定理我们将不加证明地给出。

定理 9.4.2 设解析函数列 $\{f_n(z)\}$ 一致收敛于 $f:U\to\mathbf{C}$。则 $f(z)$ 同样是解析的，并且导函数列 $\{f_n'(z)\}$ 将在 U 上点点收敛于极限函数的导函数 $f'(z)$。

现在我们有了函数列一致收敛定义，下面我们将通过级数的部分和来看下级数的一致收敛的意义。

定义 9.4.2 如果多项式列 $\{\sum\limits_{n=0}^{N}a_n(z-z_0)^n\}$ 在 $\mathbf{C}$ 中的开集 U 上是一致收敛的，则称复数项级数 $\sum\limits_{n=0}^{\infty}a_n(z-z_0)^n$ 在 $\mathbf{C}$ 中的开集 U 上是一致收敛的（这里 a_n，z_0 均是复数）。

由上面的定理，又因为多项式总是解析的，于是可以下结论：如果

$$f(z) = \sum_{n=0}^{\infty} a_n (z - z_0)^n$$

是一致收敛级数，则 $f(z)$ 是解析的。

现在来看下为什么解析函数能写成一致收敛的幂级数。上一节的柯西积分公式能派上大用场了。

f 在 z_0 处解析，找一条内部含 z_0 的简单闭曲线。由柯西积分公式，

$$f(z) = \frac{1}{2\pi i}\int_{\sigma} \frac{f(w)}{w - z} \mathrm{d}w$$

对曲线 σ 内部任意点 z 成立，

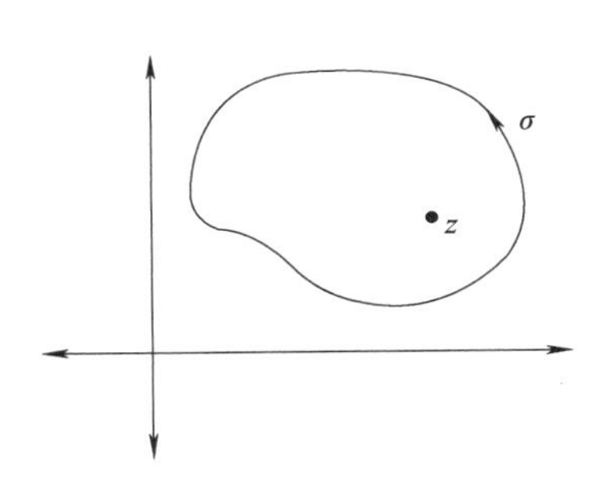

已经知道几何级数

$$\sum_{n=0}^{\infty} r^n = \frac{1}{1 - r}$$

对 $|r| < 1$ 成立。于是对一切满足 $|z - z_0| < |w - z_0|$ 的 w，z，有

$$\frac{1}{w - z} = \frac{1}{w - z_0} \cdot \frac{1}{1 - \dfrac{z - z_0}{w - z_0}}$$

$$= \frac{1}{w - z_0} \cdot \sum_{n=0}^{\infty} \left(\frac{z - z_0}{w - z_0}\right)^n。$$

w 限制在闭曲线 σ 上，那么对于满足 $|z - z_0| < |w - z_0|$ 的 z 有

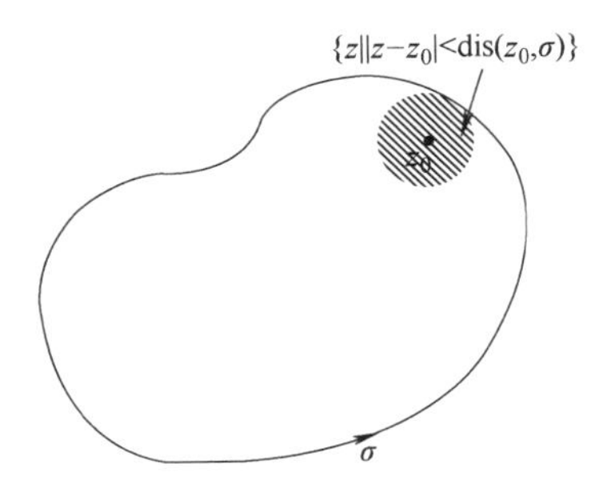

$$\begin{aligned}
f(z) &= \frac{1}{2\pi i}\int_{\sigma} \frac{f(w)}{w - z} \mathrm{d}w \\
&= \frac{1}{2\pi i}\int_{\sigma} \frac{f(w)}{w - z_0} \cdot \frac{1}{1 - \dfrac{z - z_0}{w - z_0}} \mathrm{d}w \\
&= \frac{1}{2\pi i}\int_{\sigma} \frac{f(w)}{w - z_0} \cdot \sum_{n=0}^{\infty} \left(\frac{z - z_0}{w - z_0}\right)^n \mathrm{d}w \\
&= \frac{1}{2\pi i}\int_{\sigma} \sum_{n=0}^{\infty} \frac{f(w)}{w - z_0} \left(\frac{z - z_0}{w - z_0}\right)^n \mathrm{d}w \\
&= \frac{1}{2\pi i} \sum_{n=0}^{\infty} \int_{\sigma} \frac{f(w)}{w - z_0} \left(\frac{z - z_0}{w - z_0}\right)^n \mathrm{d}w \\
&= \frac{1}{2\pi i} \sum_{n=0}^{\infty} (z - z_0)^n \int_{\sigma} \frac{f(w)}{(w - z_0)^{n+1}} \mathrm{d}w \\
&= \sum_{n=0}^{\infty} \frac{f^{(n)}(z_0)}{n!} (z - z_0)^n,
\end{aligned}$$

得到的结果是一个一致收敛幂级数。

当然，上面的证明只是粗略的，我们没有严格地说明调换积分号和求和号是可行的，并且级数 $\sum_{n=0}^{\infty}\left(\frac{z-z_0}{w-z_0}\right)^n$ 的一致收敛性也不显而易见。注意我们用到了柯西积分公式，也就是

$$f^{(n)}(z_0)=\frac{n!}{2\pi i}\int_{\sigma}\frac{f(w)}{(w-z_0)^{n+1}}dw。$$

9.5 保角映射

现在要说的是如果把解析函数看成是$\mathbf{R}^2\to\mathbf{R}^2$ 的映射，它也是很特别的。在定义了保角映射（一种能保持角度的映射）之后，我们将看到解析函数在其导数不为零处具有保角性。这一点通过柯西-黎曼方程很快就能得出。

在说保角之前，先需要给曲线之间的夹角以描述。设

$$\sigma_1:[-1,1]\to\mathbf{R}^2,\text{并且 }\sigma_1(t)=(x_1(t),y_1(t)),$$

$$\sigma_2:[-1,1]\to\mathbf{R}^2,\text{并且 }\sigma_2(t)=(x_2(t),y_2(t))$$

是平面内两条可微曲线，且有交点 $\sigma_1(0)=\sigma_2(0)$。则两条曲线的夹角定义为两曲线交点处切向量夹角。

我们来看下两切向量的点积。

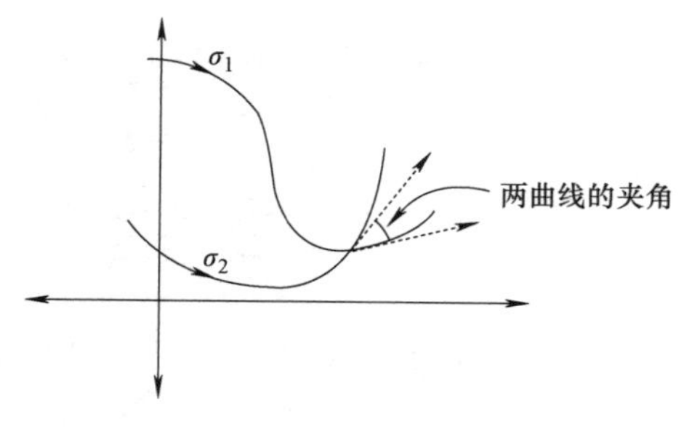

$$\frac{d\sigma_1}{dt}\cdot\frac{d\sigma_2}{dt}=\left(\frac{dx_1}{dt},\frac{dy_1}{dt}\right)\cdot\left(\frac{dx_2}{dt},\frac{dy_2}{dt}\right)$$
$$=\frac{dx_1}{dt}\frac{dx_2}{dt}+\frac{dy_1}{dt}\frac{dy_2}{dt}。$$

定义 9.5.1 对于函数 $f(x,y)=(u(x,y),v(x,y))$，如果任意在点(x_0,y_0)相交的曲线 σ_1，σ_2 之间的角度和变换后的像曲线

$f(\sigma_1)$,$f(\sigma_2)$之间的角度相同，则称$f(x,y)$在交点(x_0,y_0)处是保角的。如下图所示。

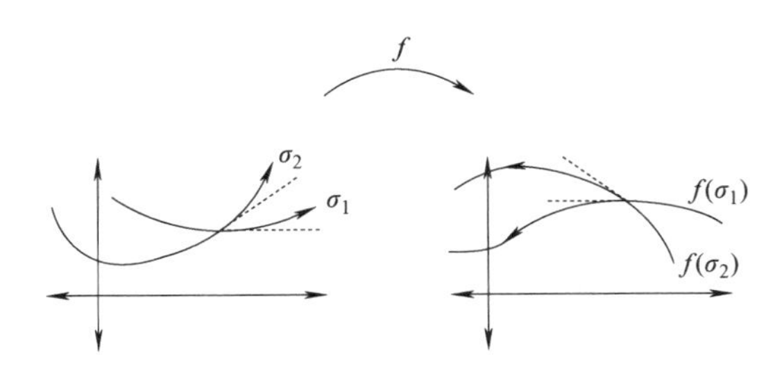

这是保角的。

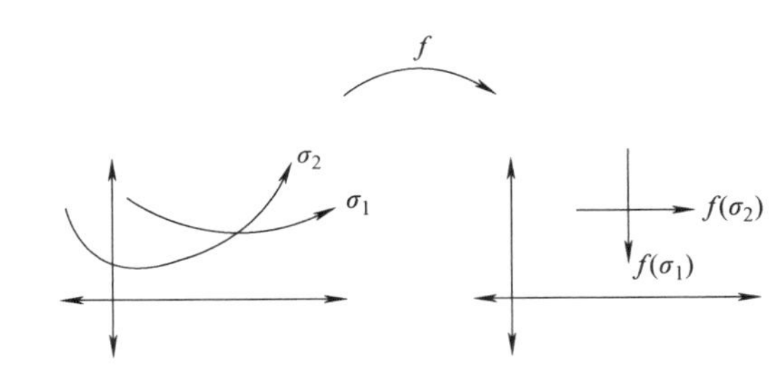

这是不保角的。

定理 9.5.1 解析函数$f(z)$在使其导数不为零的点处保角。

证明 映射f对于切向量的转换是对向量乘上f的 Jacobi 矩阵。因此我们想要证明上述乘法过程是保角的。

$$f(z)=f(x,y)=u(x,y)+\mathrm{i}v(x,y),$$

f在$z_0=(x_0,y_0)$处的 Jacobi 矩阵是

$$Df(x_0,y_0)=\begin{pmatrix}\frac{\partial u}{\partial x}(x_0,y_0) & \frac{\partial u}{\partial y}(x_0,y_0)\\ \frac{\partial v}{\partial x}(x_0,y_0) & \frac{\partial v}{\partial y}(x_0,y_0)\end{pmatrix},$$

而f在$z_0=(x_0,y_0)$处解析，所以满足柯西-黎曼方程

$$\frac{\partial u}{\partial x}(x_0,y_0)=\frac{\partial v}{\partial y}(x_0,y_0),$$

$$-\frac{\partial u}{\partial y}(x_0,y_0)=\frac{\partial v}{\partial x}(x_0,y_0)。$$

Jacobi 矩阵变为

$$Df(x_0,y_0)=\begin{pmatrix}\dfrac{\partial u}{\partial x}(x_0,y_0) & \dfrac{\partial v}{\partial y}(x_0,y_0)\\ -\dfrac{\partial u}{\partial y}(x_0,y_0) & \dfrac{\partial v}{\partial x}(x_0,y_0)\end{pmatrix}。$$

注意到这个矩阵的列是正交的（就是列向量的点积为0）。这已经可以说明这个乘法的保角性了，当然要更明显的话，可以验证$\dfrac{d\sigma_1}{dt}\cdot\dfrac{d\sigma_2}{dt}=\left(Df(x_0,y_0)\dfrac{d\sigma_1}{dt}\right)\cdot\left(Df(x_0,y_0)\dfrac{d\sigma_2}{dt}\right)$是否成立。证毕。

上面的证明用到了柯西-黎曼方程。从更几何的角度来看（也是更加粗略的角度），实际上要求极限

$$\lim_{h\to 0}\frac{f(z_0+h)-f(z_0)}{h}$$

存在对于f如何改变有着严格的限制。

反过来对于保角映射我们可以得到（推导过程不再叙述）：如果f是保角映射，则要满足f是解析的，或者f的共轭$\bar{f}$是解析的，这里$f(z)=u(z)+iv(z)$，$\bar{f}(z)=u(z)-iv(z)$。

9.6 黎曼映射定理

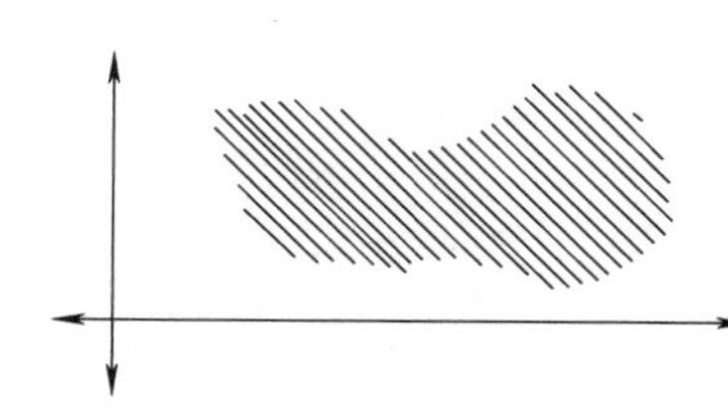

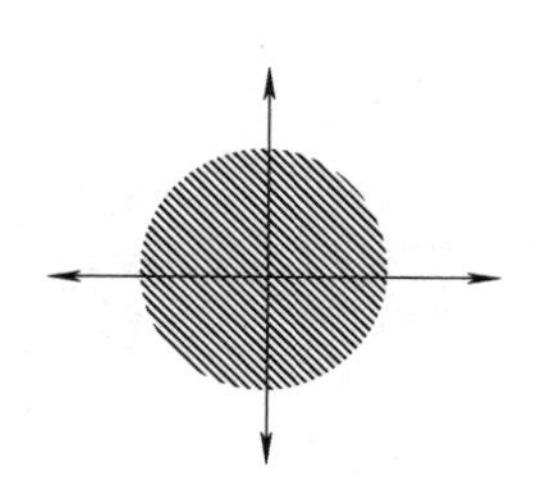

区域D_1，D_2之间如果存在一一保角映射$f:D_1\to D_2$，则称区域D_1，D_2是**保形等价**的。如果这样的f存在，则f的反函数也是保角的。由于保角性基本就意味着解析，因此如果两个区域是保形等价的，对于它们运用复变函数的工具没有什么区别。

鉴于解析映射比较特殊，下面有简捷的定理来判断两个区域是否是保形等价的。

定理 9.6.1 （黎曼映射定理）两个单连通区域如果都不等价于 **C** 就是保形等价的。

（回忆下单连通的定义）上面的结论经常会被这样陈述：对于不等价 **C** 的单连通区域D，存在一个一对一的保角映射将D映成单位圆盘。即左上图保形等价于左下图。

然而黎曼映射定理并没有告诉我们如何求出想要的保角映射f。事实上，找出f是需要技巧的。标准的方法是先找出区域到单位圆盘

的保角映射。为此我们写了几种这样的映射以及其逆映射。

例如，考虑右半平面 $D=\{z\in\mathbf{C}\mid \mathrm{Re}(z)>0\}$，函数

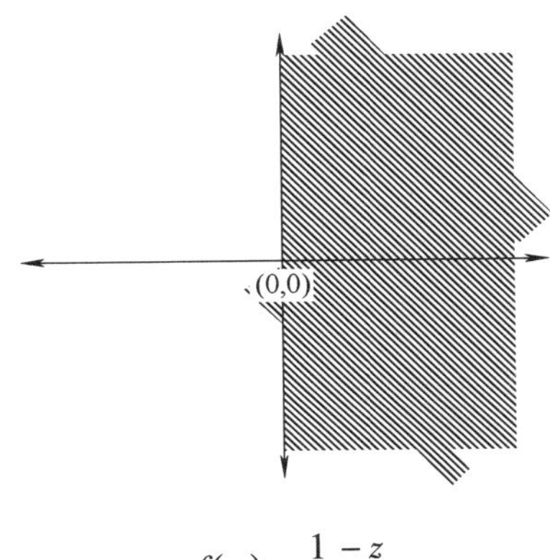

$$f(z)=\frac{1-z}{1+z}$$

就将 D 映成单位圆盘。可以通过它们的边界来验证 y 轴被映成了单位圆。这个映射的逆就是其本身。

由于黎曼映射定理，任意单连通区域上的理论可以简单地转换到圆盘上，这也是为什么复变函数投入大量精力研究单位圆盘上的函数的原因。

多变量的复变理论大多数都十分复杂，很大程度上就是因为在高维度的时候没有类似黎曼映射定理的理论，许多$\mathbf{C}^n$ 中的单连通区域并不保形等价。

9.7 多复变数：哈托格斯定理

设 $f(z_1,\cdots,z_n)$ 是 n 维复变函数。f 是**全纯**的（或**解析**的），如果 $f(z_1,\cdots,z_n)$ 关于每个变量 z_i 都是全纯的。虽然单复变函数的很多性质可以搬到多复变函数上，但二者仍有深刻区别。区别从哈托格斯定理开始讲，这也是本节主要内容。

考虑单复变函数 $f(z)=\dfrac{1}{z}$。该函数除在原点没有定义之外，在别处都解析。像这样只在一点不解析的单复变函数很容易找到，那么对于多复变函数呢？会存在 $f(z_1,\cdots,z_n)$ 只在一点不解析吗？哈托格斯定理说明了这样的函数是不存在的。

定理 9.7.1 （哈托格斯定理）设 U 是 $\mathbf{C}^n$ 上的连通开域，V 是 U 上的连通紧集。则任意的在 $U-V$ 上的解析函数可以延拓到整个 U 上。

这当然包含了 V 是单点的情形。我们下面要粗略证明这种特殊情形下的哈托格斯定理，在此之前先考虑这样一个问题——是否存在满足某种条件的连通开域 U 使得在其中存在解析函数不能延拓到更大的开域上。如果存在，那么这样的 U 被称为**全纯域**。哈托格斯定理说明了像 $U-\{孤立点\}$ 这样的域不是全纯域。事实上，全纯域有一个清晰的与其边界有关的几何条件（准确地说是其边界要是伪凸的）。哈托格斯定理开创了多复变数的新世界。

一种证明哈托格斯定理的想法是考虑函数$\dfrac{f(z_1,\cdots,z_n)}{g(z_1,\cdots,z_n)}$，这里的 f，g 均为解析的，作为可能的反例。如果我们能找到一个解析函数 g 在一个孤立点甚至是一个紧集上有零点，则哈托格斯定理就为假。因为哈托格斯定理实际就是说一个多元解析函数不能在孤立点处有零。事实上，这样的研究产生了许多代数和分析几何的理论。

现在对哈托格斯定理粗略证明。为简化，假设

$$U=\{(z,w)\mid |z|<1,|w|<1\},$$

$V=\{(0,0)\}$。我们将用到这一事实：如果两个解析函数在连通区域 U 的一个子开集中是相等的，则它们在整个 U 上相等（这个的证明类似于单变量复分析中的对应结论的证明，我们将在本章练习中遇到）。

设 $f(z,w)$ 是在 $U-(0,0)$ 上的解析函数。我们想把 $f(z,w)$ 延拓为整个 U 上的解析函数。考虑集合 $z=c$，其中 c 是一个常数，满足 $|c|<1$，则集合

$$(z=c)\cap(U-(0,0))$$

是半径为 1 的开圆盘，如果 $c\neq0$。如果 $c=0$ 就是原点有洞的开圆盘。定义

$$F(z,w)=\frac{1}{2\pi i}\int_{|v|=\frac{1}{2}}\frac{f(z,v)}{v-w}\mathrm{d}v,$$

这就是我们想要的扩展。首先 $F(z,w)$ 在所有 U 上的点都有定义，包括原点。因为变量 z 在积分中不变化，由柯西积分公式知 $F(z,w)$ 关于 w 是解析的。又 $f(z,w)$ 关于 z 是解析的，所以 $F(z,w)$ 关于 z 是解

析的，因此 $F(z,w)$ 在整个 U 上解析。但再运用柯西积分公式，我们知道当 $z\neq0$ 时，$F=f$。因为两个解析函数在 U 的一个开集相等，所以在 $U-(0,0)$ 上相等。

一般情况下的证明是类似的。

9.8 推荐阅读

由于复分析有许多应用，有很多入门类的教材着重叙述其各个方面。由 Marsden 和 hoffman 写的《复分析基础》（*Basic Complex Analysis*）[83] 是一本绝佳的入门书籍。Palka 写的《复变函数理论导论》（*An Introduction to Complex Function Theory*）[92] 同样十分不错。Greene 和 Krantz 的《单变量复变函数论》（*Function Theory of One Complex Variable*）[49] 是最近的一本。想要迅速入门那就去看 Spiegels 的《复变量》（*Complex Variables*）[101]，其中介绍了极其丰富的实用问题。

同样有许多研究生的复分析课本，从开始讲起但是深入很快。Ahldfor 写的一本书 [1] 正是这样的。它用很抽象的观点解决问题，反映了写作时期（20 世纪 60 年代）的数学样貌。与之长期竞争研究生新生课本地位的是 Conway 的《单变量复变函数》（*Functions of One Complex Variable*）[21]。最近的由 Berenstein 和 Gay 撰写的一本书 [8] 给予复分析一个现代框架。对于多复变函数 Krantz 的《多变量函数论》（*Function Theory in Several Variables*）[77] 是一本不错的引导书籍。

复分析有可能是大学本科最美妙的数学学科，不论是 Krantz 的《复分析：从几何观点看》（*Complex Analysis: The Geometric Viewpoint*）[78]，还是 Davis 的《施瓦兹函数及其应用》（*The Schwarz Function and its Applications*）[25] 作为课本都展示了复分析的一些奇妙内涵和复变函数如何能自然地联系其数学的各个分支学科。

9.9 练习

1. 设 $z=x+\mathrm{i}y$，证明函数

$$f(z)=f(x,y)=y^2$$

不是解析的，并且当 $z_0=0$，闭曲线 σ 是以原点为圆心，半径为 1 的圆时不满足柯西积分公式

$$f(z_0)=\frac{1}{2\pi\mathrm{i}}\int_{\sigma}\frac{f(z)}{z-z_0}\mathrm{d}z。$$

2. 除了练习 1 中的函数外，请写出一个不解析的函数。提示：如果你考虑将 $f(z)$ 看成是两个变量的函数 $f(x,y)=u(x,y)+\mathrm{i}v(x,y)$，你几乎可以随意选择 u，v。

3. 设 $f(z)$ 和 $g(z)$ 是两个解析函数，并且在闭曲线 σ 上的每一点都相等，证明对于所有在闭曲线 σ 内部的点 z 两函数也相等。提示：先假设 $g(z)$ 是零函数，那么 $f(z)$ 在闭曲线 σ 上也必须为零，再去证明 $f(z)$ 在闭曲线内部也必须为零。

4. 找一个一一映射（且保角），将单位圆盘 $\{(x,y)\mid x^2+y^2<1\}$ 映射成平面第一象限 $\{(x,y)\mid x>0,y>0\}$，

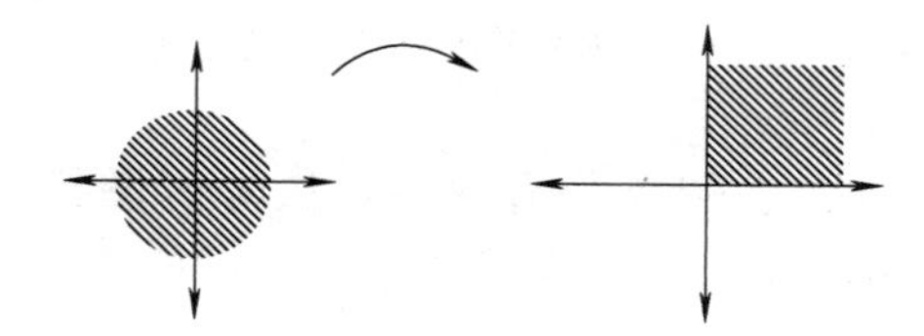

5. 设 z_1，z_2，z_3 是三个相异的复数，证明可以找到 a，b，c，d 满足 $ad-bc=1$，使映射

$$T(z)=\frac{az+b}{cz+d}$$

有 $T(z_1)=0$，$T(z_2)=1$，$T(z_3)=2$，并且这样的 a，b，c，d 是唯一的，除了分别乘以 -1 之外。

6. 以如下方式计算积分 $\int_{-\infty}^{\infty}\frac{\mathrm{d}x}{1+x^2}$，

a. 计算

$$\int_{\gamma}\frac{\mathrm{d}z}{1+z^2},$$

这里 $\gamma=\gamma_1+\gamma_2$ 是一个复平面上的闭曲线，两个构成部分分别是

$$\gamma_1=\{R\mathrm{e}^{\pi\theta}\mid 0\leqslant\theta\pi\},$$
$$\gamma_2=\{(x,0)\in\mathbf{R}^2\mid -R\leqslant x\leqslant R\}。$$

b. 证明

$$\lim_{R\to\infty}\int_{\gamma_1}\frac{\mathrm{d}z}{1+z^2}=0。$$

c. 计算

$$\int_{-\infty}^{\infty}\frac{\mathrm{d}x}{1+x^2}。$$

（这个典型问题展示了怎么去计算较难实积分，如果你使用留数，这个积分会容易计算许多。）

7. 构造一个保角映射将单位球（去掉北极点）映成复平面。考虑球体 $S^2=\{(x,y,z)\mid x^2+y^2+z^2=1\}$，

a. 证明映射

$$\pi: S^2-(0,0,1)\to\mathbf{C},$$

$$\pi(x,y,z)=\frac{x}{1-z}+\mathrm{i}\frac{y}{1-z}$$

是一个一一映射，并保角。

b. 我们可以将复平面看成是 $\mathbf{R}^3$ 中的 $z=0$ 平面，证明上述映射实际是将点 (x,y,z) 映射成过 (x,y,z)，$(0,0,1)$ 的直线与 $z=0$ 平面的交点。

c. 说明通常将单位球与 $\mathbf{C}\cup\infty$ 等价的合理性。

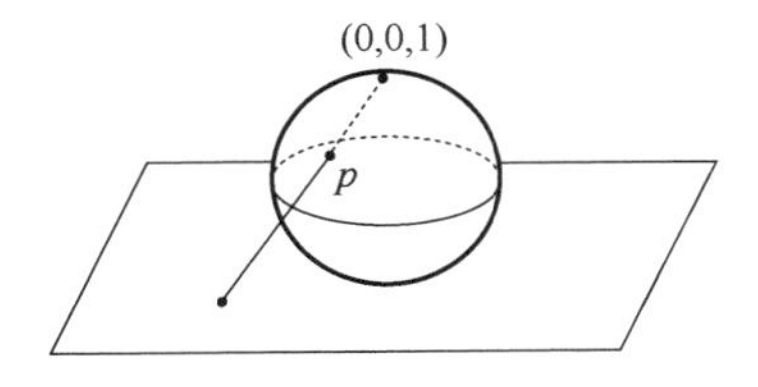

第10章 可数性和选择公理

基本目标：比较无穷集合

可数性和选择公理都与“无穷”的观念牵扯在一起。比如整数集 $\mathbf{Z}$ 和实数集 $\mathbf{R}$ 都是无穷集合，我们将看到实数集的元素个数是要严格多于整数集的。我们再转过来看选择公理，对于有限集合来说它十分直白，根本不是公理，而对于无限集来说它意义深刻并且与其他数学公理独立。选择公理甚至能推出一些令人惊奇的似乎有悖常理的结论。比如，我们将看到选择公理推导出不可测的实数集的存在。

10.1 可数性

无限也是可以分量的大小，阶次的不同，这十分关键。首先要正确定义什么时候两个集合大小相同。

定义 10.1.1 如果在集合 A 与集合 $\{1,2,3,\cdots,n\}$ 之间存在一个一一映射，则称集合 A 是有限的，并且势是 n，如果集合 A 与集合 $\mathbf{N}=\{1,2,\cdots\}$ 之间存在一一映射，则称集合 A 是无限可数的，有限和无限可数都称为可数。如果集合 A 既不是空集又不是可数的则称为不可数。例如集合 $\{a,b,c\}$ 是有限的且有 3 个元素。困难之处在于无限情形。比如正偶数集 $2\mathbf{N}=\{2,4,6,8,\cdots\}$ 是包含于自然数集中的，但二者有相同的大小（即相同的元素个数），这是因为它们都是无限可数的，一个显而易见的一一映射 $f(n)=2n$

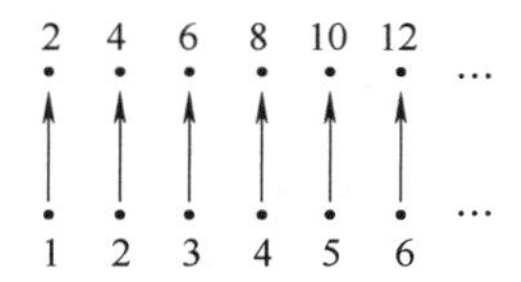

$$f:\mathbf{N}\to 2\mathbf{N}$$

将正偶数集中的元素与自然数集的元素一一对应，如左图。

集合$\{0,1,2,3,\cdots\}$也是无限可数的，可以找到一一映射$f:\mathbf{N}\to\{0,1,2,3,\cdots\}$，例如

$$f(n)=n-1$$

也将它与自然数一一对应，如右图所示。

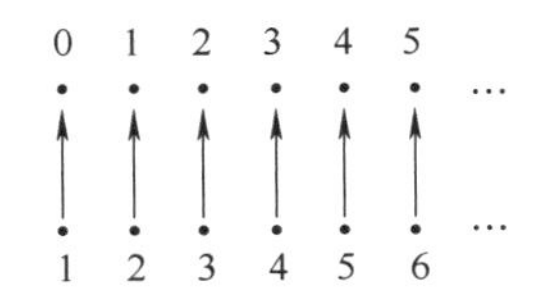

同样，整数集 $\mathbf{Z}$ 也是无限可数集，显然映射为

$$f(n)=\begin{cases}\dfrac{n}{2}, & n=2k,\\ -\dfrac{n-1}{2}, & n=2k+1,\end{cases}\quad (k\in\{0,1,2,\cdots\})$$

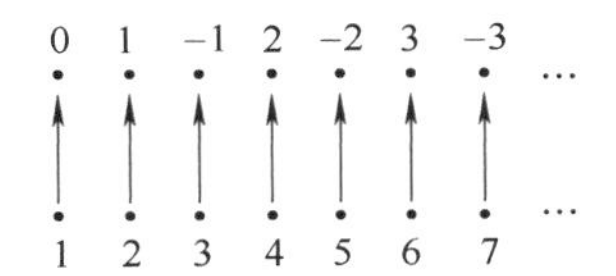

如右图所示，图示比实际函数可以更形象地反映。

有理数集

$$\boldsymbol{Q}=\left\{\frac{p}{q}\,\middle|\,p,q\in\mathbf{Z},q\neq0\right\}$$

同样是无限可数的，下面图示表明了正有理数是无限可数的。

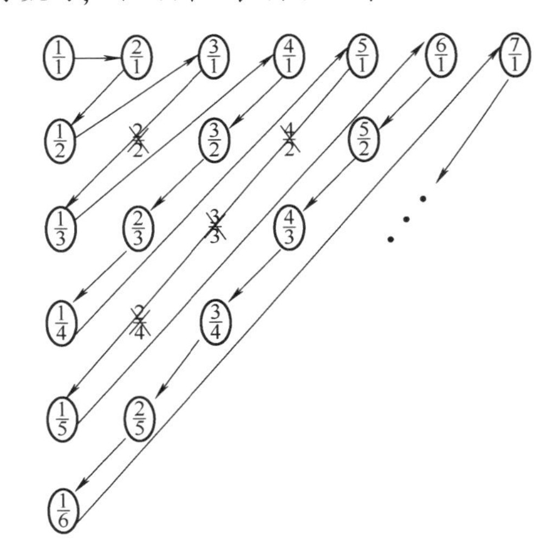

每一个正有理数都会出现在上面数列中，每个数都有自己出现的序号，即与自然数的对应。

事实上，我们有下面定理。

定理 10.1.1　设 A，B 是两个无限可数集合，则笛卡儿积 $A\times B$ 也是无限可数集。

证明　因为 A，B 都存在与自然数集 $\mathbf{N}$ 之间的一一对应，故我们只需证明 $\mathbf{N}\times\mathbf{N}$ 是无限可数的。对于 $\mathbf{N}\times\mathbf{N}=\{(n,m)\mid n,m\in\mathbf{N}\}$，

如下图所示。

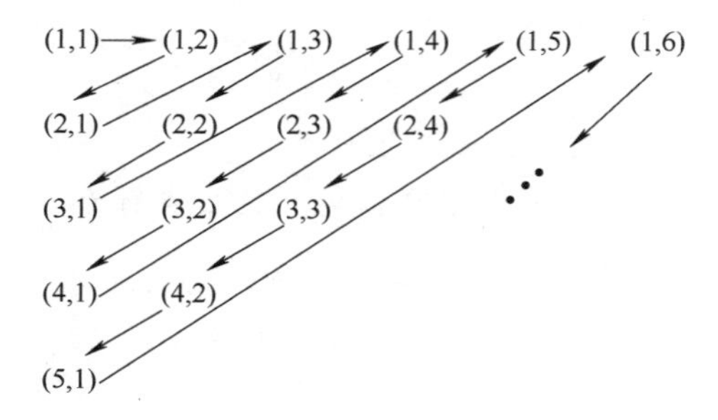

用代数方法，可以看到映射

$$f(m,n)=\frac{(n+m-2)(n+m-1)}{2}+m$$

是满足

$$f:\mathbf{N}\times\mathbf{N}\to\mathbf{N}$$

的一一映射。证毕。

注意到 $\mathbf{N}\times\mathbf{N}$ 与 $\mathbf{N}$ 有相同大小这一事实，这与有限集情形形成鲜明对比，例如三元素集 $A=\{a,b,c\}$，而 $A\times A$ 是九元素集 $\{(a,a),(a,b),(a,c),\cdots,(c,c)\}$。

有许多无限集严格地大于自然数集，比如说实数集，它是不可数的。

我们将给出著名的康托对角线来证明区间 $[0,1]$ 间的实数是不可数的。

定理 10.1.2 $[0,1]$ 不可数。

证明 用反证法，假设存在一一映射 $f:\mathbf{N}\to[0,1]$，然后去找一个实数，它在 $[0,1]$ 中但不在像集中，于是就与 f 是满射相矛盾。$[0,1]$ 间的每个实数都可写成十进制形式

$$0.x_1x_2x_3x_4\cdots,$$

这里 x_k 是 0 到 9 的数字。为使写法唯一，我们把 0.32999…记为 0.33。

现在假设 $f:\mathbf{N}\to[0,1]$ 是如下一一映射

$$f(1)=0.a_1a_2a_3\cdots,$$

$$f(2)=0.b_1b_2b_3\cdots,$$

$$f(3)=0.c_1c_2c_3\cdots,$$

$$f(4)=0.d_1d_2d_3\cdots,$$
$$f(5)=0.e_1e_2e_3\cdots,$$

等等，这里的小数位全是固定的某个 0 到 9 的数字。

我们能构造出一个新的实数 $0.N_1N_2N_3N_4\cdots$ 不在上述的数列中出现，即与 f 是满射相矛盾。令

$$N_k=\begin{cases}4, & f(k)\text{ 的第 } k \text{ 位小数不等于 } 4,\\ 5, & f(k)\text{ 的第 } k \text{ 位小数等于 } 4。\end{cases}$$

(实际上，4，5 这两个数不是关键，任意选两个不同的 0 到 9 的数都可以)

于是可以知道

$$0.N_1N_2N_3\cdots\neq 0.a_1a_2\cdots=f(1),$$
$$0.N_1N_2N_3\cdots\neq 0.b_1b_2\cdots=f(2),$$
$$\cdots$$

因为每个 $f(k)$ 都是固定的，而 $0.N_1N_2N_3N_4\cdots$ 不会等于任何 $f(k)$，意味着 f 不是满射。因此也不会存在自然数到实数的一一映射，实数集显然非空，于是实数集是不可数的。

10.2 朴素集合论与悖论

什么是数学的研究对象？这一问题在 18 世纪后半叶和 19 世纪前半叶是一个深刻的争论话题。现在它被部分解决了，其中部分是因为哥德尔的逻辑学方面的工作，部分是大家都为之精疲力竭了。对于数学对象来说，到底是只有当有算法可以明确地构造出它来时才算存在，还是只要假设数学对象存在而不会引发矛盾就可以，即便不能找出一个例子。构造性证明和存在性证明之间的紧张状态在 19 世纪 30 年代由于复杂性理论的发展而有所缓解。构造性阵营由克洛可（Kronecker）(1823—1891)，布劳沃（Brouwer）(1881—1966) 和毕晓普（Bishop）(1928—1983) 领头，存在性阵营由希尔伯特 Hilbert (1862—1943) 为代表。后者赢得了胜利，使绝大多数数学家相信所有数学理论可以由一个正确的集合论基础建立起来。这个正确的集合论通常被认为是一个被称为策梅洛-弗兰克尔（Zermelo-Fraenkel）加选择公理的公理体系（这些公理参见 Paul Cohen 的 *Set Theory and the Continuum Hypothesis* [20] 第 2 章 1，2 节）。事实是很

少有数学家能写下这些公理的内容，说明我们工作的信心也非来源于此。更准确地说，这些公理产生的结论已为我们熟知。这一节我们将非正式地讨论集合论并给出策梅洛-罗素悖论，这一悖论将告诉我们在理解集合时应该足够小心。

朴素集合论的想法是很不错的，这里有一个集合，其元素有着某个共同的性质，

$$\{n \mid n \text{ 是偶数}\},$$

这样的集合再合理不过。集合基本的运算是交，并，补。我们现在来看怎么从集合建立整数。

对于给定的集合 A，总能构造新集合$\{A\}$，这个集合只有一个元素，就是集合 A 本身。定义后继集 $A^{+}=A\cup\{A\}$。于是如果 $x\in A^{+}$，则 $x\in A$ 或 $x=\{A\}$。

先看空集$\varnothing$，将这个集合记为整数 0，那么再将其后继集记为 1。

$$1=\varnothing^{+}=\{\varnothing\},$$

再把空集的后继集的后继集记为 2，

$$2=\{\varnothing^{+}\}^{+}=\{\varnothing,\{\varnothing\}\},$$

这样一直下去，把集合 n 的后继集记为 $n+1$。

将后继看成是加 1，于是相应地我们可以通过将后继转换为循环的加减乘除运算而轻松不少。

不幸的是，如果一直这样做下去在朴素集合意义下会导致矛盾。我们下面构造出一个看起来是一个集合，但实际不存在的集合。有时候某些集合会是自己本身的元素（至少我们在朴素集合里会遇到，在策梅洛-弗兰克尔集合论中有许多机制去避免有关这样集合的假设出现）。令

$$X=\{A \mid A\notin A\},$$

集合 X 是所有不包含自身的集合的集合，那么集合 X 是否为其自身的一个元素呢？如果 $X\in X$，则由 X 的定义，必须要 $X\notin X$，显然不行。但如果 $X\notin X$，那就有 $X\in X$，于是这样就矛盾了。这里问题就是能否承认 X 是集合。这就是策梅洛-罗素悖论。

不要认为这是一个琐碎的小问题。罗素（1872—1970）在他的自传中写到当他一开始发现这个问题时他认为这很容易，可能吃完晚饭在夜里就解决掉了。但到了第二年他仍在这个问题中苦苦挣扎，

以至于他必须改变全盘的策略，不去用集合论而是发展类型论。类型论和集合论并无理论上的优劣之分，只是数学家将数学建立在了集合论的基础上，这可能是有历史的原因，第二次世界大战时期德国的数学家逃难到美国，也把集合论传给了美国数学家，例如德国数学家策梅洛（1871—1953）。

当然一般你不用太在意集合论中的定义，但当你的集合与它们自身有关的时候就要足够小心了，就像上面的例子一样，有时候会变得十分困难。

10.3 选择公理

我们选择了一些命题作为集合论的公理，这些公理生成了我们熟知的结论，我们一如既往地想让这些公理不说自明，大体的情况也是这样。很少有公理会引起争议，除了选择公理。

公理 10.3.1 （选择公理）设 $\{X_\alpha\}$ 是一族非空集合。那么存在一个集合 X 包含每一个集合 X_α 中的一个元素。

对于有限的一组集合，这显然正确并且一点不具有公理性（它能由其他公理来证明）。例如设 $X_1=\{a,b\}, X_2=\{c,d\}$，当然存在一个集合包含这两个集合的各一个元素，例如令 $X=\{a,c\}$。

困难出现在集合个数无限的情形（或者可能是无限不可数的情形），选择公理没有给出找出这种集合 X 的方法，只是强制规定它存在。于是这也导致了当你需要运用选择公理去证明某个对象的存在性时你永远不能实际地把它构造出来，换句话说，你只是知道它存在而已。

第二个难处不在于选择公理的正确性而是在于你把它作为公理的需要。在 1939 年，库尔特哥德尔证明了选择公理是与其他公理相容的，也就是说用选择公理不会产生矛盾。到了 20 世纪 60 年代初，保罗·科恩 [20] 证明了选择公理与其他公理的独立性，说明不能从其他公理推导出选择公理，选择公理作为公理当之无愧，然而需要注意的是我们也可以假设选择公理是错的，但同样没有矛盾产生。

第三个难处在于选择公理的等价命题，有一些是十分怪异的，这些命题可以参考 Howard 和 Rubin 写的选择公理的结论一文（*Consequences of the Axiom of Choice* [62]）。其中有一个等价结论是下面一节的主题。

10.4 不可测集

注意：这一节需要了解实数的勒贝格测度知识。特别是

- 如果集合 A 是可测的，则 A 的测度等于其外测度 $m^*(A)$。
- 如果集合 A_1，A_2，…均不相交并且可测，则其并集也可测，并有

$$m\left(\bigcup_{i=1}^{\infty} A_i\right) = \sum_{i=1}^{\infty} m(A_i),$$

第二条的想法来源于（比如我们有两个紧挨着的集合）长度分别是 a，b，那么总集合的长度应该为 $a+b$。同样，这个例子很像 Royden 的《Real Analysis》书中不可测集合的例子。

我们将找到一列不相交的集合 A_1，A_2，…，其并集为 $[0,1]$。每一个都有相同的外测度，因此如果它们可测则有相同的测度。单位区间 $[0,1]$ 的勒贝格测度是其长度，故有

$$1 = \sum_{i=1}^{\infty} m(A_i),$$

如果每一个 A_i 都是可测的，并测度相同，则上式意味着我们可以把某一个数加上自己，这样做无穷多次其结果等于 1，这是荒谬的。如果一个级数收敛，则每一项应该收敛于 0。它们当然不会是相同的。

这节关键是我们需要利用选择公理找到这些集合 A_i，当然不是真的“找到”，事实上，这些集合不被实际构造出来，只是被申明存在。

我们称单位区间 $[0,1]$ 中的两个数 x，y 是等价的，如果满足 $x-y$是一个有理数，记为 $x\equiv y$。可以验证这是一种等价关系（等价关系的基本性质见本书附录），于是这种等价关系可以将单位区间分成不相交的等价类。

现在对这些分离的等价类使用选择公理。设集合 A 包含从每一个等价类中选出的元素。那么集合 A 中任意的两元素之差不可能为一个有理数。注意到我们不可能对集合 A 有一个清晰的描述，我们也无法知道一个给定的实数是否是属于 A 的，但是由于选择公理，我们知道集合 A 是存在的，马上我们将看到集合 A 是不可测的。

我们将找到可数的一组集合，它们与集合 A 有相同的外测度并且它们的并集是单位区间 $[0,1]$。由于 $[0,1]$ 中的有理数是可数的，我们可以将它们列成一列 r_0，r_1，r_2，…。为方便我们假设 $r_0=0$，对于每一个有理数 r_i，令

$$A_i = A + r_i (\bmod 1)$$

于是集合 A_i 中元素的形式是

$$a + r_i - (a + r_i)\text{的整数部分。}$$

特别地，$A = A_0$，并且对于所有的 i 有

$$m^*(A) = m^*(A_i),$$

这个是不难证明的，因为我们对集合 A 进行的是**模 1 平移**。

现在我们来证明 A_i 是互不相交并且覆盖了单位区间的。假设在 $A_i \cap A_j$ 中存在数 x，那么在集合 A 中存在数 a_i，a_j 满足

$$x = a_i + r_i (\bmod 1) = a_j + r_j (\bmod 1),$$

那么 $a_i - a_j$ 是一个有理数，意味着 $a_i \equiv a_j$，于是 $i=j$。如果 $i \neq j$，则必须

$$A_i \cap A_j = \varnothing,$$

现在令 x 是单位区间中的任意数，则一定有在集合 A 中的某数 a 与之等价，那么在单位区间 $[0，1]$ 中存在一个有理数 r_i 使得

$$x = a + r_i \text{ 或 } a = x + r_i$$

成立。不论怎样都有 $x \in A_i$。于是 A_i 实际是一组可数的互不相交集合并且覆盖了单位区间。但是我们得到单位区间的长度是各项相同的无穷级数

$$1 = \sum_{i=0}^{\infty} m(A_i) = \sum_{i=0}^{\infty} m(A),$$

这是不可能的。因此集合 A 是可测集。

10.5 哥德尔和独立性证明

在关于数学对象本质的争论中，所有人都一致同意正确的数学应该是相容一致的（比如不可能同时证明一条命题和它的逆命题都是正确的）。而后发现大多数数学家都默认数学命题应该是完备的（即任何命题都能最终被证明是对的或是错的）。大卫·希尔伯特（David Hilbert）希望将这两条要求用严密的数学命题的形式表述并且可以得到严格的证明。这种尝试被称为形式主义。不幸的是，哥

德尔（K. Gödel，1906—1977）在 1931 年毁灭了希尔伯特学派的这一愿望。他表示

任何能包含基本算术的足够强的公理体系中一定有既不能证明为真也不能证明为假的命题。进一步地，例如，一个给定的公理体系的本身的相容性既不能被证明为真也不能被证明为伪。

这样哥德尔一下子证明了相容性和完备性都不能被掌控。当然没有人真正觉得现代数学会暗含矛盾。但在策梅洛-弗兰克尔集合论中的确有定理既不能被证明为真也不能被证明为伪，选择公理就是这样的例子。这样的命题被称为与其他公理是独立的。另一方面，许多未解决的数学问题不太可能在 ZFC（策梅洛-弗兰克尔集合论加上选择公理）公理体系中独立。有一个例外是 P = NP 问题（将在 16 章讨论），它多被认为与其他的公理是独立的。

10.6 推荐阅读

多年来集合论的入门资料一直是哈尔莫斯（Halmos）的《朴素集合论》（*Naive Set Theory* [53]）。最近的有 Moschovakis 的《集合论摘记》（*Notes on Set Theory* [87]）。介绍逻辑学的有由 Goldstern and Judah 写的《不完备现象》(*Incompleteness Phenomenon* [46])。稍微深入一点的有 Smullyan 写的《哥德尔的不完备理论》（*Godels' Incompleteness Theorems* [100]）。更加简要，层次更高的书籍有寇恩（Cohen）的《集合论和连续统假设》(*Set Theory and the Continuum Hypothesis* [20])

Nagel 和 Newman 写的《哥德尔的证明》（*Godel's Proof* [89]）是对于哥德尔的工作的介绍，并且一直很受欢迎。Hofstadter，Cadel，Escher 和 Bach 写的书 [61] 十分具有启发性。尽管准确地说它不是一本数学书，但它的思想值得一看。Hintikka 写的 *Principles of Mathematics*，*Revisited* [60] 令人印象深刻。这里给出了逻辑学的规划，同时也包含了 Hintikka 对哥德尔工作成果的博弈论解释。

10.7 练习

1. 证明集合

$$\{ax^2+bx+c \mid a,b,c\in\mathbf{Q}\}$$

是可数的，其中的元素是系数为有理数的一元二次多项式。

2. 证明所有系数为有理数的一元多项式是可数的。

3. 证明幂级数集合

$$\{a_0 + a_1 x + a_2 x^2 + \cdots \mid a_0, a_1, a_2, \cdots \in \mathbf{Q}\}$$

是不可数的。

4. 证明元素是由 0 和 2 组成的无限序列的集合是不可数的。（这个集合被用来证明康托集是不可数的，我们会在第 12 章定义）

5. 在第 2 节中，所有自然数被定义成了集合，加 1 的运算也被定义了。请给出加 2 的定义以及加一切所有数的定义，并运用此定义证明 $2+3=3+2$。

6. （困难）集合 S 称为部分有序的，如果存在一个运算"$<$"使得对于给定的集合中的两元素 x，y，有 $x<y$，$y<x$，$x=y$ 或 x，y 没有关系。例如 S 是实数集，运算"$<$"解释为小于号，实数集就被建立了一个完全的次序。如果 S 是某个集合的一切子集的集合，"$<$"解释为集合的包含，那么就是部分有序的，它不是完全有序的，因为任意的两个子集不一定要有包含关系。一个部分有序的集合称为偏序集。

设 S 是一个偏序集，偏序集 S 上的一个链是一个 S 的全序子集，即其上的部分有序变成了完全有序。佐恩引理表示如果 S 是一个偏序集，它的所有链都有上界，则 S 包含一个极大元素。注意链的上界不一定要在链中，极大元素也不一定是唯一的。

a. 证明选择公理隐含佐恩引理。

b. 证明佐恩引理隐含选择公理（有相当难度）

7. （困难）豪斯多夫极大原理表示一切偏序集都有一个极大链，极大链不被其他任何链严格包含。证明豪斯多夫极大原理与选择公理等价。

8. （困难）证明由选择公理可以推出一切域都被一个代数闭域包含。（运用豪斯多夫极大原理，代数闭域的定义见 11 章）

第 11 章 代 数

基本目标：群和环
基本映射：群和环的同态

现下的抽象代数确实称得上抽象一词，它有着具体的历史渊源和现代的应用。理解抽象代数的核心是群的概念，群是对称的几何观点的代数解释。我们将看到三个不同的领域产生出了群的丰富内涵：多项式的求根（准确地说是要证明不能求出根），化学家对晶体对称性的研究，应用对称原理处理微分方程。

迦罗瓦理论中的一条核心定理是不能像求解二次方程一样得出 5 阶及以上的多项式方程的求根公式，这涉及对于多项式根的对称性的理解。晶体的对称性与空间旋转的性质有关。而将群论用到作为微分方程的基础的对称性上则导出了李理论。在之上的一切思想和应用中，群都是关键所在。

11.1 群

这一节主要展示群论中的基本定义和思想。

定义 11.1.1 定义非空集合 G 中一个二元运算为映射

$$G\times G\to G,$$

集合 G 中任意元素 a，b 在这个运算下有唯一结果（像），记为 $a\cdot b$。集合 G 称为一个群，如果满足

1. 存在元素 $e\in G$，使得对于一切 $a\in G$ 有 $e\cdot a=a\cdot e=a$ 成立，元素 e 称为单位元；

2. 对任意 $a\in G$，存在元素（记为）a^{-1}，使得 $a\cdot a^{-1}=a^{-1}\cdot a$

$=e$，称 a^{-1} 为 a 的逆元；

3. 对一切 a，b，$c\in G$，有结合律成立 $(a\cdot b)\cdot c=a\cdot(b\cdot c)$。注意交换律是不必成立的。

例如，设 $\boldsymbol{GL}(n,\mathbf{R})$ 表示所有 $n\times n$ 的实可逆矩阵的集合。在矩阵乘法下，我们将验证 $\boldsymbol{GL}(n,\mathbf{R})$ 是一个群。它的单位元就是单位矩阵

$$\begin{pmatrix}1 & \cdots & 0\\ & \ddots & \\ 0 & \cdots & 1\end{pmatrix},$$

每个元素的逆就是其逆元。矩阵的乘法是满足结合律的，最后要验证的是可逆矩阵 $\boldsymbol{A}$，$\boldsymbol{B}$ 之积 $\boldsymbol{A}\cdot\boldsymbol{B}$ 也是可逆矩阵。由 $\det(\boldsymbol{A}\cdot\boldsymbol{B})=\det(\boldsymbol{A})\det(\boldsymbol{B})\neq 0$ 可知结论成立。因此 $\boldsymbol{GL}(n,\mathbf{R})$ 是一个群。由线性代数的关键定理可知，当且仅当它的行列式是非零时，这个矩阵是可逆的。

因为绝大多数的矩阵都不满足乘法的交换律，因此群不是可交换的。从几何意义看，我们可以将 $\boldsymbol{GL}(n,\mathbf{R})$ 的元素看成是 $\mathbf{R}^n$ 上的线性映射。特别地，考虑三维空间上的旋转，可以表示成 3×3 的矩阵，因此是 $\boldsymbol{GL}(3,\mathbf{R})$ 中的元素。因此我们可以将空间旋转看成是一个群。

置换群是一种十分重要的有限群。置换群 S_n 是 n 个元素的所有置换的集合，其中二元运算就是复合置换，单位元是平凡的置换，即不进行任何变换。

我们来看一下 3 元素上的置换群

$$S_3=\{e,(12),(13),(23),(123),(132)\},$$

先来讲其中各种记号的意思。一个固定次序的三元组 (a_1,a_2,a_3)，这里的次序是有影响的，例如（牛，马，狗）和（狗，马，牛）是不同的。S_3 中的每一个元素都将重排这个三元组，例如（12）将 (a_1,a_2,a_3) 置换为 (a_2,a_1,a_3)，即

$$(a_1,a_2,a_3)\xrightarrow{(12)}(a_2,a_1,a_3),$$

S_3 中的其他元素的作用如下

$$(a_1,a_2,a_3)\xrightarrow{(13)}(a_3,a_2,a_1),$$

$$(a_1,a_2,a_3)\xrightarrow{(23)}(a_1,a_3,a_2),$$

$$(a_1,a_2,a_3)\xrightarrow{(123)}(a_3,a_1,a_2),$$

$$(a_1,a_2,a_3)\xrightarrow{(132)}(a_2,a_3,a_1),$$

$$(a_1,a_2,a_3)\xrightarrow{(e)}(a_1,a_2,a_3)。$$

我们可以将这些置换相乘得到下面 S_3 的乘法表

·	e	(12)	(13)	(23)	(123)	(132)
c	c	(12)	(13)	(23)	(123)	(132)
(12)	(12)	e	(123)	(132)	(13)	(23)
(13)	(13)	(132)	e	(123)	(23)	(12)
(23)	(23)	(123)	(132)	e	(12)	(13)
(123)	(123)	(23)	(12)	(13)	(132)	e
(132)	(132)	(13)	(23)	(12)	e	(123)

可以看到 S_3 是不可交换群。事实上，S_3 是最小的不可交换群。为了纪念尼尔斯·阿贝尔，群论的奠基人之一，有下面定义。

定义 11.1.2 交换群又称为阿贝尔群。

整数集 $\mathbf{Z}$ 在整数加法下成为一个阿贝尔群。绝大多数的群都不是阿贝尔群。

我们想要弄懂所有的群不太可行，但我们希望至少能由更简单的基本的群构造其他群。为了这样做我们做如下定义。

定义 11.1.3 如果群 G 的一个子集 H 在群 G 上的二元运算下仍然构成一个群，则称之为 G 的子群。

例如，设

$$H=\left\{\begin{pmatrix}a_{11} & a_{12} & 0\\ a_{21} & a_{22} & 0\\ 0 & 0 & 1\end{pmatrix}\middle|\begin{pmatrix}a_{11} & a_{12}\\ a_{21} & a_{22}\end{pmatrix}\in \boldsymbol{GL}(2,\mathbf{R})\right\},$$

则 H 是群 $\boldsymbol{GL}(3,\mathbf{R})$ 的一个子群。

定义 11.1.4 设 G 和 $\widehat{G}$ 是两个群，如果一个映射 $\sigma: G\to\widehat{G}$ 满足

$$\sigma(g_1\cdot g_2)=\sigma(g_1)\cdot\sigma(g_2),$$

对一切 g_1，$g_2\in G$ 都成立，则称 σ 是群同态。

例如，设 $\boldsymbol{A}\in\boldsymbol{GL}(\boldsymbol{n},\mathbf{R})$，映射 $\sigma:\boldsymbol{GL}(\boldsymbol{n},\mathbf{R})\to\boldsymbol{GL}(\boldsymbol{n},\mathbf{R})$ 定义如下。

$$\sigma(\boldsymbol{B})=\boldsymbol{A}^{-1}\boldsymbol{B}\boldsymbol{A},$$

那么对于任意的两个矩阵 $\boldsymbol{B},\boldsymbol{C}\in \boldsymbol{GL}(\boldsymbol{n},\mathbf{R})$，有

$$\begin{aligned}\sigma(\boldsymbol{BC}) &= \boldsymbol{A}^{-1}\boldsymbol{BCA}\\ &= \boldsymbol{A}^{-1}\boldsymbol{BAA}^{-1}\boldsymbol{CA}\\ &= \sigma(\boldsymbol{B})\sigma(\boldsymbol{C})。\end{aligned}$$

群同态和一类特殊的子集有紧密关系，在阐述这个之前，先看下面定义。

定义 11.1.5 设 H 是 G 的子群，所有下面形式的集合

$$gH = \{gh \mid h\in H\},$$

其中 $g\in G$，称为 G 的左陪集。

这个定义了 G 上的一个等价类，即

$$g \sim \hat{g},$$

如果满足集合 gH 与 $\hat{g}H$ 等价，也就是如果存在一个 $h\in H$ 使 $gh=\hat{g}$。

同样地，可以定义 G 的**右陪集**

$$Hg = \{hg \mid h\in H\},$$

它也在 G 上定义了一个等价关系。

定义 11.1.6 H 是 G 的子群，如果对所有 $g\in G$，都有 $gHg^{-1}=H$，则称 H 是 G 的正规子群。

定理 11.1.1 H 是 G 的子群，所有陪集 gH 组成的集合在二元运算

$$gH\cdot \hat{g}H = \hat{g}gH$$

下成为一个群当且仅当 H 是正规子群。（把这个群记为 G/H，读为“G 模 H”）。

粗略的证明 大部分的步骤都是常规的，主要的难点在于证明二元运算 $gH\cdot \hat{g}H=\hat{g}gH$ 是良好定义的，即我们需要证明集合 $gH\cdot\hat{g}H$（其中的元素是由集合 gH 与 $\hat{g}H$ 的各个元素相乘得到）与集合 $\hat{g}gH$ 等价。因为 H 是正规子群，则

$$\hat{g}H(\hat{g})^{-1}=H,$$

那么

$$\hat{g}H=\hat{H}g,$$

于是

$$gH\hat{g}H = g\hat{g}HH = g\hat{g}H。$$

这里因为 H 是子群，所以 $H \cdot H = H$。故二元运算是良好定义的。

G/H 的单位元是 $e \cdot H$。gH 的逆元是 $g^{-1}H$，结合律同样是满足的。证毕。

要注意的是在 $gH \cdot \hat{g}H = g\hat{g}H$ 中，H 代表 H 中的每个元素，因此它是集合本身而不是单个元素。

下面看这个新的群 G/H 的应用，我们现在定义循环群 $\mathbf{Z}/n\mathbf{Z}$。给定的初始群是整数集 $\mathbf{Z}$，子群是与某个固定的整数的乘积组成，即

$$n\mathbf{Z} = \{nk \mid k \in \mathbf{Z}\},$$

因为整数构成一个阿贝尔群，所以任何一个包含 $n\mathbf{Z}$ 的子群都是正规子群，那么 $\mathbf{Z}/n\mathbf{Z}$ 将构成一个群。我们常常将集合 $\mathbf{Z}/n\mathbf{Z}$ 中的陪集用 0 到 $n-1$ 的整数来代表

$$\mathbf{Z}/n\mathbf{Z} = \{0,1,2,\cdots,n-1\}。$$

例如，$n=6$，有 $\mathbf{Z}/6\mathbf{Z} = \{0,1,2,3,4,5\}$。则加法表如下。

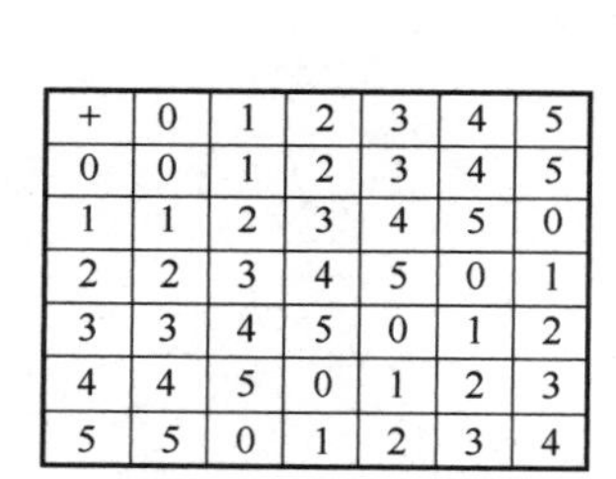

+	0	1	2	3	4	5
0	0	1	2	3	4	5
1	1	2	3	4	5	0
2	2	3	4	5	0	1
3	3	4	5	0	1	2
4	4	5	0	1	2	3
5	5	0	1	2	3	4

下面的定理与正规子群和群同态有关。它的证明当作一次令人愉快的练习。

定理 11.1.2 设 $\sigma: G \to \hat{G}$ 是一个群同态，如果

$$\ker(\sigma) = \{g \in G \mid \sigma(g) = \hat{e}\},$$

其中 $\hat{e}$ 是 $\hat{G}$ 的单位元，那么 $\ker(\sigma)$ 是 G 的一个子群。($\ker(\sigma)$ 称为映射 $\sigma: G \to \hat{G}$ 的核)。

群的研究是正规子群的研究的延伸，通过上面的定理，就和研究群同态等价了。通过研究对象的同态来研究这个对象是 20 世纪中期的一种方针，此即其中一例。

有限群中的关键理论，Sylow 定理将子群的存在性与群中元素个数联系起来。

定义 11.1.7 群 G 中元素的个数称为 G 的阶，记为 $|G|$。

例如，$|S_3| = 6$。

定理 11.1.3 （Sylow 定理）设 G 是一个有限群。

1. p 是一个素数，如果 p^α 整除 $|G|$，那么 G 有一个 p^α 阶的子群；
2. 如果 p^n 整除 $|G|$，但 p^{n+1} 不整除，则对于任意两个 p^n 阶的子

群 H，$\hat{H}$，存在元素 $g\in G$，使得 $gHg^{-1}=\hat{H}$。

3. 如果 p^n 整除 $|G|$，但 p^{n+1} 不整除，则子群的阶 p^n 是 $1+kp$，k 是某个正整数。证明参见 Herstein 的 *Topics in Algebra* [57] 的2.12节。

此定理的重要性在于能从仅一个有限群的元素个数得到不少的信息。

11.2 表示论

群的一个基本的例子是可逆的 n 阶矩阵。表示论研究如何将任意一个给定的抽象群用矩阵群来实现。$n\times n$ 的矩阵乘上一个列向量实际是对向量进行线性变换，我们也可以这样陈述表示论的含义，它是研究怎么把群用线性变换的群来实现。

如果 V 是一个向量空间，用 $\boldsymbol{GL}(V)$ 表示 V 上的线性变换的群。

定义 11.2.1 称群同态

$$\rho: G\to \boldsymbol{GL}(V)$$

是群 G 在向量空间 V 上一个表示。

例如，考虑群 S_3，很自然地有 S_3 在空间 $\mathbf{R}^3$ 上的表示。设

$$\begin{pmatrix}a_1\\a_2\\a_3\end{pmatrix}\in\mathbf{R}^3,$$

$\sigma\in S_3$，定义映射 ρ

$$\rho(\sigma)\begin{pmatrix}a_1\\a_2\\a_3\end{pmatrix}=\begin{pmatrix}a_{\sigma(1)}\\a_{\sigma(2)}\\a_{\sigma(3)}\end{pmatrix},$$

例如，如果 $\sigma=(12)$，则

$$\rho(12)\begin{pmatrix}a_1\\a_2\\a_3\end{pmatrix}=\begin{pmatrix}a_2\\a_1\\a_3\end{pmatrix},$$

写成矩阵有

$$\rho(12)=\begin{pmatrix}0&1&0\\1&0&0\\0&0&1\end{pmatrix},$$

如果 $\sigma=(123)$，由于（123）把(a_1,a_2,a_3)置换成(a_3,a_1,a_2)，我们有

$$\rho(123)\begin{pmatrix}a_1\\a_2\\a_3\end{pmatrix}=\begin{pmatrix}a_3\\a_1\\a_2\end{pmatrix},$$

则

$$\rho(123)=\begin{pmatrix}0&0&1\\1&0&0\\0&1&0\end{pmatrix},$$

其他 S_3 中的元素的矩阵表示留为练习。

表示论的目标是找出一个给定群的所有可能表示，为了能使这个问题有意义，我们先看如何从旧的表示中构造新的表示。

定义 11.2.2 设 G 是一个群，假定我们已有了 G 的表示

$$\rho_1:G\to \boldsymbol{GL}(V_1),$$
$$\rho_2:G\to \boldsymbol{GL}(V_2),$$

这里的 V_1，V_2 可能是不同的向量空间。则 G 在 $V_1\oplus V_2$ 上的直和表示 $(\rho_1\oplus\rho_2):G\to\boldsymbol{GL}(V_1)\oplus\boldsymbol{GL}(V_2)$定义为对于一切 $g\in G$，

$$(\rho_1\oplus\rho_2)(g)=\rho_1(g)\oplus\rho_2(g),$$

注意如果我们把$\rho_1(g)\oplus\rho_2(g)$写成矩阵，它将是一个分块对角矩阵。

如果我们想要将表示分类，就要重点寻找那些不是其他表示的直和的表示。

定义 11.2.3 群 G 在非零向量空间 V 上的一个表示 ρ 是不可约的，如果不存在 V 的子空间 W 使得对于一切 $g\in G$，$w\in W$ 有 $\rho(g)w\in W$。

特别地，如果一个表示是另外两个表示的直和，它就一定不是不可约的。对于很多特殊的群，找出它们的所有不可约表示已经取得了巨大的进展。

表示论在整个自然界中时刻发生，任何时候当你改变坐标，表示就出现了。事实上，许多理论物理学家会把一个基本粒子（如电子）定义为一个某群的表示（这个群描述了世界的内在对称本质）。这一方面的更多知识参见 Sternberg 的 *Group Theory and Physics* [106]，特别是 3.9 节的最后一部分内容。

11.3 环

如果把群看成是只有加法的集合，那么环就是既有加法又有乘法的集合。

定义 11.3.1 非空集合 R 是一个环，如果其上存在两个二元运算，分别记为 $\cdot$ 和 $+$，使得

1. R 对加法 $+$ 构成阿贝尔群，单位元记为 0；
2. （结合律）对于一切 a，b，$c\in R$，$a\cdot(b\cdot c)=(a\cdot b)\cdot c$；
3. （分配率）对于一切 a，b，$c\in R$，

$$a\cdot(b+c)=a\cdot b+a\cdot c,$$

$$(a+b)\cdot c=a\cdot c+b\cdot c,$$

注意环对于运算 $\cdot$ 不要求交换律成立，即不要求 $a\cdot b=b\cdot a$。

如果存在元素 $1\in R$ 使得 $1\cdot a=a\cdot 1$ 对于所有 $a\in R$ 成立，则称 R 是有单位元的环。基本上可能遇到的环都有一个单位元。

整数集 $\mathbf{Z}$ 对普通加法和乘法构成一个环。系数为复数的一元多项式的集合记为 $\mathbf{C}[x]$，对于多项式加法和乘法构成一个环。事实上，系数为复数的 n 元多项式记为 $\mathbf{C}[x_1,\cdots,x_n]$ 也构成一个环。研究环 $\mathbf{C}[x_1,\cdots,x_n]$ 的理论性质是大部分代数几何的核心。复系数多项式常见的研究对象，其他的整系数 $\mathbf{Z}[x_1,\cdots,x_n]$，有理系数多项式 $\mathbf{Q}[x_1,\cdots,x_n]$，实系数多项式 $\mathbf{R}[x_1,\cdots,x_n]$ 自然也是环。事实上，如果任给一个环 R，以之为系数的多项式也构成环，记为 $R[x_1,\cdots,x_n]$。

定义 11.3.2 映射 $\sigma:R\to\hat{R}$，如果满足

$$\sigma(a+b)=\sigma(a)+\sigma(b),$$

$$\sigma(a\cdot b)=\sigma(a)\cdot\sigma(b),$$

对一切 a，$b\in R$ 成立，则称 σ 为一个环同态。

定义 11.3.3 环 R 的子集 I 称为一个理想，如果 I 在 R 的 $+$ 运算下构成子群，并且对任意 $a\in R$ 有 $aI\subset I$，$Ia\subset I$ 成立。

环论中理想的概念与群论中正规子群的概念相对应。它们之间的相似之处表现为下面定理。

定理 11.3.1 设 $\sigma:R\to\hat{R}$ 是一个环同态，那么集合

$$\ker(\sigma)=\{a\in R\mid\sigma(a)=0\}$$

是 R 的一个理想。

粗略证明 我们需要运用结论（留为练习）：对于所有 $x\in\hat{R}$，$x\cdot 0=0\cdot x=0$ 成立。

设 $b\in\ker(\sigma)$，则 $\sigma(b)=0$。给定任意元素 $a\in R$，有

$$\begin{aligned}\sigma(a\cdot b)&=\sigma(a)\cdot\sigma(b)\\&=\sigma(a)\cdot 0\\&=0。\end{aligned}$$

意味着 $a\cdot b\in\ker(\sigma)$。

同样地，$b\cdot a\in\ker(\sigma)$，证明了 $\ker(\sigma)$ 是一个理想。证毕。

定理 11.3.2 设 I 是环 R 的一个理想，集合 $\{a+I\mid a\in R\}$ 在运算

$$(a+I)+(b+I)=(a+b+I),$$
$$(a+I)\cdot(b+I)=(a\cdot b+I)$$

下构成了一个环，记为 R/I。

证明留为练习。

研究环变为研究其理想，或者等价地研究其同态。这又是 20 世纪中期研究环的一大方法。

11.4 域和迦罗瓦理论

我们现在正在进入古典代数的核心。从很大程度上讲，整个高中的代数就是求线性和二次多项式的根。用相似的技巧同样能求出三次和四次的多项式的根，只是复杂了许多。历史上去寻找 5 次或更高次的多项式的根是群论和环论形成的动力，群论和环表明了不存在相似的技术能找到 5 次或更高次的多项式的根，更明确地说，就是不能得到一个和多项式系数有关的求根公式。（参见 *Edwards' Galois Theory* [31]）。

关键是建立一元多项式与有限群之间的联系。迦罗瓦理论揭示了用系数的根式表示多项式的根的能力与相关的群的性质有关。

在叙述这个联系之前，先看域和域的扩张。

定义 11.4.1 如果环 R 满足

1. 有乘法的单位元 1；

2. $a \cdot b = b \cdot a$ 对于一切 a，$b \in R$，成立；

3. 对于任意 $a \neq 0$，存在逆元 a^{-1}，使得 $aa^{-1} = 1$。

例如，整数环不含乘法逆元，因此它不构成域。而有理数，实数，复数都构成域。一元复多项式环 $\mathbf{C}[x]$，对应地有域 $\mathbf{C}(x) = \left\{ \frac{P(x)}{Q(x)} \mid P(x), Q(x) \in \mathbf{C}[x], Q(x) \neq 0 \right\}$。

定义 11.4.2　称域 $\hat{k}$ 是域 k 的扩域，如果满足 k 包含于 $\hat{k}$ 中。

例如，复数域是实数域的扩域。

一旦有了域的概念，我们用域 k 中的系数构造一元多项式环 $k[x]$。更深入的内容如下定理所述。

定理 11.4.1　设 k 是一个域。则存在 k 的扩域 $\hat{k}$ 使得 $k[x]$ 中的任何多项式都有一个根在 $\hat{k}$ 中。

这样的域 $\hat{k}$ 被称为是代数闭的。证明见 *Garling's A Course in Galois Theory* [45]，8.2 节。需要提醒的是，这个证明用到了选择公理。

在说明群是如何与多项式求根有关之前，先回顾一下线性方程的根，方程 $ax + b = 0$ 的根就是 $x = -\frac{b}{a}$，对于二次方程，$ax^2 + bx + c = 0$ 的根是

$$x = \frac{-b \pm \sqrt{b^2 - 4ac}}{2a}。$$

有趣的事情发生了，注意到即使三个系数 a，b，c 都是实数，只要 $b^2 - 4ac < 0$，根式中也会出现复数。进一步地，即使系数都是有理数，根也有可能不是有理数。

这些观察自然地引起了系数的域的扩张。我们将情况限制成系数是有理数的首项系数为一的多项式，设

$$P(x) = x^n + a_{n-1}x^{n-1} + \cdots + a_0,$$

这里每个 $a_k \in \mathbf{Q}$。由代数基本定理（它表述了复数域是实数域的代数闭域），存在复数 α_1，…，α_n 使得

$$P(x) = (x - \alpha_1)(x - \alpha_2)\cdots(x - \alpha_n)。$$

主要的问题是代数基本定理没有告诉我们这些根是什么。我们想要的是像二次方程那样的求根公式。之前说过这样的公式对于三

次和四次的多项式是存在的，迦罗瓦的理论说明了五次及以上的方程不存在这样的求根公式，它的证明需要更多的数学工具。

下面是迦罗瓦理论的概览。我们希望为每个一元有理系数多项式找到一个单独的向量空间，它既是有理数的扩域又包含在复数域中，或者说如果 α_1，…，α_n 是多项式 $P(x)$ 的根，在复数域中包含所有根 α_1，…，α_n 与有理数的最小的域是我们想要的向量空间。我们再看看这个向量空间上的所有到自身的线性变换，我们对其限制使得其上的线性变换是一个域自同构，它将每个有理数都映射到自身。这种限制如此强以至于这种变换的个数是有限的，因而形成了一个有限群。进一步，每一个线性变换是将 $P(x)$ 的每个根映射成另外一个根，而且被这种映射的方式实际决定。因此这个有限群是 n 元置换群的一个子群。最深刻的结论在于这样的有限群决定了根的性质。在某些细节上，假设 $P(x)$ 不可被 $Q(x)$ 约，也就是说，$P(x)$ 不是 $Q(x)$ 中任何一个多项式的乘积。因此，$P(x)$ 的任何根 α 都不可能是有理数。

定义 11.4.3 记 $\mathbf{Q}(\alpha_1,\cdots,\alpha_n)$ 是包含 $\mathbf{Q}$ 和 α_1，…，α_n 的复数域 $\mathbf{C}$ 的最小子域。

定义 11.4.4 设 E 是 $\mathbf{Q}$ 的扩域，并且包含于复数域 $\mathbf{C}$ 中，称 E 是一个分裂域，如果存在一个多项式 $P(x)\in\mathbf{Q}[x]$，使得 $E=\mathbf{Q}(\alpha_1,\cdots,\alpha_n)$，这里 α_1，…，α_n 是 $P(x)$ 在复数域 $\mathbf{C}$ 中的根。

有理域 $\mathbf{Q}$ 上的分裂域 E 实际是 $\mathbf{Q}$ 上的一个向量空间。例如分裂域 $\mathbf{Q}(\sqrt{2})$ 是二维向量空间，因为其中的所有元素可以唯一地写成 $a+b\sqrt{2}$ 的形式，其中 a，$b\in\mathbf{Q}$。

定义 11.4.5 $\mathbf{Q}$ 上的扩域 E 的自同构群 G 是所有域自同构 σ：$E\to E$ 的集合。

域自同构指的是从域 E 到其自身的一个环同态。它是一一映射并且其逆映射也是一个环同态。注意到一个扩域的域自同构的一个性质是将每个有理数映射到其自身（证明留为练习）。

域自同构是域 E 的线性变换，但并不是所有线性变换都是域自同构，下面将看到这点。

定义 11.4.6 给定 $\mathbf{Q}$ 上的一个扩域 E 和自同构群 G，集合 $\{e\in E\mid\sigma(e)=e,\forall\sigma\in G\}$ 称为 G 的不动域。

我们重点关注包含在不动域中那些包含有理数域的域自同构。进一步证明不动域实际是一个 E 的子域。

定义 11.4.7 如果 $\mathbf{Q}$ 上扩域 E 的自同构群 G 的不动域就是有理数域，则称扩域 E 是正规的。

设 G 是 $\mathbf{Q}$ 上的扩域 $\mathbf{Q}(\alpha_1,\cdots,\alpha_n)$ 的自同构群，这里 $\mathbf{Q}(\alpha_1,\cdots,\alpha_n)$ 是多项式

$$\begin{aligned}P(x)&=(x-\alpha_1)(x-\alpha_2)\cdots(x-\alpha_n)\\&=x^n+a_{n-1}x^{n-1}+\cdots+a_0\end{aligned}$$

的分裂域，每个 $a_k\in\mathbf{Q}$。群 G 和多项式的根的联系如下定理所示。

定理 11.4.2 自同构群 G 是 n 元置换群 S_n 的子群，它将置换多项式 $P(x)$ 的根。

粗略证明 我们将说明对任意的 G 中的自同构 σ，每个根 α_i 的像是 $P(x)$ 的另一个根。因此自同构将置换 $P(x)$ 的 n 个根。其中 $\sigma(a)=a$ 对于所有有理数 a 成立这条性质是十分关键的，现在

$$\begin{aligned}P(\sigma(\alpha_i))&=(\sigma(\alpha_i))^n+a_{n-1}(\sigma(\alpha_i))^{n-1}+\cdots+a_0\\&=\sigma(\alpha_i)^n+\sigma(a_{n-1}(\alpha_i)^{n-1})+\cdots+\sigma(a_0)\\&=\sigma((\alpha_i)^n+a_{n-1}(\alpha_i)^{n-1}+\cdots+a_0)\\&=\sigma(P(\alpha_i))\\&=0。\end{aligned}$$

因此 $\sigma(\alpha_i)$ 是另一个根。完成这个证明还需要说明 G 中的自同构 σ 完全由它对根的作用决定，这里我们不再详述。证毕。

真正的高潮部分是下面的定理。

定理 11.4.3 （迦罗瓦理论基本定理）设 $P(x)$ 是 $\mathbf{Q}[x]$ 上的一个不可约多项式，设 $E=\mathbf{Q}(\alpha_1,\cdots,\alpha_n)$ 是它的分裂域，G 是 E 的自同构群。

1. 每个包含有理数域 $\mathbf{Q}$，包含在域 E 中的域 B 是 G 的一个子群的不动域，记这个子群为 G_B。
2. $\mathbf{Q}$ 的扩域 B 是正规的当且仅当子群 G_B 是 G 的一个正规子群。
3. 作为 B 上的向量空间，E 是秩等于 G_B 的阶数。作为 $\mathbf{Q}$ 上的向量空间，B 的秩等于群 G/G_B 的阶数。

不幸的是，在这么短的篇幅内无法将其内涵完全阐释清楚。即便是它为什么被称为该理论基本定理也不易说清。它的重要之处简

略地说在于建立了从扩域 B 到 G_B 的一系列概念，一个往复式的图像如下所示。

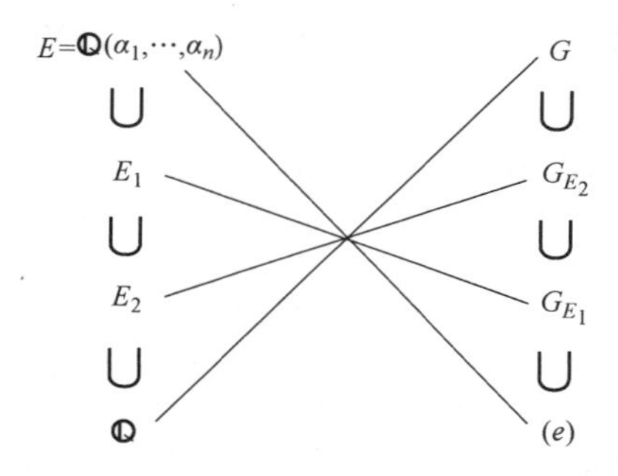

这里的线把子群和它所对应的不动域联系起来了。

但这些和多项式求根有什么关系呢？求根公式是我们想要找到的。为使之更准确，需要下面的定义。

定义 11.4.8 多项式 $P(x)$ 称为可解的，如果它的分裂域 $\mathbf{Q}(\alpha_1,\cdots,\alpha_n)$ 含于 $\mathbf{Q}$ 的一个扩域中，并且是由整数的根式相加得到的。

例如，域 $\mathbf{Q}\{3\sqrt{2},5\sqrt{7}\}$ 是从 $3\sqrt{2}$ 和 $5\sqrt{7}$ 得到的。另一方面，域 $\mathbf{Q}(\pi)$ 不能通过对 $\mathbf{Q}$ 再加根数得到。这说明了 π 是一个超越数。

二次求根公式 $x=\dfrac{-b\pm\sqrt{b^2-4ac}}{2a}$ 表明了二次多项式的根可写成其系数的根式，因此每个二次多项式是可解的。为证明五次或更高次的多项式不存在求根公式，我们需要证明的是：并非所有五次或更高次的多项式都可解。我们希望用多项式的自同构群来描述这个条件。

定义 11.4.9 有限群 G 是可解的，如果有一个嵌套的子群列 G_1，…，G_n 满足 $G=G_0\supseteq G_1\supseteq G_2\supseteq\cdots\supseteq G_n=(e)$，并且每个 G_i 在 G_{i-1} 中正规，G_{i-1}/G_i 是阿贝尔群。

将根写成根式和群的关系有如下定理表示。

定理 11.4.4 多项式 $P(x)$ 是可解的，当且仅当其分裂域的自同构群 G 是可解的。

于是证明高次多项式求根公式不可得变为证明 n 次多项式的自同构群是置换群 S_n 和下述定理。

定理 11.4.5　n 元置换群 S_n 不可解当且仅当 $n \geq 5$。

这个证明不是显然的，绝妙的解答参见 Artins 的 *Galois Theory* [3]。

尽管求根的代数方法不存在，但有许多逼近的方法，这引出了许多数值分析中的基本技巧。

11.5 推荐阅读

代数书从 20 世纪 30 年代开始，经历了一番改变。那时 Van der Waerden 在 Emmy Noether 的基础上写了一本 *Modern Algebra* [113]。第一本反映这种变化的大学课本是 *A Survey of Modern Algebra* [9]，作者是 Garrett Birkhoff 和 Saunders Mac Lane。20 世纪六七十年代的课本是 Herstein [57] 写的 *Topics in Algebra*。现在流行的是由 Fraleigh [41] 写的 *A First Course in Abstract Algebra*，和 Gallian [43] 的 *Contemporary Abstract Algebra*。Serge Lang 的 *Alegbra* [79] 尽管不是一本适合代数初学者的书，但在很长时间内都是研究生的必备教材。你会发现在你的数学生涯中，会用到很多 Lang 的教材。Jacobson 的 *Basic Algebra* [68]、Artin 的 *Algebra* [4] 和 Hungerford 的 *Algebra* [65] 也是很适合初学的研究生阶段教材。

伽罗瓦理论无疑是数学中最美的科目之一。很幸运，我们有很多很好的本科阶段伽罗瓦理论教科书。其中最好（也是最便宜的）书之一是 Emil Artin 的 *Galois Theory* [3]。其他课本是 Ian Stewart 的 *Galois Theory* [107] 和 Garling 的 *A Course in Galois Theory* [45]。Edward 的 *Galois Theory* [31] 是历史发展。对于初学表象理论的读者，我建议阅读 Hill 的 *Groups and Characters* [59] 和 Sternber 的 *Group Theory and Physics* [106]。

11.6 练习

1. 将这本书的一个角看成空间中的固定原点 $(0,0,0)$，将书本该角的一条边记为 x 轴，另两条边分别记为 y 轴和 z 轴。这个练习的目的是演示旋转不是可交换的。设 A 表示将书绕 x 轴旋转 $90°$，B 表示绕 y 轴旋转 $90°$。通过你的书来证明先进行 A 再进行 B 与反过来次序进行是不同的结果。

2. 证明一个群同态的核是一个正规子群。

3. 设 R 是一个环，证明对于一切 $x \in R$，有

$$x \cdot 0 = 0 \cdot x = 0,$$

即使 R 不可交换也成立。

4. 设 R 是一个环，I 是环上的一个理想。证明 R/I 具有环的结构。

5. 证明有理数域上的分裂域 $Q(\sqrt{2})$ 是一个有理数域上的二维向量空间。

6. 给出置换群 S_3

（1）找出 S_3 的所有子群；

（2）证明 S_3 是可解的。

7. 对 S_3 的每个元素，找出它的表示所对应的矩阵。

8. 如果 H 是群 G 的一个正规子群，证明存在一个 H 的左陪集和右陪集之间的一一对应。

9. 设 E 是包含有理数域 $\mathbf{Q}$ 的一个域，σ 是 E 的域自同构。注意，特别有 $\sigma(1)=1$。证明对于一切有理数$\frac{p}{q}$，$\sigma\left(\frac{p}{q}\right)=\frac{p}{q}$。

10. 设 $T:G \to \tilde{G}$ 是一个群同态，证明 $T(g^{-1})=(T(g))^{-1}$，$\forall g \in G$。

11. 设 $T:G \to \tilde{G}$ 是一个群同态，证明群 $G/ker(T)$ 和 $\mathrm{Im}(T)$ 是同构的。这里 $\mathrm{Im}(T)$ 表示 G 在 $\tilde{G}$ 中的像集。

第 12 章 勒贝格积分

基本目标：测度空间
基本映射：可积函数
基本目标：勒贝格控制收敛定理

在微积分中，我们学了函数的黎曼积分，它对很多函数是有用的，不幸的是，只是“很多”。勒贝格测度和勒贝格积分将会对积分定义一个不错的概念，这样我们能对远多于之前的函数进行积分，并且能理解积分号与极限号能交换次序

$$\lim_{n\to\infty}\int f_n = \int \lim_{n\to\infty} f_n,$$

这就是勒贝格控制收敛定理。从某种意义上说，勒贝格积分是上天希望我们一直使用的积分。

我们将先介绍实数上勒贝格测度的概念，再用它定义勒贝格积分。

12.1 勒贝格测度

这节的目标是定义实数集上集合 E 的勒贝格测度，直观地说，就是定义 E 的长度。对于区间

$$E=[a,b]=\{x\in\mathbf{R}\mid a\leqslant x\leqslant b\},$$

E 的长度就是 $\ell(E)=b-a$，如右图所示。

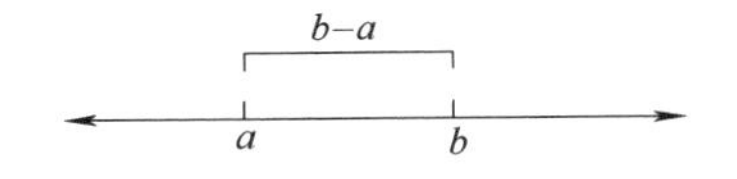

问题是如何决定非区间集合的长度，例如

$$E=\{x\in[0,1]\mid x\in\mathbf{Q}\}。$$

我们将充分使用已知的区间长度，设 E 是实数集的任意子集。

如果有一组可数区间$\{I_n\}$：

$$I_n = \{a_n, b_n\}$$

覆盖了集合E

$$E \subset \cup I_n,$$

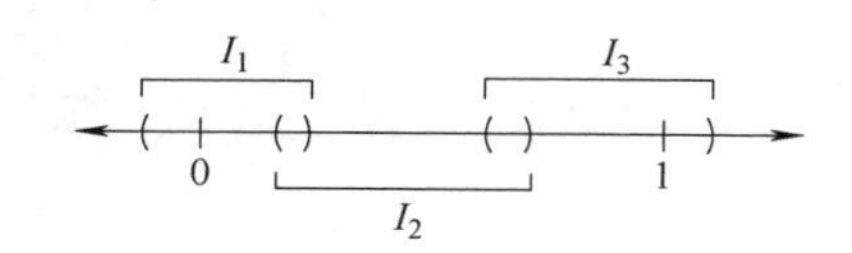

$$E \subset I_1 \cup I_2 \cup I_3$$

那么不管E的长度或测度是多少，一定是要小于I_n之和的。

定义 12.1.1 对于任意$E \subset \mathbf{R}$，记E的外测度为

$$m^*(E) = \inf\{\sum(b_n - a_n) \mid E \subset \cup [a_n, b_n], a_n \leqslant b_n\}。$$

定义 12.1.2 集合E是可测的，如果对任意的集合A有

$$m^*(A) = m^*(A \cap E) + m^*(A - E),$$

那么将E的测度记为$m(E)$，此时与外测度$m^*(E)$相等。

定义这样一个复杂的定义是因为并非所有的集合都是可测的，尽管没人能构造出一个实际的不可测集，这是因为它的存在性用到了选择公理，如同第10章所讲的那样。

还有另一种定义可测集的方法，通过内测度的概念来定义。这里的集合E的内测度我们定义为

$$m_*(E) = \sup\{\sum(b_n - a_n) \mid E \supset \cup [a_n, b_n], a_n \leqslant b_n\},$$

与外测度不同的是，我们不是用一组开区间覆盖E，而是找一组闭区间填满E。

如果$m^*(E) < \infty$，可以证明集合E是可测的当且仅当

$$m^*(E) = m_*(E),$$

不管是什么情况，我们总能有方法来对绝大多数的实数子集求测度。

作为一个例子，我们将证明0到1之间的有理数集（记为E）的测度是0。先假设集合E是可测的然后来证明它的外测度也为0。有理数是可数的这条结论很重要。事实上，可以由其可数将0到1之间的有理数列为一列：a_1，a_2，…。现在找到一个$\varepsilon > 0$，记区间

$$I_1 = \left[a_1 - \frac{\varepsilon}{2}, a_1 + \frac{\varepsilon}{2}\right],$$

则$\ell(I_1)=\varepsilon$，记

$$I_2=\left[a_2-\frac{\varepsilon}{4},a_2+\frac{\varepsilon}{4}\right],$$

则$\ell(I_2)=\dfrac{\varepsilon}{2}$，记

$$I_3=\left[a_3-\frac{\varepsilon}{8},a_3+\frac{\varepsilon}{8}\right],$$

则$\ell(I_3)=\dfrac{\varepsilon}{4}$，一般地，记

$$I_k=\left[a_k-\frac{\varepsilon}{2^k},a_k+\frac{\varepsilon}{2^k}\right],$$

则$\ell(I_k)=\dfrac{\varepsilon}{2^{k-1}}$，

I_1　I_3　I_2

$a_1-\frac{\varepsilon}{2}$　a_1　$a_1+\frac{\varepsilon}{2}$　$a_3-\frac{\varepsilon}{8}$　a_3　$a_3+\frac{\varepsilon}{8}$　$a_2-\frac{\varepsilon}{4}$　a_2　$a_2+\frac{\varepsilon}{4}$

于是自然有

$$E\subset\cup I_n,$$

那么

$$\begin{aligned}m(E)&\leqslant\sum_{n=1}^{\infty}\ell(I_n)\\&=\sum_{k=1}^{\infty}\frac{\varepsilon}{2^{k-1}}\\&=\varepsilon\sum_{k=0}^{\infty}\frac{1}{2^k}\\&=2\varepsilon。\end{aligned}$$

让 $\varepsilon\to0$，则有 $m(E)=0$。

这种证明过程同样适用于证明任意可数集合的测度为 0 的情况。

12.2 康托集

在众多的实分析正例与反例中，康托集在动力系统中扮演着重要角色。它是［0,1］区间里无处稠密测度为 0 的不可数集。无处稠密的意思是康托集的补集的闭包是各个［0,1］区间。我们先构造出

康托集然后证明它的上述性质。

对于每一个正整数 k，我们构造一个 $[0,1]$ 区间的子集 C_k，然后定义康托集为

$$C=\bigcap_{k=1}^{\infty} C_k,$$

$k=1$，我们将 $[0,1]$ 分割为三份，然后去掉中间的一份开区间，记

$$\begin{aligned} C_1 &= [0,1]-\left(\frac{1}{3},\frac{2}{3}\right) \\ &= \left[0,\frac{1}{3}\right]\cup\left[\frac{2}{3},1\right], \end{aligned}$$

0 $\frac{1}{3}$ $\frac{2}{3}$ 1

C_1

然后再将两端的每个区间分为三份，去掉中间的部分得到

$$C_2=\left[0,\frac{1}{9}\right]\cup\left[\frac{2}{9},\frac{1}{3}\right]\cup\left[\frac{2}{3},\frac{7}{9}\right]\cup\left[\frac{8}{9},1\right],$$

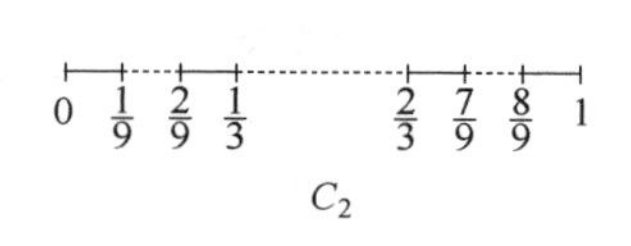

C_2

再对 C_2 的每个区间进行同样的做法得到 C_3，则 C_3 包含 8 个闭区间，长度均为 1/27。这样对每一个正整数 k 都做这样的步骤得到 C_k，它由 2^k 个区间组成，每个长度为$\frac{1}{3^k}$，则 C_k 的长度为$\frac{2^k}{3^k}$。康托集是所有 C_k 的交集：$C=\bigcap_{k=1}^{\infty} C_k$。

有趣的是康托集既是不可数集又是零测集，我们将先后证明这两点。由于 $C=\bigcap_{k=1}^{\infty} C_k$，所以有

$$m(C)<m(C_k)=\frac{2^k}{3^k},$$

因为当 k 趋于无穷的时候，上述值趋于 0，故

$$m(C)=0。$$

证明康托集是不可测集工作量会大一点。实际的证明需要运用康托对角线法的技巧。第一步是将任意 $[0,1]$ 中的实数 α 写为三进制式

$$\alpha=\sum_{k=1}^{\infty}\frac{n_k}{3^k},$$

这里的 n_k 为0，1，2。（这个类似于小数的十进制写法：$\alpha=\sum_{k=1}^{\infty}\frac{n_k}{10^k}$，这里 $n_k=0,1,\cdots,9$），我们可以用三个数字符号来把 α 是三进制式写为三进制小数形式

$$\alpha=0.n_1n_2n_3\cdots。$$

和十进制小数一样，三进制小数的每个数写法总是唯一的，除了下面这种情况我们总是要把后面的数合成1：

$$0.1022\cdots=0.11000\cdots。$$

在三进制数下康托集有着直观的定义，即

$$C=\{0.n_1n_2n_3\cdots\mid n_k=0\text{ 或 }2\}。$$

可以看到去除每个区间中间部分的结果就是没有数“1”的出现，于是康托集就是由“0”和“2”组成的序列的集合，在第10章练习中已证明了其不可测。

12.3　勒贝格积分

积分的一个目的在于求曲线围成的面积。勒贝格积分能让我们求出一些非常古怪的曲线围成的面积。

由定义单位正方形的面积是1（见右图）。

高为 a 宽为 b 的矩形面积为 ab（见右图）。

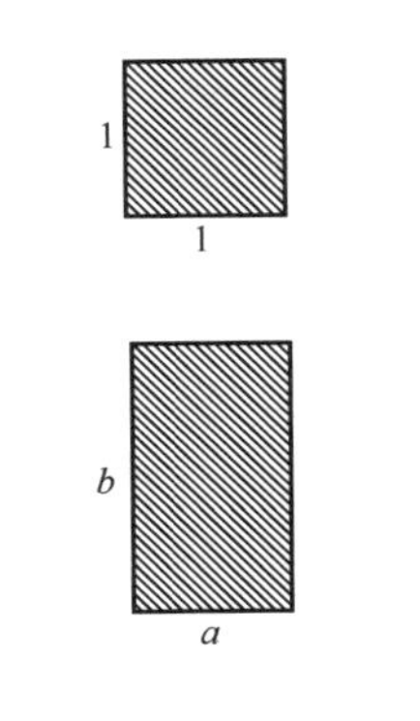

设 E 是 $\mathbf{R}$ 上的可测集。回顾 E 的特征函数 χ_E：

$$\chi_E(t)=\begin{cases}1, & t\in E,\\ 0, & t\in\mathbf{R}-E。\end{cases}$$

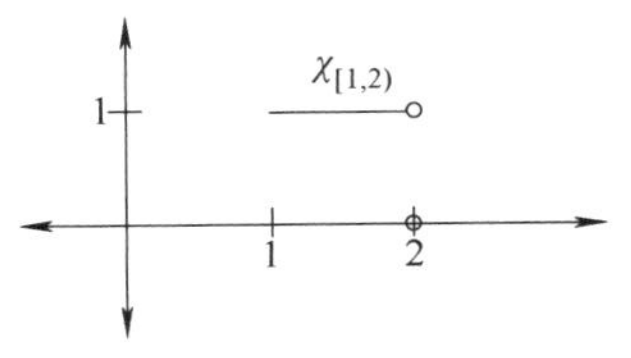

由于 χ_E 的高度是1，那么函数 χ_E（曲线）下的面积就是 E 的长度，更准确地说是测度 $m(E)$，我们记为 $\int_E\chi_E$。而函数 $a\cdot\chi_E$ 下的面积就是 $a\cdot m(E)$。

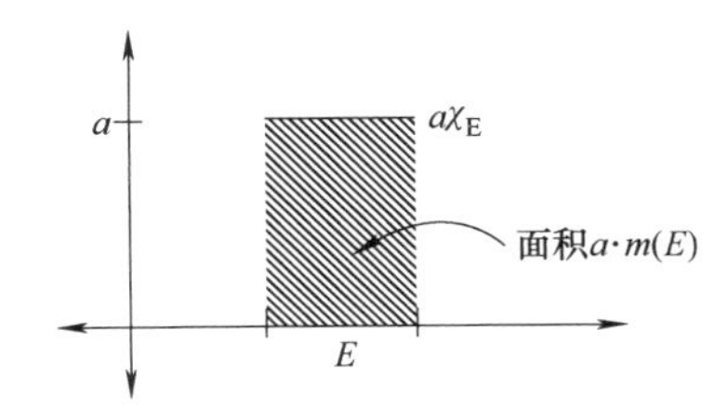

现在设 E，F 是不相交的可测集。则在曲线 $a\cdot\chi_E+b\chi_F$ 下的面积就

是 $a \cdot m(E) + b \cdot m(F)$。

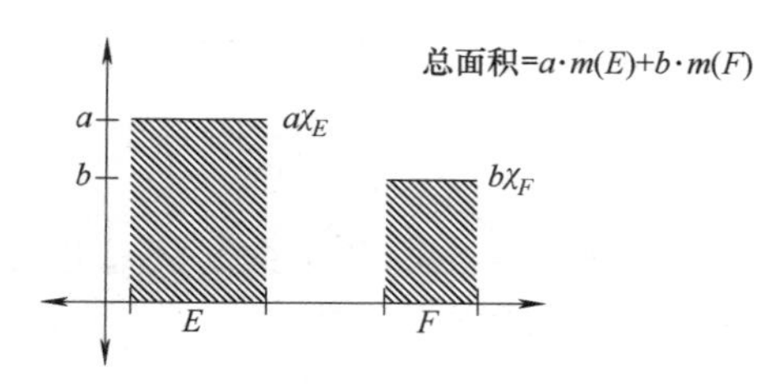

记

$$\int_{E \cup F} a \cdot \chi_E + b\chi_F = a \cdot m(E) + b \cdot m(F)。$$

对一组可数的不相交可测集 A_i，函数

$$\sum a_i \chi_{A_i}$$

被称为阶梯函数。设 E 是一个可测集，定义

$$\int_E \left(\sum a_i \chi_{A_i} \right) = \sum a_i m(A_i \cap E),$$

这样我们已经准备好来定义 $\int_E f$ 了。

定义 12.3.1 函数 $f: E = \mathbf{R} \cup \{\infty\} \cup \{-\infty\}$ 是可测的，如果其定义域 E 是一个可测的，并且对任意固定的 $\alpha \in \mathbf{R} \cup \{\infty\} \cup \{-\infty\}$，集合

$$\{x \in E \mid f(x) = \alpha\}$$

是可测的。

定义 12.3.2 设 f 是 E 的可测函数，f 在 E 上的勒贝格积分为

$$\int_E f = \inf\left\{ \int_E \sum a_i \chi_{A_i} \mid \forall x \in E, \sum a_i \chi_{A_i}(x) \geqslant f(x) \right\},$$

因此我们使用已知的简单阶梯函数的积分，再对其求和来逼近所要求的积分。

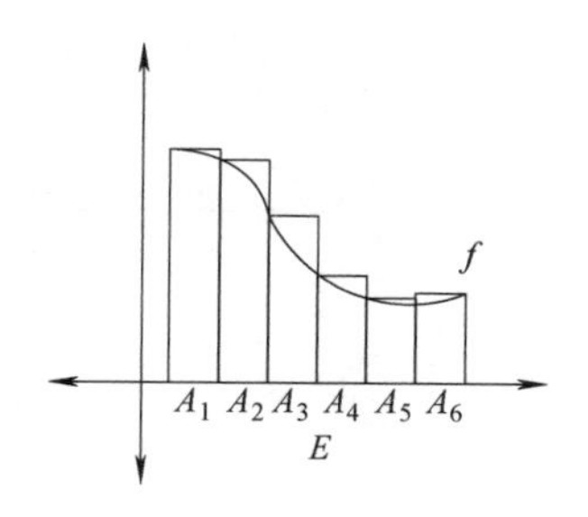

每个黎曼可积的函数一定是勒贝格可积的，但反过来不成立。一个经典的例子，函数 $f \mid [0,1] \to [0,1]$ 把每个有理数映射为 1，把无理数映射为 0。则其勒贝格积分为

$$\int_{[0,1]} f = 0,$$

而它是不存在黎曼积分的，这是第 2 章的一个练习题。

12.4 收敛理论

勒贝格积分不仅让更多的函数可积，并且有

$$\lim_{k\to\infty}\int f_k = \int \lim_{k\to\infty} f_k$$

成立。事实上，如果这个结论不成立我们就会选择积分的另一种定义了。

定理 12.4.1 （勒贝格控制收敛定理）设 $g(x)$ 是集合 E 上的勒贝格可积函数，$\{f_n(x)\}$ 是 E 中一列勒贝格可积函数，并且满足 $|f_k(x)| \leqslant g(x)$，对一切 $x \in E$ 成立，这一函数列点点收敛于函数 $f(x)$，即

$$f(x) = \lim_{k\to\infty} f_k(x)。$$

那么有

$$\int_E \lim_{k\to\infty} f_k(x) = \lim_{k\to\infty}\int_E f_k(x),$$

证明见 Royden 的 *Real Analysis* [95]。第 4 章第 4 节。我们只在此粗略讲一下，如果 $f_k(x)$ 一致收敛于 $f(x)$，从实分析我们知道

$$\lim_{k\to\infty}\int f_k(x) = \int f(x)。$$

（也就是说，函数列 $f_k(x)$ 一致收敛于 $f(x)$，意思是对 $\forall \varepsilon > 0$，存在一个正整数 N 使得 $|f(x) - f_k(x)| < \varepsilon$ 对一切 x 和一切 $k \geqslant N$ 成立。直观地讲，如果将 $f(x)$ 放入围绕它的 ε-通道内，则 $f_k(x)$ 最终也会落入通道中。）证明的思路是 $f_k(x)$ 实际上是一致收敛于 $f(x)$ 的，除了在 E 的一个测度任意小的子集上不是。准确的叙述有下面的命题。

命题 12.4.1 设 $\{f_n(x)\}$ 是 E 一列可测函数，$m(E) < \infty$，假设 $\{f_n(x)\}$ 点点收敛于函数 $f(x)$。给定 $\varepsilon > 0$，$\delta > 0$，存在一个正整数 N 和一个可测集 $A \subset E$，使得 $|f(x) - f_k(x)| < \varepsilon$ 对一切 $x \in E - A$ 和一切 $k \geqslant N$，$m(A) < \delta$ 成立。

于是定理的证明基本想法是

$$\begin{aligned}\int_E \lim_{n\to\infty} f_n &= \int_{E-A} \lim_{n\to\infty} f_n + \int_A \lim_{n\to\infty} f_n \\ &= \lim_{n\to\infty}\int_{E-A} f_n + \max|g(x)| \cdot m(A),\end{aligned}$$

因为我们能选择 A 使其测度任意小，如果令 $m(A)\to 0$ 就得到了想要的结论。

命题的正确性从下面可以看出。（接第 3 章第 6 节 Royden 的证明）设

$$G_n = \{x \in E \mid |f_n(x) - f(x)| \geqslant \varepsilon\},$$

令

$$E_N = \bigcup_{n=N}^{\infty} G_n = \{x \in E \mid |f_n(x) - f(x)| \geqslant \varepsilon, n \geqslant N\},$$

则 $E_{N+1} \subset E_N$。因为 $f_k(x)$ 点点收敛于 $f(x)$，于是一定有 $\cap E_n$（可以认为它是 E_n 的极限集）是空集。对于测度的自然意义来说，一定有 $\lim\limits_{N\to\infty} m(E_N) = 0$。因此给定 $\delta > 0$，我们可以找到一个 E_N 使得 $m(E_N) < \delta$。

这个定理只是勒贝格积分的例子之一，历史上勒贝格积分发展于 20 世纪早期，并带动了许多重要的进步。例如在 20 世纪 20 年代概率论没有严格的理论基础，随着勒贝格积分和正确测度的确立，学科基础迅速建立了。

12.5 推荐阅读

第一本测度的教材是 Halmos [54] 写的，现在这本书还是很棒。我学习测度论用的是 Royden [95] 的书，它从 20 世纪 60 年代开始成为一个标准。Rudin [96] 的书也是一本很好的教材。Frank Jones，国内最好的数学教师之一，最近写了一本好书 [70]。还有 Folland [40] 最近的一本教材也不错。

12.6 练习

1. 设 E 是实数集上的任意可数集，证明 $m(E) = 0$。
2. 设 $f(x)$，$g(x)$ 都是定义域为 E 的勒贝格可积函数，假设

$$A = \{x \in E \mid f(x) \neq g(x)\}$$

测度为 0，你能说说 $\int_E f(x)$ 和 $\int_E g(x)$ 的性质吗？

3. 设 $f(x) = x$ 在 [0,1] 内成立，在其他地方值为 0。由黎曼积

分知

$$\int_0^1 f(x)\,\mathrm{d}x = \frac{1}{2},$$

证明此函数勒贝格可积，并且其勒贝格积分仍是 1/2。

4. 在 $[0,1]$ 上定义

$$f(x) = \begin{cases} 1, & x \in \mathbf{Q}, \\ 0, & x \notin \mathbf{Q}, \end{cases}$$

证明 $f(x)$ 是勒贝格可积，并且积分值为 0。

第 13 章 傅里叶分析

基本对象：实值周期函数
基本映射：傅里叶变换
基本目标：找到周期函数的向量空间的基

13.1 波函数，周期函数和三角学

波在自然界中无时无刻都在发生，从海浪拍打沙滩到撞到墙反弹的回声，再到量子力学中电子状态的跃变。这些使得波的数学理论十分重要。实际上，研究波的数学工具，即傅里叶分析，涉及了众多不同的数学领域。我们只关注其中的一小部分以及一些基本的定义。比如希尔伯特空间和这里有什么关系，傅里叶变换是什么，它如何用于解决微分方程。

当然，所说的波应该是如下的图形：

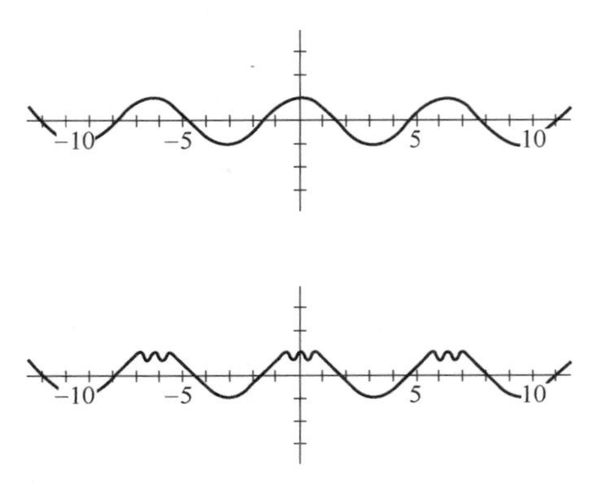

这两条曲线都是用周期函数描述的。

定义 13.1.1　函数 $f:\mathbf{R}\to\mathbf{R}$ 是周期为 L 的函数，如果满足对所有 x 有 $f(x+L)=f(x)$。

换句话说，就是每个 L 长度是函数的一个单元，函数总是经过 L 长度就重复自己。典型的周期函数是三角函数 $\cos(x)$ 和 $\sin(x)$，它们的周期都是 2π。当然函数 $\cos\left(\frac{2\pi x}{L}\right)$ 和 $\sin\left(\frac{2\pi x}{L}\right)$ 也是周期函数，周期为 L。大部分时候人们说函数的周期为 L 时，一般指没有更小的数可以满足 $f(x+L)=f(x)$。根据这个惯例，$\cos(x)$ 的周期是 2π 而不是 4π，尽管对所有的 x 而言，$\cos(x+4\pi)$ 等于 $\cos(x)$，但在这里我们不允许这样。

在入门傅里叶级数的一个中心结论是几乎所有周期函数都可以表示成三角函数的无穷级数。因此在某种程度上，函数 $\cos\left(\frac{2\pi x}{L}\right)$ 和 $\sin\left(\frac{2\pi x}{L}\right)$ 不仅仅是周期函数的典例，更为重要的是，它们可以生成一切周期函数。

13.2　傅里叶级数

现在来看周期函数是怎么被三角函数的级数表示的。先假设函数 f: $[-\pi, \pi]\to\mathbf{R}$ 已经写成了正弦、余弦的级数形式，如下：

$$a_0+\sum_{n=1}^{\infty}(a_n\cos(nx)+b_n\sin(nx))。$$

我们希望先看如何单纯地计算出系数 a_k，b_k，而不考虑无穷级数的所有收敛问题（将在下一节讲）。对任意给定的 k，考虑

$$\begin{aligned}\int_{-\pi}^{\pi}f(x)\cos(kx)\mathrm{d}x &= \int_{-\pi}^{\pi}\Big(a_0+\sum_{n=1}^{\infty}(a_n\cos(nx)+b_n\sin(nx))\Big)\cos(kx)\mathrm{d}x\\ &= \int_{-\pi}^{\pi}a_0\cos(kx)\mathrm{d}x+\\ &\quad\sum_{n=1}^{\infty}\int_{-\pi}^{\pi}\cos(nx)\cos(kx)\mathrm{d}x+\\ &\quad\sum_{n=1}^{\infty}\int_{-\pi}^{\pi}\sin(nx)\cos(kx)\mathrm{d}x。\end{aligned}$$

直接计算积分可知

$$\int_{-\pi}^{\pi}\cos(kx)\,\mathrm{d}x = \begin{cases}2\pi, & k=0,\\ 0, & k\neq 0。\end{cases}$$

$$\int_{-\pi}^{\pi}\cos(nx)\cos(kx)\,\mathrm{d}x = \begin{cases}\pi, & k=n,\\ 0, & k\neq n。\end{cases}$$

$$\int_{-\pi}^{\pi}\sin(nx)\cos(kx)\,\mathrm{d}x = 0。$$

于是

$$\int_{-\pi}^{\pi}f(x)\cos(kx)\,\mathrm{d}x = \begin{cases}2\pi a_0, & k=0,\\ \pi a_n, & k\neq n。\end{cases}$$

同样地，计算积分 $\int_{-\pi}^{\pi}f(x)\sin(nx)\,\mathrm{d}x$，可以得到类似的 b_n 的公式。这个方法告诉我们如何将任意的周期函数写成正弦和余弦的级数形式。

定义 13.2.1 函数 f: $[-\pi, \pi]\to\mathbf{R}$ 的傅里叶级数是

$$a_0 + \sum_{n=1}^{\infty}(a_n\cos(nx) + b_n\sin(nx)),$$

这里

$$a_0 = \frac{1}{2\pi}\int_{-\pi}^{\pi}f(x)\,\mathrm{d}x,$$

$$a_n = \frac{1}{\pi}\int_{-\pi}^{\pi}f(x)\cos(nx)\,\mathrm{d}x,$$

$$b_n = \frac{1}{\pi}\int_{-\pi}^{\pi}f(x)\sin(nx)\,\mathrm{d}x,$$

系数 a_i，b_j 称为振幅，又叫作傅里叶级数的傅里叶系数。

当然，这种定义只能用于上述积分存在的函数。我们将看到好处在于绝大多数函数是实际等于其傅里叶级数的。

将一个函数写为其傅里叶级数还有其他方式。例如对于实数 x 运用 $\mathrm{e}^{\mathrm{i}x}=\cos x+\mathrm{i}\sin x$，傅里叶级数可写为

$$\sum_{n=-\infty}^{\infty}C_n\mathrm{e}^{\mathrm{i}nx},$$

这里，

$$C_n = \frac{1}{2\pi}\int_{-\pi}^{\pi}f(x)\mathrm{e}^{\mathrm{i}nx}\,\mathrm{d}x$$

同样被称为振幅或傅里叶系数。在这一节的剩下部分我们将把傅里

叶级数写成 $\sum_{n=-\infty}^{\infty} C_n e^{inx}$。

为使函数与其傅里叶级数相等（绝大多数都能实现），我们需要对函数的类型做些限制。

定理 13.2.1　设 $f:[-\pi,\pi]\to\mathbf{R}$ 平方可积，即 $\int_{-\pi}^{\pi}|f(x)|^2\mathrm{d}x < \infty$，那么对于几乎所有点，

$$f(x) = \sum_{n=-\infty}^{\infty} C_n e^{inx}。$$

请注意，此定理包含一个事实，即一个平方可积函数的傅里叶级数收敛。此外，上述积分是勒贝格积分。回想一下，几乎处处意味着在除了可能的一个零测集之外的所有点。正如第 12 章练习 2 看到的，两个函数是几乎处处相等的会有积分相等。因此一个平方可积函数等于其傅里叶级数。傅里叶级数就是把一个函数与一组无限的数，即傅里叶系数联系起来。它清楚地给出了一个函数如何是一组无限的复数波 e^{inx} 之和。于是存在一个映射$\mathfrak{F}$将平方可积函数映射为无限复数序列。

$\mathfrak{F}$:平方可积的线性空间→无穷复数序列的某个线性空间，

或者$\mathfrak{F}$:平方可积的线性空间→振幅的无穷序列的某个线性空间，

并且这个映射是一个一一映射。

我们现在将这些陈述用希尔伯特空间的语言描述，这是一个十分重要的向量空间。在给出希尔伯特空间的定义之前，有少量定义要提前给出。

定义 13.2.2　复向量空间 V 上的一个映射 $\langle .\,,\,.\rangle$: $V\times V\to\mathbf{C}$，它满足

1. $\langle av_1+bv_2,v_3\rangle = a\langle v_1,v_3\rangle + b\langle v_2,v_3\rangle$；$(a,b\in\mathbf{C},v_1,v_2,v_3\in V)$
2. $\langle v,w\rangle = \overline{\langle w,v\rangle}$；
3. $\langle v,v\rangle\geqslant 0$，等号当且仅当 $v=0$ 时成立。

则称其为 V 上的内积。

注意，因为$\langle v,v\rangle = \overline{\langle v,v\rangle}$，对一切向量 v，$\langle v,v\rangle$是一个实数，这样上面的第三点才有意义。

在某种程度上，这是 $\mathbf{R}^n$ 的点积在复向量空间中的类似物。事实上，$\mathbf{C}^n$ 中的内积的一个基本例子如下。

设

$$v=(v_1,\cdots,v_n),$$
$$w=(w_1,\cdots,w_n)$$

是 $\mathbf{C}^n$ 中的两个向量，定义

$$\langle v,w\rangle = \sum_{k=1}^{n} v_k \overline{w_k},$$

可以证明它是 $\mathbf{C}^n$ 中的内积。

定义 13.2.3 给定一个 V 上的内积，则 V 上的诱导范数定义为

$$|v| = \langle v,v\rangle^{\frac{1}{2}}。$$

在一个内积空间中，两个向量的内积是 0 则是正交的。进一步地，我们可以解释向量的范数为向量到向量空间的原点的距离的一种测度。于是有了距离的概念后，我们就能在 V 上有一种距离，进而有一个拓扑结构，就如第 4 章所见的，我们将距离设为

$$\rho(v,w) = |v-w|。$$

定义 13.2.4 称距离空间 (X,ρ) 是完备的，如果任意的柯西列收敛。或者说，对 X 中任意的序列 $\{v_i\}$ 满足当 $i,j\to\infty$ 时，$\rho(v_i,v_j)\to 0$，则在 X 存在元素 v 使 $v_i\to v$（即当 $i\to\infty$，$\rho(v_i,v)\to 0$）。

定义 13.2.5 希尔伯特空间是一个内积空间，并且关于其上定义的拓扑是完备的。

下面是一个希尔伯特空间自然的例子。

命题 13.2.1 勒贝格平方可积函数构成的集合

$$\boldsymbol{L}^2[-\pi,\pi] = \{f:[-\pi,\pi]\to\mathbf{C} \mid \int_{-\pi}^{\pi} |f|^2 < \infty\}$$

是一个希尔伯特空间。其中的内积定义为

$$\langle f,g\rangle = \int_{-\pi}^{\pi} f(x)\overline{g(x)}\mathrm{d}x,$$

这个向量空间记为 $\boldsymbol{L}^2$ $[-\pi, \pi]$。

我们需要允许上述定义中函数是勒贝格可积的以使空间是完备的。

一般地，对于任意实数 $p\geq 1$ 和任意区间 $[a,b]$，有向量空间

$$\boldsymbol{L}^p[a,b] = \{f:[a,b]\to\mathbf{R} \mid \int_a^b |f(x)|^p\mathrm{d}x < \infty\},$$

这类空间的研究是巴拿赫空间理论的开端。

另一个希尔伯特空间的典型例子是平方可积序列，记为 l^2。

命题 13.2.2　复数序列集

$$l^2 = \{(a_0, a_1, \cdots) \mid \sum_{j=0}^{\infty} |a_j|^2 < \infty\}$$

是一个希尔伯特空间，其内积定义为

$$\langle (a_0, a_1, \cdots), (b_0, b_1, \cdots) \rangle = \sum_{j=0}^{\infty} a_j \overline{b_j}。$$

我们现在可以用希尔伯特空间的语言重述平方可积函数几乎处处等于它的傅里叶级数这一事实。

定理 13.2.2　对于希尔伯特空间 $\boldsymbol{L}^2[-\pi, \pi]$，函数

$$\frac{1}{\sqrt{2\pi}}e^{inx}$$

是一个正交（Schauder）基，或者说每一个的模长都是 1，并且两两正交，$\boldsymbol{L}^2[-\pi, \pi]$ 的每一个元素都表示成这组基的唯一无限线性组合。

注意到我们用到了名词 Schauder 基，这个基不是在第 1 章定义的基。那里的基要求向量空间的元素能表示成基底的唯一有限线性组合。虽然这样对于希尔伯特空间也存在，但看起来没什么用处（存在性的证明可以由选择公理得到）。更加自然的基是上述定理的基，这里同样要求唯一表示，但允许无限的线性组合。尽管证明函数 $\frac{1}{\sqrt{2\pi}}e^{inx}$ 正交是简单的积分计算，但他们建立基础的证明却困难得多。即重申，一个平方可积的函数等于它的傅里叶级数，也就是：

定理 13.2.3　对于希尔伯特空间 $\boldsymbol{L}^2[-\pi, \pi]$ 中的任意函数 $f(x)$，几乎处处有

$$f(x) = \sum_{n=-\infty}^{\infty} \langle f(x), \frac{1}{\sqrt{2\pi}}e^{inx} \rangle \frac{1}{\sqrt{2\pi}}e^{inx}$$

成立。

因此一个函数的傅里叶级数的系数就是函数与每个基向量的内积，就好像在 $\mathbf{R}^3$ 中向量和标准基 $\begin{pmatrix}1\\0\\0\end{pmatrix}$, $\begin{pmatrix}0\\1\\0\end{pmatrix}$ 和 $\begin{pmatrix}0\\0\\1\end{pmatrix}$ 的点积一样。进一步地，我们可以将函数和其傅里叶系数的关系看成是一个线性变换

$$\boldsymbol{L}^2[-\pi, \pi] \to l^2。$$

自然地，这些定理和公式有周期为 $2L$ 的函数的版本，此时傅里叶级数将是

定义 13.2.6 函数 $f:[-L,L]\to\mathbf{R}$ 有傅里叶级数

$$\sum_{n=-\infty}^{\infty} C_n e^{i\frac{n\pi x}{L}},$$

其中

$$C_n = \frac{1}{2L}\int_{-L}^{L} f(x) e^{\frac{in\pi x}{L}} dx。$$

至今为止，我们没有理会其中的一个微妙之处，即傅里叶级数是无穷级数。下面一节将处理这些问题。

13.3 收敛问题

早在 18 世纪数学家就在尝试看一个给定的函数是否等于其傅里叶级数，然而那时还没有讨论这类问题所需的理论工具，这产生了许多没意义的结论。到 19 世纪末，在狄利克雷，黎曼和吉布斯的工作下，许多问题解决了。

这一节将陈述一些这样的收敛理论。这些定理的证明是困难的。在记号上，我们将函数 $f(x)$ 的傅里叶级数记为

$$a_0 + \sum_{n=1}^{\infty} (a_n \cos(nx) + b_n \sin(nx))。$$

我们想要知道这个级数点点收敛于什么，并且何时它是一致收敛的。

定理 13.3.1 设 $f(x)$ 是连续的，周期为 2π 的函数。则

$$\lim_{N\to\infty}\int_{-\pi}^{\pi}\{f(x) - [a_0 + \sum_{n=1}^{N}(a_n\cos(nx) + b_n\sin(nx))]\}dx = 0,$$

因此对于连续函数，曲线

$$y = 傅里叶级数的部分和。$$

其下的面积将逼近函数曲线 $y=f(x)$ 下的面积。我们说傅里叶级数平均收敛于函数 $f(x)$。

这告诉了我们傅里叶级数在固定点 x 处收敛于什么。现在假设 $f(x)$ 在区间 $[-\pi,\pi]$ 是分段光滑的，意味着 $f(x)$ 在区间 $[-\pi,\pi]$ 分段连续，并且在除去有限个点之外的地方可导，并且导数也是分段连续的。对于这样的函数定义单侧极限

$$f(x+) = \lim_{h\to 0, h>0} f(x+h),$$

$$f(x-)=\lim_{h\to 0,h>0}f(x-h)。$$

定理 13.3.2 如果函数 $f(x)$ 在区间 $[-\pi,\pi]$ 是分段光滑的，那么对于所有的 x，傅里叶级数点点收敛于函数

$$\frac{f(x+)+f(x-)}{2}。$$

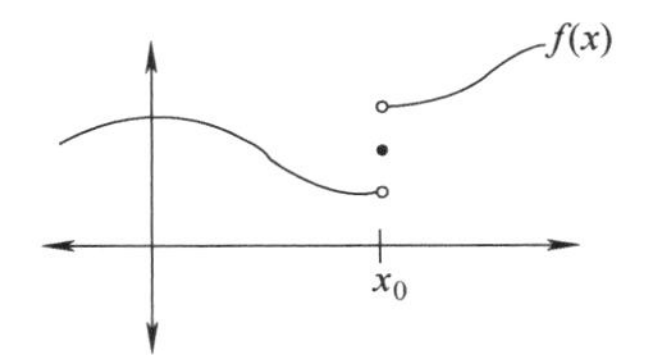

在 $f(x)$ 连续的点处，其单侧极限当然是等于 $f(x)$ 的。因此对于一个连续的分段光滑函数，其傅里叶级数将点点收敛于函数本身。

但如果 $f(x)$ 不是连续的，甚至不是分段光滑的，那么上述的点点收敛就远非一致收敛。与之相关的一个现象叫吉布斯现象。记傅里叶级数的部分和为

$$S_N(x)=\frac{a_0}{2}+\sum_{n=1}^{N}(a_n\cos(nx)+b_n\sin(nx)),$$

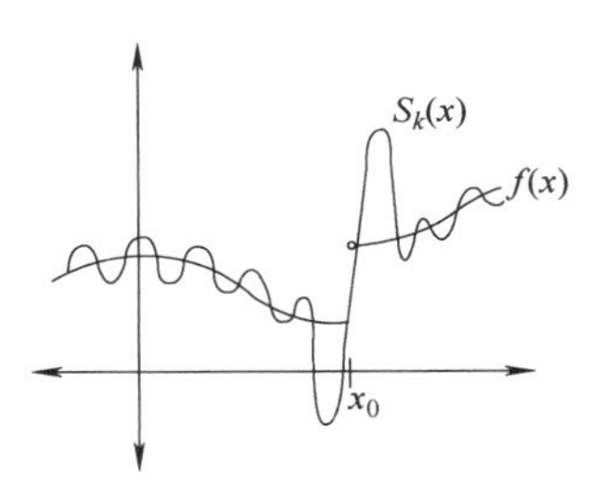

并设 $f(x)$ 在 x_0 处不连续。尽管部分和 $S_N(x)$ 确实收敛于 $\frac{f(x+)+f(x-)}{2}$，但在不同的 x 处收敛速率不同。事实上，当在不连续点 x_0 处收敛得越好，在 x_0 附近就收敛得越差。如图（见右图）所示。

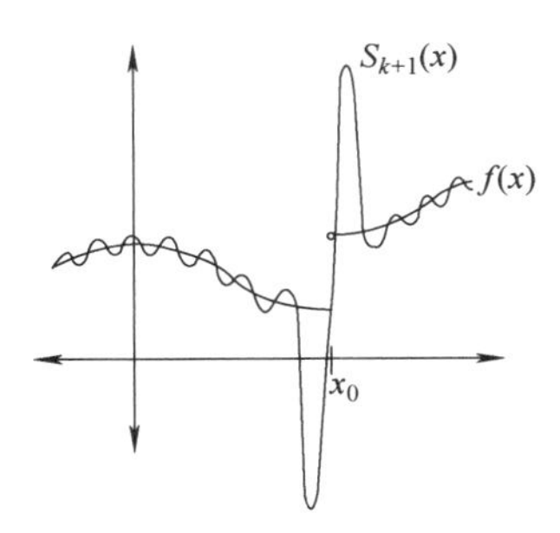

注意到部分和将远离函数 $f(x)$，这就破灭了一致收敛的愿望。

幸运的是，当函数是连续的并且分段光滑时就不会发生这种事。

定理 13.3.3 设函数 $f(x)$ 在区间 $[-\pi,\pi]$ 是连续并分段光滑，$f(-\pi)=f(\pi)$，则其傅里叶级数将一致收敛于 $f(x)$。

于是对于一些适当的函数，我们就可以安全地将其替换为傅里叶级数然后进行积分。

这些定理的证明见 Harry F. Davis 的 *Fourier Series and Orthogonal Functions* [24]，第 3 章。

13.4 傅里叶积分和变换

许多函数 f: $\mathbf{R}\to\mathbf{R}$ 都不是周期性的，但是所有函数在某种意义下都是周期为无限的函数。傅里叶积分就是当我们让周期 L 区域无穷时产生的结论$\left(\text{此时序列}\frac{n\pi x}{L}\text{趋于零}\right)$，在傅里叶级数中的加法符号变成了一个积分，结论如下。

定义 13.4.1 设函数$f:\mathbf{R}\to\mathbf{R}$的傅里叶积分为

$$\int_0^{\infty}(a(t)\cos(tx)+b(t)\sin(tx))\mathrm{d}t,$$

其中

$$a(t)=\frac{1}{\pi}\int_{-\infty}^{\infty}f(x)\cos(tx)\mathrm{d}x,$$

$$b(t)=\frac{1}{\pi}\int_{-\infty}^{\infty}f(x)\sin(tx)\mathrm{d}x。$$

傅里叶积分也可写作

$$\int_{-\infty}^{\infty}C(t)\mathrm{e}^{itx}\mathrm{d}t$$

其中

$$C(t)=\frac{1}{2\pi}\int_{-\infty}^{\infty}f(x)\mathrm{e}^{itx}\mathrm{d}x,$$

还有其他的形式。

主要的定理是

定理 13.4.1 设$f:\mathbf{R}\to\mathbf{R}$是可积的$\left(\text{也就是}\int_{-\infty}^{\infty}|f(x)|\mathrm{d}x<\infty\right)$，那么除去一个零测集，函数$f(x)$等于其傅里叶积分。

和傅里叶级数一样，这里的积分是勒贝格积分。进一步地，注意零测集，它贯穿于分析学却经常被忽略。

就如我们将要看到的，有一大部分实用的傅里叶积分存在于傅里叶变换中。

定义 13.4.2 可积函数$f(x)$的傅里叶变换是

$$\Im(f(x))(t)=\int_{-\infty}^{\infty}f(x)\mathrm{e}^{-itx}\mathrm{d}x。$$

傅里叶变换可以看成是对应于傅里叶级数的系数。通过一个积分

$$\frac{1}{2\pi}\int_{-\infty}^{\infty}\Im(f(x))(t)\mathrm{e}^{itx}\mathrm{d}t$$

可以看到我们对于函数的适当限制。于是傅里叶变换是傅里叶级数幅度的连续模拟，因为我们把原始函数$f(x)$写成复波e^{itx}由变换得到的系数的乘积的和（这里是积分）。（同样，常数$\frac{1}{2\pi}$会变的，傅里叶变换中积分前的常数乘积是需要的，上面的积分等于1。）

我们将在下一节看到，在实际应用中你多数是在知道原始函数

前先知道傅里叶变换。

现在我们能将傅里叶变换看成是一个一对一映射。

$$\Im: \text{函数的线性空间} \to \text{不同的函数的线性空间。}$$

将傅里叶变换考虑成振幅，则是

$$\Im: \text{位置空间} \to \text{振幅空间。}$$

由于勒贝格积分的线性性质，该映射也是线性的。傅里叶变换的主要作用在于，在这些向量空间中的一个空间与其他空间之间，函数的代数性质和解析性质可以用傅里叶级数进行解释。

命题 13.4.1　设 $f(x,t)$ 是一个可积函数，当 $x\to\pm\infty$ 时，$f(x,t)\to 0$。记 $\Im(f(x))(u)$ 表示关于 x 的傅里叶变换。那么

1. $\Im\left(\dfrac{\partial f}{\partial x}\right)(u) = \mathrm{i}u\,\Im(f(x))(u)$；
2. $\Im\left(\dfrac{\partial^2 f}{\partial x^2}\right)(u) = -u^2\,\Im(f(x))(u)$；
3. $\Im\left(\dfrac{\partial f(x,t)}{\partial t}\right)(u) = \dfrac{\partial}{\partial t}(\Im(f(x,t))(u)$。

我们将证明结论 1，其实就是简单地分部积分就行了，然后再对结论 3 简要地证明。

由傅里叶变换的定义，我们有

$$\Im\left(\frac{\partial f}{\partial x}\right)(u) = \int_{-\infty}^{\infty}\frac{\partial f}{\partial x}\mathrm{e}^{-\mathrm{i}ux}\mathrm{d}x,$$

通过分部积分，

$$\mathrm{e}^{-\mathrm{i}ux}f(x,t)\mid_{-\infty}^{\infty} + \mathrm{i}u\int_{-\infty}^{\infty}f(x,t)\mathrm{e}^{-\mathrm{i}ux}\mathrm{d}x = \mathrm{i}u\int_{-\infty}^{\infty}f(x,t)\mathrm{e}^{\mathrm{i}ux}\mathrm{d}x。$$

因为当 $x\to\pm\infty$ 时，$f(x,t)\to 0$，于是等于

$$\mathrm{i}u\,\Im(f)。$$

对于结论 3，有

$$\Im\left(\frac{\partial f(x,t)}{\partial t}\right)(u) = \int_{-\infty}^{\infty}\frac{\partial f(x,t)}{\partial t}\mathrm{e}^{-\mathrm{i}ux}\mathrm{d}x。$$

因为这个积分是关于 x 的积分，偏导是关于 t 的，所以等于

$$\frac{\partial}{\partial t}\int_{-\infty}^{\infty}f(x,t)\mathrm{e}^{-\mathrm{i}ux}\mathrm{d}x。$$

这个就是

$$\frac{\partial}{\partial t}(\Im(f(x,t))(u),$$

证毕。

下一节我们将用这个命题将处理一个偏微分方程降为处理一个常微分方程（通常能被求解）。我们还需要一个定义。

定义 13.4.3 函数 $f(x)$，$g(x)$ 的卷积为

$$(f*g)(x) = \int_{-\infty}^{\infty} f(u)g(x-u)\mathrm{d}u,$$

通过直接积分，卷积的傅里叶变换是每个函数的傅里叶变换之积，也就是

$$\Im(f*g) = \Im(f)\Im(g)。$$

因此，傅里叶变换将原始向量空间中的卷积变换成像向量空间中的乘积。当我们处理偏微分方程时这个十分重要，因为在某个时候我们遇到两个傅里叶变换的乘积就可以将其看成是一个函数，即卷积的傅里叶变换。

13.5 求解微分方程

这个问题的想法是傅里叶变换可以将一个微分方程变换得更为简单。我们将用这种技术求解描述热的偏微分方程。这里傅里叶变换将把偏微分方程变为一个常微分方程，这个常微分方程是可以求解的。一旦我们知道了傅里叶变换，就几乎总能导出原始方程。

在下一章中，我们将推导热传导方程，但现在我们将把它作为已知结论，热流通过一个无限细的长棒由下面方程描述。

$$\frac{\partial h}{\partial t} = c\frac{\partial^2 h}{\partial x^2},$$

x

其中 $h(x,t)$ 表示在时刻 t 和位置 x 的温度，c 是一个给定常数。我们从一个初始的温度分布函数 $f(x)$ 开始，然后我们设法找到一个函数 $h(x,t)$ 满足

$$\frac{\partial h}{\partial t} = c\frac{\partial^2 h}{\partial x^2},$$

给定初始条件

$$h(x,0) = f(x)。$$

进一步地，当 $x\to\pm\infty$ 时，$f(x)\to 0$。这意味着长棒上 x 很大处的位置的初始温度是 0。由物理意义，我们假定不管最后的解 $h(x,t)$ 如何，当 $x\to\pm\infty$ 时总是 $h(x,t)\to 0$。

关于偏微分方程的变量 x 进行傅里叶变换：

$$\frac{\partial h}{\partial t}=k\cdot\frac{\partial^2 h}{\partial x^2}$$

得到

$$\Im\left(\frac{\partial h(x,t)}{\partial t}\right)(u)=\Im\left(k\cdot\frac{\partial^2 h(x,t)}{\partial x^2}\right)(u),$$

即

$$\frac{\partial}{\partial t}\Im(h(x,t))(u)=-ku^2\,\Im(h(x,t))(u)。$$

现在$\Im(h(x,t))(u)$是关于 u，t 的函数。x 仅仅是一个符号，使我们想起原始 PDE（偏微分方程）。

将变量 u 看成一个常数，这当然是我们在关于 t 求偏导时要做的，然后我们可以将上面的方程写成常微分方程形式

$$\frac{\mathrm{d}}{\mathrm{d}t}\Im(h(x,t))(u)=-ku^2\,\Im(h(x,t))(u),$$

这个方程的求解也可以通过直接验证

$$\Im(h(x,t))(u)=C(u)\mathrm{e}^{-ku^2t},$$

其中 $C(u)$是单变量 u 的函数，因为只把 t 看成变量，则 $C(u)$是一个常数。我们将先通过初始温度函数 $f(x)$ 找到 $C(u)$。我们知道 $h(x,0)=f(x)$，于是对于 $t=0$，

$$\Im(h(x,0))(u)=\Im(f(x))(u),$$

当 $t=0$，函数 $C(u)\mathrm{e}^{-ku^2t}$就是 $C(u)$，于是当 $t=0$ 时，

$$\Im(f(x))(u)=C(u)。$$

因为$f(x)$是假定已知的，我们能计算其傅里叶变换，再计算 $C(u)$。于是，

$$\Im(h(x,t))(u)=\Im f(x))(u)\mathrm{e}^{-ku^2t}。$$

假设我们在某时知道一个函数 $g(x,t)$满足其关于 x 的傅里叶变换是

$$\Im(g(x,t))(u)=\mathrm{e}^{-ku^2t},$$

如果这样的函数 $g(x,t)$存在，那么

$$\Im(h(x,t))(u)=\Im(f(x))(u)\cdot\Im(g(x,t))(u)。$$

因为两个傅里叶变换的乘积可以写成一个卷积的傅里叶变换，因此，

$$\Im(h(x,t)(u)=\Im(f(x)*g(x,t)),$$

因为我们能从一个函数的傅里叶变换求出原始函数，意味着这个热传导方程的解为

$$h(x,t)=f(x)*g(x,t)。$$

因此如果我们能找到一个函数 $g(x,t)$，使其傅里叶变换为 e^{-ku^2t}，我们就能求解这个热传导方程。幸运的是，我们不是第一个尝试这个方法的人，多年来很多这样的计算已经完成，一些这样的函数被列成表以备用。（如果要自己做这个事，需要定义傅里叶逆变换的概念，再对函数 e^{-ku^2t} 进行傅里叶逆变换，它并不比傅里叶变换复杂，我们不在此做了。）不管怎样它被解决了，我们可以写出

$$\Im\left(\frac{1}{\sqrt{4\pi kt}}e^{\frac{-x^2}{4kt}}\right)=e^{-ku^2t},$$

于是热传导方程的解是

$$h(x,t)=f(x)*\frac{1}{\sqrt{4\pi kt}}e^{\frac{-x^2}{4kt}}。$$

13.6 推荐阅读

因为傅里叶分析从 CAT 扫描到素数的分布问题都有应用，故关于傅里叶分析的书的目标读者十分广泛，数学水平成熟程度十分不同也就不足为奇了。Barbara Hubbard 的 *The World According to Wavelets* [63] 是一本好书，其前半部分是傅里叶级数的非技术性的描述，第二部分是严格的数学讨论。顺便说一句，小波是傅里叶级数中的新热点，它已有了深刻的实际应用。Davis 的 *Fourier Series and Orthogonal Functions* [24] 是一本传统务实的入门书籍。稍微进阶的书是 Folland 的 *Fourier Analysis and its Applications* [38]。Seeley 的 *An Introduction to Fourier Series and Integrals* [98] 是一本简短有趣的书。Jackson 的 *Fourier Series and Orthogonal Polynomials* [67] 较为老式但仍值得一读。对于学习坚定的学生，20 世纪 30 年代以来 Zygmund 的 *Trigonometric Series* 是经典读物 [116]。

13.7 练习

1. 在向量空间

$$\boldsymbol{L}^2[-\pi,\pi]=\left\{f\mid[-\pi,\pi]\to\mathbf{C}\mid\int_{-\pi}^{\pi}|f|^2<\infty\right\}$$

中，证明

$$\langle f,g\rangle = \int_{-\pi}^{\pi} f(x)\,\overline{g(x)}\,\mathrm{d}x$$

正如这章所说的，确实是一个内积。

2. 运用傅里叶变换，将求解波动方程

$$\frac{\partial^2 y}{\partial t^2} = k\frac{\partial^2 y}{\partial x^2}$$

变为求解一个常微分方程，其中 k 是一个常数。

3. 考虑函数

$$f_n(x) = \begin{cases} 2n, & -\dfrac{1}{n} < x < \dfrac{1}{n}, \\ 0, & \text{其他。} \end{cases}$$

计算每个 $f_n(x)$ 的傅里叶变换，画出每个 $f_n(x)$ 及其傅里叶变换的图。比较这些图形并给出结论。

14

第 14 章 微分方程

基本对象：微分方程

基本目标：求解微分方程

14.1 基本知识

一个微分方程可以简单地是一个方程，也可以是一组方程。这种方程的未知数是函数，这个函数必须要能满足这个方程，其中包括了函数以及其导数。比如

$$\frac{\mathrm{d}y}{\mathrm{d}x}=3y$$

就是一个微分方程，它的未知函数是函数 $y(x)$。同样，

$$\frac{\partial^2 y}{\partial x^2}-\frac{\partial^2 y}{\partial x\partial t}+\frac{\partial y}{\partial x}=x^3+3yt$$

是一个微分方程，其未知函数是有两个变量的函数 $y(x,t)$。微分方程有两个分支：常微分方程（ODE）和偏微分方程（PDE）。常微分方程的未知数是一个单变量函数，因此$\frac{\mathrm{d}y}{\mathrm{d}x}=3y$ 和$\frac{\mathrm{d}^2 y}{\mathrm{d}x^2}+\frac{\mathrm{d}y}{\mathrm{d}x}+\sin(x)y=0$ 都是常微分方程。我们将在下一节看到，很多常微分方程原则上都能有解。

偏微分方程的未知函数是多元函数，例如

$$\frac{\partial^2 y}{\partial x^2}-\frac{\partial^2 y}{\partial t^2}=0$$

和

$$\frac{\partial^2 y}{\partial x^2}+\left(\frac{\partial y}{\partial t}\right)^3=\cos(xt),$$

这里的未知函数是 $y(x,t)$，对于偏微分方程，一提到求解事情就变得十分不明。我们将讨论分离变量的方法，替换变量的巧妙方法（如果这也能称为一种方法的话）。第三种方法就如已经在第 13 章讲的，用傅里叶变换的方法。

另外还有一种对于微分方程的分类方法：线性和非线性的。一个微分方程称为齐次线性的，如果给定两个解 f_1，f_2 和任意两个数 λ_1，λ_2，则函数

$$\lambda_1 f_1 + \lambda_2 f_2$$

是方程的另一个解。这样的解将会构成一个向量空间。例如，$\frac{\partial^2 y}{\partial x^2} - \frac{\partial^2 y}{\partial t^2} = 0$ 是齐次线性的。一个微分方程称为线性的，如果将微分方程中的单独的独立变量的函数移除，该微分方程变为一个齐次线性微分方程。方程 $\frac{\partial^2 y}{\partial x^2} - \frac{\partial^2 y}{\partial t^2} = x$ 是线性的，因为如果我们将函数 x 移除就会变成一个齐次线性微分方程。线性微分方程的一个重要事实是它们的解空间构成一个向量空间的子空间，这样就可以运用代数的理论了。非线性微分方程自然就是不是线性的微分方程。

实际应用中，每当有一个量关于另一个量变化时就有微分方程产生。物理中基本的定律都能用微分方程表示，牛顿第二定律：

$$力 = 质量 \cdot 加速度$$

就是一个微分方程：

$$力 = 质量 \cdot \left(\frac{\mathrm{d}^2\ 位移}{\mathrm{d}x^2}\right)。$$

14.2　常微分方程

在求解一个常微分方程时必须要解开导数。因此求解一个常微分方程基本上就在进行积分。事实上，在常微分方程和积分理论中有一些同样类型的问题。

绝大多数合理的函数（比如连续函数）能被积分。但实际要一个函数的积分是一个众所周知的函数（例如多项式，三角函数，反三角函数，指数和对数函数）通常做不到。同样，在常微分方程中，

绝大多数都有解，但仅有一小部分能被解出。因此在标准大学二年级的工程类常微分方程的课程中有一套用于特殊函数的技巧介绍⊖。

在这一节中我们关注在自然初始条件下，常微分方程有解并且解唯一这一事实。我们先看单个常微分方程的求解如何能被简化为求解一个一次常微分方程组的问题。一次常微分方程组就是关于未知函数 $y_1(x),\cdots,y_n(x)$ 的一些方程

$$\frac{\mathrm{d}y_1}{\mathrm{d}x}=f_1(x,y_1,\cdots,y_n),$$
$$\vdots$$
$$\frac{\mathrm{d}y_n}{\mathrm{d}x}=f_n(x,y_1,\cdots,y_n),$$

从下面形式的微分方程开始

$$a_n(x)\frac{\mathrm{d}^n y}{\mathrm{d}x^n}+\cdots+a_1(x)\frac{\mathrm{d}y}{\mathrm{d}x}+a_0(x)y(x)+b(x)=0。$$

我们引入新变量

$$y_0(x)=y(x),$$
$$y_1(x)=\frac{\mathrm{d}y_0}{\mathrm{d}x}=\frac{\mathrm{d}y}{\mathrm{d}x},$$
$$\vdots$$
$$y_{n-1}(x)=\frac{\mathrm{d}y_{n-2}}{\mathrm{d}x}=\cdots=\frac{\mathrm{d}^{n-1}y_0}{\mathrm{d}x^{n-1}}=\frac{\mathrm{d}^{n-1}y}{\mathrm{d}x^{n-1}},$$

则这个常微分方程的解 $y(x)$ 将引出下面一次常微分方程组的解

$$\frac{\mathrm{d}y_0}{\mathrm{d}x}=y_1,$$
$$\frac{\mathrm{d}y_1}{\mathrm{d}x}=y_2,$$
$$\vdots$$
$$\frac{\mathrm{d}y_{n-1}}{\mathrm{d}x}=-\frac{1}{a_n(x)}(a_{n-1}(x)y_{n-1}+a_{n-2}(x)y_{n-2}+\cdots+a_0(x)y_0+b(x)),$$

如果我们能求解所有一次常微分方程组，我们就能求解所有的这样的常微分方程。因此常微分方程的存在唯一性理论可以用一次常微

⊖ 有这些技巧的原因和模式包含了方程的对称性的详细研究。详见 Peter Olverd 的 *Applications of Lie Groups to Differential Equations* [90]。

分方程组的语言来表述。

先来定义我们感兴趣的一类特殊方程。

定义 14.2.1　定义在区域 $T \in \mathbf{R}^{n+1}$ 上的函数 $f(x, y_1, \cdots, y_n)$ 是李普希茨（Lipschitz）函数，如果它是连续的，并且存在一个常数 N 使得对任意的 T 中的点 $(x, y_1, \cdots, y_n)$ 和 $(\hat{x}, \hat{y}_1, \cdots, \hat{y}_n)$，有

$$|f(x, y_1, \cdots, y_n) - f(\hat{x}, \hat{y}, \cdots, \hat{y}_n)| \leqslant N \cdot (|y_1 - \hat{y}_1| + \cdots + |y_n - \hat{y}_n|)$$

成立。函数应是李普希茨函数并不是对一个函数的主要限制，比如任意在一个开集上一阶连续可导的函数一定在其上的任意连通紧集上是李普希茨函数。

定理 14.2.1　一次常微分方程组

$$\frac{\mathrm{d}y_1}{\mathrm{d}x} = f_1(x, y_1, \cdots, y_n),$$
$$\vdots$$
$$\frac{\mathrm{d}y_n}{\mathrm{d}x} = f_n(x, y_1, \cdots, y_n)$$

中的函数 f_1，…，f_n 在区域 T 上是李普希茨函数，对于每个实数 x_0 将在区间 $(x_0 - \varepsilon, x_0 + \varepsilon)$ 上有解 $y_1(x), \cdots, y_n(x)$。进一步地，给定区域 T 中的点 $(x_0, a_1, \cdots, a_n)$，满足初始条件

$$y_1(x_0) = a_1,$$
$$\vdots$$
$$y_n(x_0) = a_n$$

的解是唯一的。

由两个方程组成的一次常微分方程组

$$\frac{\mathrm{d}y_1}{\mathrm{d}x} = f_1(x, y_1, y_2),$$
$$\frac{\mathrm{d}y_2}{\mathrm{d}x} = f_2(x, y_1, y_2),$$

其解 $(y_1(x), y_2(x))$ 将是平面 $\mathbf{R}^2$ 上的曲线。该定理陈述了正好存在一个解曲线经过任意给定点 (a_1, a_2)。在某种意义上，常微分方程较偏微分方程容易求解是因为我们在为常微分方程找解曲线（一个一维类型的问题），而对于偏微分方程来说，其解集将是更高维的，因而更复杂。

我们将建立比卡（Picard）迭代来求解，并简要说明为何这种迭

代在求解微分方程时有用。

对于这个迭代过程，函数 $y_{1_k}(x,),\cdots,y_{n_k}(x,)$ 将被构造出来以逼近真实解 $y_1(x,),\cdots,y_n(x)$。先对每个 i 设

$$y_{i_0}(x)=a_i,$$

在第 k 步时，定义

$$y_{1_k}(x)=a_1+\int_{x_0}^{x}f_1(t,y_{1_{k-1}}(t),\cdots,y_{n_{k-1}}(t))\mathrm{d}t,$$

$$\vdots$$

$$y_{n_k}(x)=a_n+\int_{x_0}^{x}f_n(t,y_{1_{k-1}}(t),\cdots,y_{n_{k-1}}(t))\mathrm{d}t,$$

关键是每个这些都将收敛于一个解。

方法是考虑下面序列，对于每个 i，

$$y_{i_0}(x)+\sum_{k=0}^{\infty}(y_{i_k}(x)-y_{i_{k-1}}(x)),$$

其 N 项部分和是函数 $y_{i_N}(x)$。证明这个序列收敛归结为证明

$$|y_{i_k}(x)-y_{i_{k-1}}(x)|$$

足够快地接近 0。这个绝对值等于

$$\left|\int_{x_0}^{x}[f_i(t,y_{1_{k-1}}(t),\cdots,y_{n_{k-1}}(t))-f_i(t,y_{1_{k-2}}(t),\cdots,y_{n_{k-2}}(t))]\mathrm{d}t\right|$$

$$\leqslant\int_{x_0}^{x}|f_i(t,y_{1_{k-1}}(t),\cdots,y_{n_{k-1}}(t))-f(t,y_{1_{k-2}}(t),\cdots,y_{n_{k-2}}(t))|\mathrm{d}t,$$

后面积分的大小可以用李普希兹条件来控制，证明它是趋于 0 的。

14.3 拉普拉斯算子

14.3.1 平均值原理

在 $\mathbf{R}^n$ 中，函数 $u(x)=u(x_1,\cdots,x_n)$ 的拉普拉斯算子是

$$\Delta u=\frac{\partial^2 u}{\partial x_1^2}+\cdots+\frac{\partial^2 u}{\partial x_n^2},$$

可以验证偏微分方程

$$\Delta u=0$$

是齐次线性的，因此其解将构成一个向量空间。这些解十分重要，以至于要给它命名。

定义 14.3.1　函数 $u(x)=u(x_1,\cdots,x_n)$ 是 $\Delta u=0$ 的解，则称此函数是调和的。

拉普拉斯算子的重要性在于其解，即调和函数满足平均值原理，这是我们的下一个话题。对于任意的点 $a\in\mathbf{R}^n$，设

$$S_a(r)=\{x\in\mathbf{R}^n \mid |x-a|=r\},$$

这是以 a 为圆心，半径为 r 的球体。

定理 14.3.1　（平均值原理）如果 $u(x)=u(x_1,\cdots,x_n)$ 是调和函数，则在任意 $a\in\mathbf{R}^n$，

$$u(a)=\frac{1}{S_a(r)\text{ 的面积}}\int_{S_a(r)}u(x),$$

因此 $u(a)$ 等于在 $u(x)$ 任意以 a 为球心的球体上的均值。对于 $n=2$ 情形的证明可以在几乎任意复分析书上看到。对于一般情形，可见 G. Folland 的 *Introduction to Partial Differential Equations* [39]，2. A。

在实际中，人们通常想要找到给定初始条件下的调和函数。这个称为

狄利克雷问题　设 R 是 $\mathbf{R}^n$ 中的一个区域，边界为 ∂R。假设 g 是定义在该边界的函数。狄利克雷问题就是要求 R 上的函数满足在 R 上

$$\Delta f=0,$$

并且在 ∂R 上，

$$f=g。$$

这个类型的偏微分方程问题在经典物理学中总是存在的。它也是用于研究热传导方程的稳态解的偏微分方程。我们将在下一节中看到热流满足偏微分方程

$$\frac{\partial^2 u}{\partial x_1^2}+\cdots+\frac{\partial^2 u}{\partial x_n^2}=c\cdot\frac{\partial u}{\partial t},$$

其中 $u(x_1,\cdots,x_n,t)$ 表示在 t 时刻在 $(x_1,\cdots,x_n)$ 处的温度。稳态解不随时间发生变化，因此满足

$$\frac{\partial u}{\partial t}=0,$$

因此，一个稳态解应满足

$$\Delta u=\frac{\partial^2 u}{\partial x_1^2}+\cdots+\frac{\partial^2 u}{\partial x_n^2}=0,$$

所以，这是一个调和函数。

14.3.2 变量分离

有许多求解调和函数和狄利克雷问题的方法，至少在区域较为合理的情况下是这样。这里我们讨论分离变量的方法，这个方法通常可以被用来求解热传导方程和波动方程。但是顺带说一下，这种方法并不总是奏效。

我们将看一个特别的例子，并且尝试求出

$$\frac{\partial^2 u}{\partial x^2}+\frac{\partial^2 u}{\partial y^2}=0$$

在单位正方形中的解函数，其边界条件为

$$u(x,y)=\begin{cases}h(x), & y=1,\\ 0, & x=0,x=1 \text{ 或 } y=0。\end{cases}$$

这里 $h(x)$ 是某个定义在正方形的上边的初始特殊函数。

关键是假定该解是如下形式

$$u(x,y)=f(x)g(x),$$

其中

$$f(0)=0,g(0)=0,f(1)=0,f(x)g(1)=h(x)。$$

这并不合理，很少有两个变量函数能写成两个单变量函数的乘积。唯一可能的理由是能找到这样的一个解，这也正是我们要做的（要将这一段完整地结束，我们本还要证明该解的唯一性，但我们不这样做了）。如果 $u(x,y)=f(x)g(y)$，并且 $\Delta u=0$，那么需要

$$\frac{\mathrm{d}^2 f}{\mathrm{d}x^2}g(y)+f(x)\frac{\mathrm{d}^2 g}{\mathrm{d}y^2}=0,$$

即

$$\frac{\frac{\mathrm{d}^2 f}{\mathrm{d}x^2}}{f(x)}=\frac{\frac{\mathrm{d}^2 g}{\mathrm{d}y^2}}{g(y)},$$

等号两侧都取决于完全不同的变量，因此都必须等于一个常数。用边界条件 $f(0)=f(1)=0$ 我们可以证明此常数必须是负数，我们记为 $-c^2$，因此我们要

$$\frac{\mathrm{d}^2 f}{\mathrm{d}x^2}=-c^2 f(x)$$

和

$$\frac{d^2g}{dy^2}=c^2g(y)$$

两个二阶常微分方程的解为

$$f(x)=\lambda_1\cos(cx)+\lambda_2\sin(cx)$$

和

$$g(y)=\mu_1e^{cy}+\mu_2e^{-cy}。$$

现在来用边界条件，$f(0)=0$ 意味着 $\lambda_1=0$，由 $g(0)=0$ 可知 $\mu_1=-\mu_2$，$f(1)=0$ 可推出 $\lambda_2\sin(cx)=0$。这个条件意味着常数 c 必须是

$$c=k\pi,k=0,1,2,\cdots$$

的形式。于是解的形式为

$$u(x,y)=f(x)g(y)=C_k\sin(k\pi x)(e^{k\pi y}-e^{-k\pi y}),$$

C_k 为某常数。

但是我们同样希望 $u(x,1)=h(x)$。我们需要用到拉普拉斯算子是线性的，因而该解是可相加的这一性质。通过对 $c=k\pi$ 加上各种解，我们令

$$u(x,y)=\sum C_k(e^{k\pi y}-e^{-k\pi y})\sin(k\pi x),$$

剩下的就是找 C_k 了。因为要 $u(x,1)=h(x)$，必须有

$$h(x)=\sum C_k(e^{k\pi}-e^{-k\pi})\sin(k\pi x),$$

这是一个正弦函数级数，通过上一章讨论的傅里叶分析，我们知道

$$C_k(e^{k\pi}-e^{-k\pi})=2\int_0^1 h(x)\sin(k\pi x)\mathrm{d}x=\frac{2h(x)(1-\cos k\pi)}{k\pi},$$

因此解为

$$u(x,y)=\frac{2h(x)}{\pi}\sum_{k=1}^{\infty}\frac{1-\cos k\pi}{k(e^{k\pi}-e^{-k\pi})}\sin(k\pi x)(e^{k\pi y}-e^{-k\pi y}),$$

尽管形式不好看，但它确是一个解。

14.3.3 在复分析上的应用

我们将要快速地看一下调和函数的应用。第9章的目标是研究复解析函数 $f:U\to\mathbf{C}$，这里 U 是复数域中的开集。一种描述这样的函数 $f=u+iv$ 的方法是其实部和虚部要满足柯西-黎曼方程 $\frac{\partial u(x,y)}{\partial x}=\frac{\partial v(x,y)}{\partial y}$ 和 $\frac{\partial u(x,y)}{\partial y}=-\frac{\partial v(x,y)}{\partial x}$。

实值函数 u,v 都是调和的。u 的调和性（v 的也类似）可以通过用柯西-黎曼方程看出

$$\begin{aligned}\Delta u &= \frac{\partial^2 u}{\partial x^2}+\frac{\partial^2 u}{\partial y^2}\\ &= \frac{\partial}{\partial x}\frac{\partial v}{\partial y}+\frac{\partial}{\partial y}\frac{-\partial v}{\partial x}\\ &= 0。\end{aligned}$$

复分析的一个方法就是在实值函数 u，v 的调和性上着力。

14.4 热传导方程

我们将首先描述被称为热传导方程的偏微分方程，并给出一个物理的依据以解释为何这种特殊的方程可以模拟热流。在 $\mathbf{R}^3$ 的一个区域中，坐标仍是通常的 x，y，z，记 $u(x,y,z,t)$ 表示在 t 时刻在 (x,y,z) 处的温度。

定义 14.4.1 热传导方程是

$$\frac{\partial^2 u}{\partial x^2}+\frac{\partial^2 u}{\partial y^2}+\frac{\partial^2 u}{\partial z^2}=c\cdot\frac{\partial u}{\partial t},$$

c 是一个常数。

通常从特殊初始的温度分布函数开始，例如

$$u(x,y,z,0)=f(x,y,z),$$

这里的 $f(x,y,z)$ 是某个已知的给定函数。

热传导方程在整个数学领域和科学领域中都很突出。热是一种传播过程，而热传导方程是描述任意传播过程的偏微分方程。有许多求解热传导方程的技术，事实上，我们在 13 章用傅里叶分析求解了一维的情形。在上一节用分离变量法求解了拉普拉斯方程（同样也可以在这里用）。

现在来看为什么这种方程称为“热传导方程”。正如上一节所见，

$$\Delta u=\frac{\partial^2 u}{\partial x^2}+\frac{\partial^2 u}{\partial y^2}+\frac{\partial^2 u}{\partial z^2}$$

是拉普拉斯算子。在非直线坐标中，拉普拉斯算子将有不同的形式，但热传导方程一直都是

$$\Delta u = c\frac{\partial u}{\partial t}。$$

为了简单，我们看一维情形。将一条无限长棒记为 x 轴。尽管热和温度的基础定义是复杂而困难的，我们假设已经有了温度的概念，而热可以通过温度的改变来度量。$u(x,t)$ 表示在 t 时刻在 x 处的温度。我们用 Δu，Δx，Δt 等符号表示变量的改变量。注意这里的符号 Δ 不是拉普拉斯算子符号。

Δx

x轴

有三个与此相关的重要常数都来源于现实世界：密度 ρ，热导率 k，比热 σ。在棒上 Δx 长度的质量将是 $\rho\Delta x$，如果长 Δx 的部分的温度从 u 升到了 $u+\Delta u$，则温度将变化 $\sigma\rho\Delta x\Delta u$。热导率 k 是一个常数，而

$$k\cdot\frac{\Delta u}{\Delta x}\Big|_x$$

是通过棒上固定点 x 可以传过的热量。通过物理实验这些常数可以被证明存在。

我们想要看有多少热量进入和流出了区间 $[x,x+\Delta x]$。通过两种方法计算热流然后让 Δx 趋于0，就会导出热传导方程。首先如果棒上长 Δx 的部分的温度从 u 升到了 $u+\Delta u$，则温度将变化 $\sigma\rho\Delta x\Delta u$。然后在点 $x+\Delta x$ 处，经过时间 Δt 流出的热量将是

$$k\cdot\frac{\Delta u}{\Delta x}\Big|_{x+\Delta x}\Delta t,$$

$-k\frac{\Delta u}{\Delta x}\Big|_x$ Δt 经过x端的热量

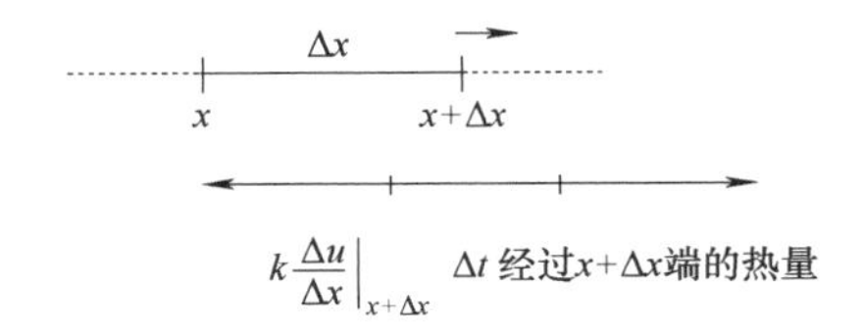

在点 x 处，经过时间 Δt 流出的热量将是

$$-k\cdot\frac{\Delta u}{\Delta x}\Big|_x\Delta t,$$

Δx 上的热量变化为

$$\left(k\frac{\Delta u}{\Delta x}\Big|_{x+\Delta x}-k\frac{\Delta u}{\Delta x}\Big|x\right)\Delta t.$$

于是

$$k\cdot\left(\frac{\Delta u}{\Delta x}\bigg|_{x+\Delta x}-\frac{\Delta u}{\Delta x}\bigg|_{x}\right)\Delta t=\sigma\rho\Delta x\Delta u,$$

因此

$$\frac{\left(\frac{\Delta u}{\Delta x}\Big|_{x+\Delta x}-\frac{\Delta u}{\Delta x}\Big|_{x}\right)}{\Delta x}=\frac{\sigma\rho}{k}\frac{\Delta u}{\Delta t}。$$

令 Δx，Δt 趋于 0，可以得到热传导方程

$$\frac{\partial^2 u}{\partial x^2}=\frac{\sigma\rho}{k}\frac{\partial u}{\partial t},$$

可以看到常数 $c=\frac{\sigma\rho}{k}$。

再次说明，至少有两种方法可以求解热传导方程，一是用傅里叶分析，二是用分离变量。

14.5 波动方程

14.5.1 来源

正如其名，这种偏微分方程是源于对波的描述而推导的。同样，我们将陈述波动方程，并解释为何这种特殊的方程可以描述波。

一个 xy 平面上的横波在 x 方向上的传播应该就像这样

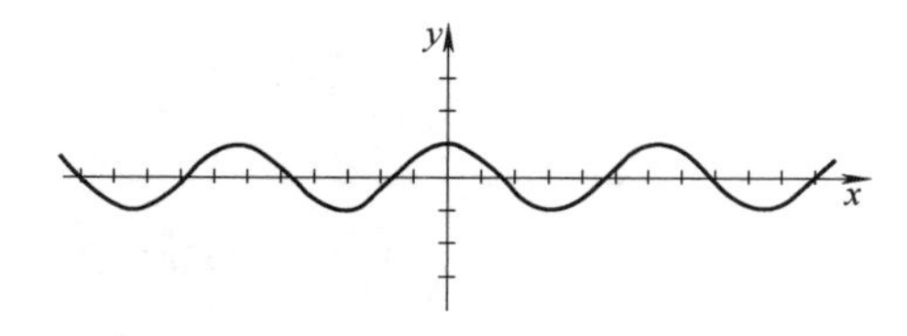

解函数记为 $y(x,t)$，即在 t 时刻位置 x 处的 y 坐标。有两个独立变量的波动方程是

$$\frac{\partial^2 y}{\partial x^2}-c\frac{\partial^2 y}{\partial t^2}=0,$$

其中 c 是一个正数。一般我们会知道这个波的初始位置，即一个初始函数 $f(x)$。

$$y(x,0)=f(x)。$$

一般地，有 n 个变量 x_1，…，x_n，且初始条件是 $f(x_1,\cdots,x_n)$ 的波动方程是

$$\frac{\partial^2 y}{\partial x_1^2}+\cdots+\frac{\partial^2 y}{\partial x_n^2}-c\frac{\partial^2 y}{\partial t^2}=0,$$

且

$$y(x_1,\cdots,x_n,0)=f(x_1,\cdots,x_n)$$

在非直线坐标中，波动方程将是

$$\Delta y(x_1,\cdots,x_n,t)-c\frac{\partial^2 y}{\partial t^2}=0。$$

来看为什么它被称为波动方程。当然需要一些物理上的假设。假设波是在有弹性的介质上运动的线，意味着在任意偏移下都存在一个回复力使之位置复原。再进一步假设初始干扰很小。设线的密度为 ρ，并且有拉力 $\boldsymbol{T}$ 在线上（这个拉力我们称作回复力），方向是与线相切的。最后假设线只能是垂直运动。

考虑波

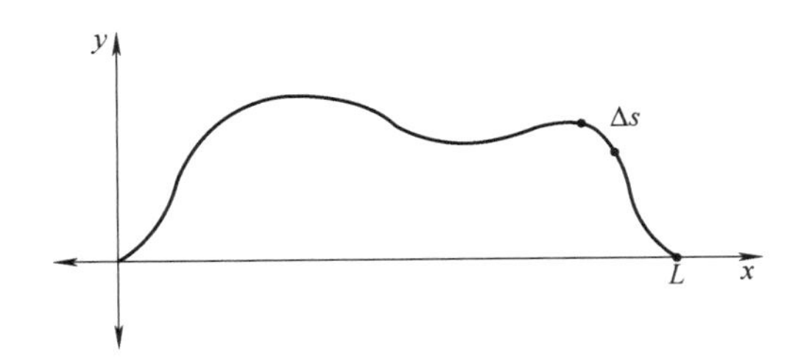

设 s 是曲线的弧长。我们想要用两种不同的方法计算作用在曲线小段 Δs 上的回复力，然后让 Δs 趋于0。因为密度是 ρ，小段 Δs 的质量就是 $\rho\Delta s$。加速度是一个二阶的导数，由于假定了线只能是垂直运动，则加速度就是 $\frac{\partial^2 y}{\partial t^2}$，于是力就是

$$\rho\Delta s\,\frac{\partial^2 y}{\partial t^2}。$$

由于假定了位移是很小的，可以用 Δx 近似替代 Δs。

Δs / Δx　　$\Delta s \sim \Delta x$

则回复力是

$$\rho\Delta x\,\frac{\partial^2 y}{\partial t^2}。$$

现在用另一种方法来计算它。图中每点上的拉力 $\boldsymbol{T}$ 给了曲线一个切向的加速度，我们只需要其 y 方向的分量。

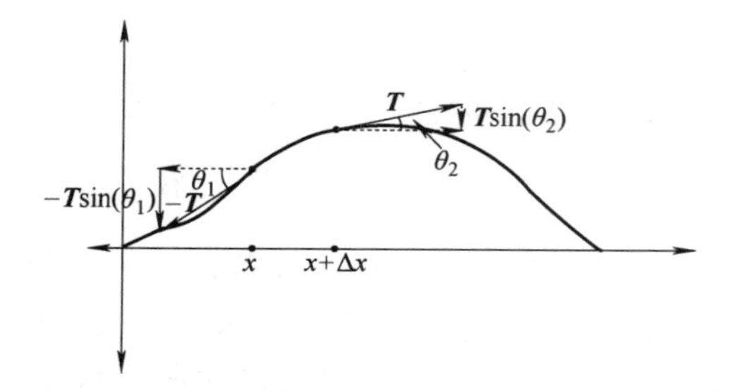

在点 $x+\Delta x$ 处，回复力是 $\boldsymbol{T}\sin\theta_2$，在 x 处，回复力是 $-\boldsymbol{T}\sin\theta_1$。因为角度 θ_1，θ_2 很小，可以有下面的近似

$$\sin\theta_1 \sim \tan\theta_1 = \frac{\partial y}{\partial x}\bigg|_x,$$

$$\sin\theta_2 \sim \tan\theta_2 = \frac{\partial y}{\partial x}\bigg|_{x+\Delta x}。$$

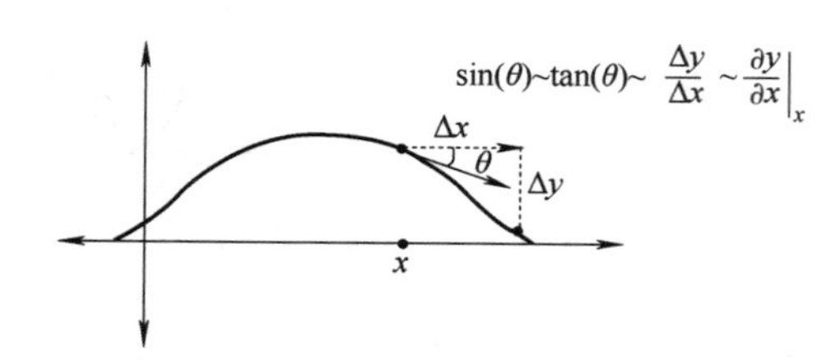

于是可以记回复力为

$$\boldsymbol{T}\left(\frac{\partial y}{\partial x}\bigg|_{x+\Delta x} - \frac{\partial y}{\partial x}\bigg|_x\right)。$$

现在用这两种不同的方法都计算了回复力，它们应该相等，于是有

$$T\left(\left.\frac{\partial y}{\partial x}\right|_{x+\Delta x}-\left.\frac{\partial y}{\partial x}\right|_{x}\right)=\rho\Delta x\frac{\partial^2 y}{\partial t^2}$$

变为

$$\frac{\left.\frac{\partial y}{\partial x}\right|_{x+\Delta x}-\left.\frac{\partial y}{\partial x}\right|_{x}}{\Delta x}=\frac{\rho}{T}\frac{\partial^2 y}{\partial t^2}。$$

令 $\Delta x\to 0$，得到波动方程

$$\frac{\partial^2 y}{\partial x^2}=\frac{\rho}{T}\frac{\partial^2 y}{\partial t^2}。$$

现在来看解的样子。我们假设 $y(0)=0$，$y(L)=0$，L 是某个常数。我们将波限制在固定的端点中。

本章末的练习将会要你用分离变量法和通过傅里叶变换求解此波动方程，其解是

$$y(x,t)=\sum_{n=1}^{\infty}k_n\sin\left(\frac{n\pi x}{L}\right)\cos\left(\frac{n\pi t}{L}\right),$$

其中

$$k_n=\frac{2}{L}\int_0^L f(x)\sin\left(\frac{n\pi x}{L}\right)\mathrm{d}x。$$

14.5.2　变量代换

有时候一个巧妙的变量代换可以使一个偏微分方程变得更容易处理。你将在下面波动方程求解中看到这一点。取一段无限长的线，假设我们在中间位置猛拉一下然后让它运动。

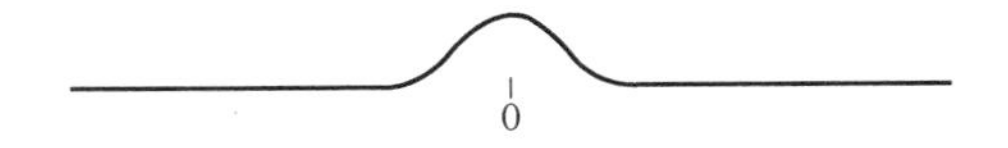

短暂的一段时间后，可以得到

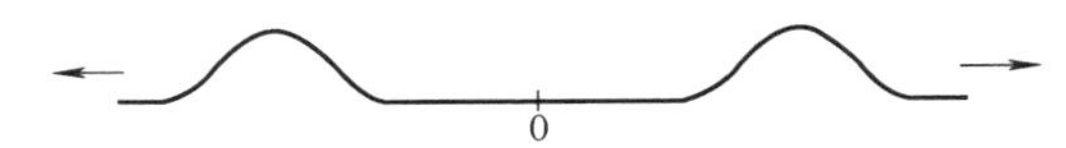

相似的两个波向相反方向运动且速度一样。

我们假设要求解

$$\frac{\partial^2 y}{\partial x^2}-\frac{1}{c^2}\frac{\partial^2 y}{\partial t^2}=0,$$

初始条件为

$$y(x,0)=g(x),$$
$$\frac{\partial y}{\partial t}(x,0)=h(x)。$$

$g(x)$，$h(x)$是给定函数。注意我们将方程中的常数重写为$\frac{1}{c^2}$，这仅是为了下面计算中的方便。

现在做变量代换，令

$$u=x+ct,$$
$$v=x-ct。$$

用链式法则，这将把波动方程变为

$$\frac{\partial^2 y}{\partial u\partial v}=0,$$

我们通过直接的两个积分就能解出这个方程。得到

$$y(u,v)=A(v)+B(u),$$

其中$A(v)$是$a(v)$的积分常量，相对于v来说$B(u)$表示积分常数。所以$y(u,v)$是两者的和，现在还未知，至于函数，每个函数只有一个变量，

代回原来的变量，则有

$$y(u,v)=A(x-ct)+B(x+ct),$$

由初始条件

$$g(x)=y(x,0)=A(x)+B(x),$$
$$h(x)=\frac{\partial y}{\partial t}(x,0)=-cA'(x)+cB'(x),$$

对于后面的等式，对其关于x进行积分，得到

$$\int_0^x h(s)\mathrm{d}s+C=-cA(x)+cB(x)。$$

因为$g(x)$，$h(x)$是已知函数，于是

$$A(x)=\frac{1}{2}g(x)-\frac{1}{2c}\int_0^x h(s)\mathrm{d}s-\frac{C}{2c},$$
$$B(x)=\frac{1}{2}g(x)+\frac{1}{2c}\int_0^x h(s)\mathrm{d}s+\frac{C}{2c}。$$

那么解就是

$$\begin{aligned}y(x,t)&=A(x-ct)+B(x+ct)\\&=\frac{g(x-ct)+g(x+ct)}{2}+\frac{1}{2c}\int_{x-ct}^{x+ct}h(s)\mathrm{d}s。\end{aligned}$$

这称为达朗贝尔（d′Alembert）方程。注意到如果初始速度 $h(x)=0$，则解就简化为

$$y(x,t)=\frac{g(x-ct)+g(x+ct)}{2},$$

尽管这是标准的解决波动方程的方法，我参考了 Davis 的 *Fourier Series and Orthogonal Functions* [24]。

这种方法没有解决的问题是怎么找到一个好的坐标变换。只能说这个是艺术而不是科学。

14.6　求解失败：可积性条件

对于一个偏微分方程组来说没有已知的方法能判断它什么时候有解。尽管通常有一些有解的必要条件（称为可积性条件）。

我们来看最简单的情形。什么时候函数 $f(x,y)$ 满足

$$\frac{\partial f}{\partial x}=g_1(x,y),$$

$$\frac{\partial f}{\partial y}=g_2(x,y),$$

其中 g_1，g_2 都是可导函数。

定理 14.6.1　上述偏微分方程组有解 f，当且仅当

$$\frac{\partial g_1}{\partial y}=\frac{\partial g_2}{\partial x},$$

在此情形下，可积性条件就是 $\frac{\partial g_1}{\partial y}=\frac{\partial g_2}{\partial x}$，它也是一般情形下的可积性条件的模型。

证明　先假设解 f 满足

$$\frac{\partial f}{\partial x}=g_1(x,y),$$

$$\frac{\partial f}{\partial y}=g_2(x,y),$$

那么，

$$\frac{\partial g_1}{\partial y}=\frac{\partial}{\partial y}\frac{\partial f}{\partial x}=\frac{\partial}{\partial x}\frac{\partial f}{\partial y}=\frac{\partial g_2}{\partial x},$$

因此，可积性条件仅是可交换偏导次序后的结果。

反向的证明需要做更多的事情。需要说的是，格林定理将很重要。我们需要找到一个函数f满足偏微分方程组。给定平面上任意点(x,y)，令γ是从原点$(0,0)$到(x,y)的任意光滑曲线。令

$$f(x,y)=\int_{\gamma}g_1(x,y)\mathrm{d}x+g_2(x,y)\mathrm{d}y,$$

我们先证明函数$f(x,y)$是良好定义的，即它的值与所选的路径γ独立。设τ是从原点$(0,0)$到(x,y)的另一光滑曲线。这将会使我们得出$\frac{\partial \hat{f}}{\partial x}=g_1(x,y)$和$\frac{\partial \hat{f}}{\partial y}=g_2(x,y)$。

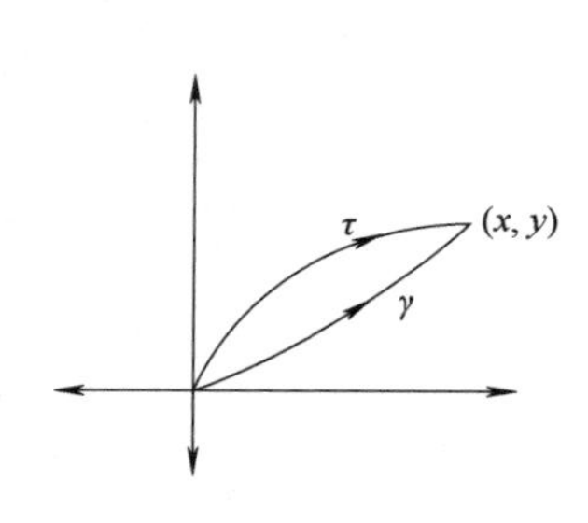

我们想要证

$$\int_{\gamma}g_1(x,y)\mathrm{d}x+g_2(x,y)\mathrm{d}y=\int_{\tau}g_1(x,y)\mathrm{d}x+g_2(x,y)\mathrm{d}y,$$

我们可考虑γ-τ这一闭曲线，其围成的区域记为R。（注意，也许该闭曲线围成了几个区域，但我们可以对每个区域都进行下面的过程。）由格林定理，

$$\begin{aligned}\int_{\gamma}g_1\mathrm{d}x+g_2\mathrm{d}y-\int_{\tau}g_1\mathrm{d}x+g_2\mathrm{d}y&=\int_{\gamma-\tau}g_1\mathrm{d}x+g_2\mathrm{d}y\\&=\int_R\left(\frac{\partial g_2}{\partial x}-\frac{\partial g_1}{\partial y}\right)\mathrm{d}x\mathrm{d}y\\&=0,\end{aligned}$$

于是函数$f(x,y)$是良好定义的。

现在来证明f满足

$$\frac{\partial f}{\partial x}=g_1(x,y),$$

$$\frac{\partial f}{\partial y}=g_2(x,y),$$

我们只证明第一式，因为第二式类似。关键是我们将这个问题归结为微积分基本定理的问题。考虑任意从原点$(0,0)$到(x_0,y_0)的路径γ及其延伸$\gamma'=\gamma+\tau$，这里τ是从(x_0,y_0)到(x,y_0)的水平线段。那么

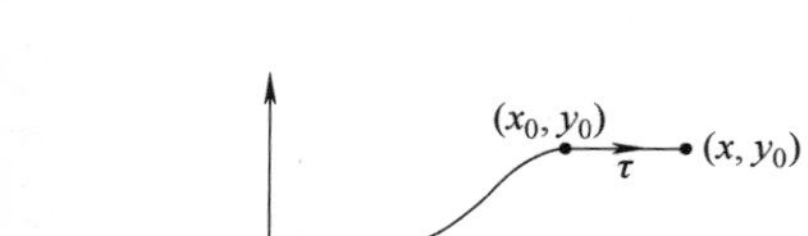

$$\begin{aligned}\frac{\partial f}{\partial x}&=\lim_{x\to x_0}\frac{f(x,y_0)-f(x_0,y_0)}{x-x_0}\\&=\lim_{x\to x_0}\frac{\int_{x_0}^{x}g_1(t,y_0)\mathrm{d}t}{x-x_0},\end{aligned}$$

后面的极限由微积分基本定理知是等于 g_1 的，这就是我们想要的。证毕。

14.7 Lewy 的例子

一旦你能对一个偏微分方程组运用任何的自然可积性条件，就能判断是否存在解。在实践中，这类存在性的一般性陈述可以写出。例如，在 20 世纪中期证明了给定任意复数 a_1，…，a_n 和任意光滑方程 $g(x_1,\cdots,x_n)$ 总存在一个光滑函数 $f(x_1,\cdots,x_n)$ 满足

$$a_1\frac{\partial f}{\partial x_1}+\cdots+a_n\frac{\partial f}{\partial x_n}=g,$$

因为这类结果，人们一定程度上相信所有的合理的偏微分方程都有解。而在 1957 年，Hans Lewy 证明了一个令人惊讶的结果：线性偏微分方程

$$\frac{\partial f}{\partial x}+\mathrm{i}\frac{\partial f}{\partial y}-(x+\mathrm{i}y)\frac{\partial f}{\partial z}=g(x,y,z)$$

只有当 g 是实解析时才有解 f。这个方程的系数均非常数，但也十分简单了，Lewy 的证明（见 Folland 写的关于偏微分方程的书 [39]）并没真正指出为什么没有解。在 20 世纪 70 年代早期，Nirenberg 证明了 Lewy 偏微分方程无解是因为存在一个不能引入复空间的三维的 CR 结构（某种流形）。将目光放在解有某种几何意义的偏微分方程上是一种普遍的策略。于是在求解过程中，几何被用作一种指导。

14.8 推荐阅读

微分方程入门是二年级学生的标准课程，因此有许多入门类的教科书。Boyce 和 Diprima 的书 [12] 是一个标准，Simmon 的书 [99] 也很好。另一个学习基础常微分方程的方法是去志愿当助教或教此类的课程（尽管我建议先从线性代数和向量积分教起）。到了偏微分方程的领域，教材的难度就大多了也更加抽象。我以前从 Folland 写的关于偏微分方程的书 [39] 学了不少。Fritz John 的书 [69] 一直是此类书的标准。我还听说 Evans 最近的书 [33] 也很精彩。

14.9 练习

1. 用比卡迭代计算微分方程

$$\frac{dy}{dx}=y,$$

初始条件是 $y(0)=1$。它的解是指数函数 $y(x)=e^x$，用比卡迭代解法计算指数函数 $y(x)=e^x$ 确实是 $\frac{dy}{dx}=y$ 的解（当然你会得到一个幂级数，并且计算出这个幂级数是 e^x，作者认识到，如果你知道指数函数的幂级数，你也会知道它也是它自身的导数。这道问题的目的是明确地弄明白在最简单的微分方程里，比卡迭代解法是如何解题的。

2. 函数 $f(x)$ 的定义域是区间 $[0,1]$，有一阶连续偏导，证明 $f(x)$ 是李普希茨函数。

3. 证明 $f(x)=e^x$ 在实数域上不是李普希茨函数。

4. 求解波动方程

$$\frac{\partial^2 y}{\partial x^2}-c\frac{\partial^2 y}{\partial t^2}=0,$$

边界条件是 $y(0,t)=0$，$y(L,t)=0$，初始条件是 $y(x,0)=f(x)$，$f(x)$ 是某个已知函数。

a. 用变量分离的方法。

b. 用傅里叶变换。

第 15 章 组合学和概率论

基本目标：大集合的计数，中心极限定理

概率论从研究如何计数大集合，即组合学的应用开始。故这一章的前面一节讲基本的组合学，接下的三节讲概率论的基础。但是仅是计数是不够的，如果要了解更多，则积分就变得很重要了。我们关注中心极限定理，并将看到著名的 Gauss-Bell 曲线。中心极限定理的证明充满了巧妙的估计和代数技巧，我们关注这个证明不仅是由于中心极限定理的重要性，也希望学习者知道数学中的这种好的技巧有时是很需要的。

15.1 计数

计数的方法多种多样，最朴素的就是儿童时学的数数，这也是对于小集合计数最好的方法。但是许多集合都太大了。牌类游戏如扑克，桥牌的吸引人之处就在于虽然可能的牌是有限的，但实际的组合却非常多，使得人们必须采取策略来处理。组合学就是研究如何巧妙地计数 。这个研究对象很快就变得十分复杂，同时在数学中也十分重要。

看一个最简单的组合公式，很多世纪之前就为人所知。有 n 个球，依次标号 1，2，…，n。将它们放入一个罐子中，从中拿出一个记下号码后放回，再重复，一直到有 k 个球被拿出来过，想要知道 k 个数的排列有多少种可能。

如果 $n=3$，$k=2$，就能将情况罗列如下：

$(1,1),(1,2),(1,3),(2,1),(2,2),(2,3),(3,1),(3,2),(3,3)$。

但如果 $n=99$，$k=76$，再这样列就很荒谬了。

但我们仍能找到答案，第一个数有 n 种可能，第二个数也有 n 种可能，等等。因此共有 n^k 种。这就是这个问题的公式，无论有多少球，取多少次。

接下的问题是如果拿出球记下号码后不放回，我们想知道 k 个球被拿出来后排列有多少种可能。这时第一个数有 n 种可能，第二个数只有 $n-1$ 种可能，第三个数只有 $n-2$ 种可能，一直下去。于是如果不放回，组合有

$$n(n-1)\cdots(n-k+1)\text{种。}$$

现在的问题是从 n 个球中取 k 个出来不仅是不放回地取，还不考虑球标号的次序，那么又有多少种可能的组合呢？这时取出的球编号的组合(1,2,3)和(2,1,3)是一样的。假设已经取出了 k 个球，我们想知道有多少种方法可以将其次序打乱，实际上就等同于从 k 个球中取 k 个球的排列数，就是

$$k(k-1)\cdots2\times1=k!,$$

因为 $n(n-1)\cdots(n-k+1)$ 表示从 n 个球中取 k 个球考虑顺序的数组的种数，并且每一种数组可以有 $k!$ 种方法打乱次序，故不考虑顺序的数组有

$$\frac{n(n-1)\cdots(n-k+1)}{k!}=\frac{n!}{k!\ (n-k)!}$$

种，这个式子很常见，并被记为

$$\binom{n}{k}=\frac{n!}{k!\ (n-k)!},$$

通常称为二项式系数，因为它在二项式定理中出现。

$$(a+b)^n=\sum_{k=0}^{\infty}\binom{n}{k}a^k b^{n-k},$$

这个定理的想法是 $(a+b)^n=(a+b)(a+b)\cdots(a+b)$。然后计数能得到多少种可能的 $a^k b^{n-k}$，每一种有多少个，其实就是从 n 个东西中取 k 个不放回并不考虑次序的问题。

15.2 概率论基础

我们来建立初等概率论中的一些基本定义，它们将产生一些熟

知的结论，比如抛硬币得正反的概率是各自 50%，从 52 张扑克中抽中红桃的概率是 25%。其目的并非于此，而是让我们能对复杂的事件计算概率。

我们从样本空间 ω 开始，样本空间就是一个集合，直观地讲，其中的元素是某个事件所有可能的结果。例如我们抛硬币两次，ω 就是

$$\{(正,正),(正,反),(反,正),(反,反)\}。$$

定义 15.2.1 设 ω 是一个样本空间，A 是 ω 的一个子集。那么 A 的概率记为 $P(A)$，并且

$$p(A)=\frac{|A|}{|\omega|},$$

这里 $|A|$ 表示集合 A 的元素个数。

例如，如果 $\omega=\{(正,正),(正,反),(反,正),(反,反)\}$，$A=\{(正,正)\}$，则抛硬币两次均为正面的概率是

$$p(A)=\frac{|A|}{|\omega|}=\frac{1}{4},$$

和常识是一样的。

在这个框架下，许多基础的概率规则就会归结为集合规则，比如我们看到

$$P(A\cup B)=P(A)+P(B)-P(A\cap B)。$$

通常，样本空间 ω 的子集 A 被称为事件。

有时候把现实世界中的概率问题转化为集合大小的问题是有很多困难的。比如我们抛的是不均匀的硬币，每次抛有 3/4 的概率是正，1/4 的概率是反。我们可以建立如下的样本集，令

$$\omega=\{正_1,正_2,正_3,反\},$$

下标表示记录不同的方法得到正面，但是这感觉很不自然。更自然的样本空间应该是

$$\omega=\{正,反\},$$

然后再解释得到正面与得到反面的差别。这产生了另一个定义，概率空间。

定义 15.2.2 集合 ω 是样本空间，并有函数

$$P:\omega\to[0,1]$$

满足

$$\sum_{a \in \omega} P(a) = 1,$$

称 ω 和此函数是概率空间。$P(a)$ 是取得"a"的概率。

如果取得 ω 中的每一个单独元素的概率都相等，即对所有 $a \in \omega$，

$$P(a) = \frac{1}{|\omega|},$$

我们先前用集合大小来定义概率就与这个一样了。对于抛不均匀硬币的模型，样本集是

$$\omega = \{正,反\},但是 P(正) = 3/4, P(反) = 1/4。$$

现在来看随机变量的概念。

定义 15.2.3 样本空间 ω 中的随机变量 X 是一个实值函数

$$X: \omega \to \mathbf{R}。$$

为此举例说明，我们现在玩一个抛两次硬币的赌博游戏，同样设样本空间为

$$\omega = \{(正,正),(正,反),(反,正),(反,反)\},$$

假设第一次抛掷是正面，你就赢 10 元，如果是反面就输 5 元。第二次抛掷得正面将赢 15 元，反面就输 12 元。为使这些赌注更加清楚（确实是一个无聊的游戏），我们可以定义随机变量 $X: \omega \to \mathbf{R}$ 如下：

$$X(正,正) = 10 + 15 = 25,$$

$$X(正,反) = 10 - 12 = -2,$$

$$X(反,正) = -5 + 15 = 10,$$

$$X(反,反) = -5 - 12 = -17。$$

15.3 独立性

抛掷一对骰子，一个红色，一个蓝色，蓝色骰子的点数不会影响红色骰子的点数，这两个事件在某种意义下是独立的。我们要给这种直观的独立以严格定义。

在此之前先看下条件概率。在样本空间 ω 中，我们想知道已知事件 B 已经发生的情况下，事件 A 发生的概率。例如掷一个骰子，ω 有六个元素，设 A 是出现 4 点，则

$$P(A) = \frac{|A|}{|\omega|} = \frac{1}{6},$$

但假如说在我们看到结果之前有人告诉说一定是个偶数，那么出现 4 点的概率就跟之前不一样了。集合 $B=\{2,4,6\}$ 是出现偶数的事件，则此基础上出现 4 点的概率就是

$$\frac{1}{3}=\frac{|A\cap B|}{|B|}=\frac{\frac{|A\cap B|}{|\omega|}}{\frac{|B|}{|\omega|}}=\frac{P(A\cap B)}{P(B)}。$$

定义 15.3.1 A 在 B 的条件下发生的条件概率是

$$P(A|B)=\frac{P(A\cap B)}{P(B)},$$

那么事件 A，B 独立意味着什么呢？至少就是 B 的发生不会对 A 有影响。于是

$$P(A|B)=P(A),$$

运用 $P(A|B)=\frac{P(A\cap B)}{P(B)}$ 就可以给出独立的合理定义。

定义 15.3.2 两个事件 A，B 是独立的，如果

$$P(A\cap B)=P(A)P(B)。$$

15.4 期望和方差

在游戏中长期赢钱将是多少，这个量就是期望值。进一步地，即便你知道一般是赚的，你在某一次中有可能输掉多少呢？这样的信息包含了方差或者标准差。

定义 15.4.1 样本空间 ω 的随机变量 X 的期望是

$$E(X)=\sum_{a\in\omega}X(a)P(a),$$

例如回忆第 2 节讲的那个赌博游戏，X 的期望就是

$$\begin{aligned}EX&=25\left(\frac{1}{4}\right)+(-2)\left(\frac{1}{4}\right)+10\left(\frac{1}{4}\right)+(-17)\left(\frac{1}{4}\right)\\&=4。\end{aligned}$$

直观地讲，就是你每玩一次平均能赢 4 元。当然也有可能你很不走运损失了不少钱。

期望可以看成是一个从随机变量的集合映射到实数的函数，并且它是线性的。

定理 15.4.1 在一个概率空间中，期望有线性性质，即对于任意随机变量 X，Y 和任意实数 λ，μ 有

$$E(\lambda X+\mu Y)=\lambda E(X)+\mu E(Y)。$$

证明 直接用定义计算积分，

$$\begin{aligned} E(\lambda X+\mu Y &= \sum_{a\in\omega}(\lambda X+\mu Y)(a)\cdot P(a) \\ &= \sum_{a\in\omega}\lambda X(a)P(a)+\sum_{a\in\omega}\mu Y(a)P(a) \\ &= \lambda E(X)+\mu E(Y), \end{aligned}$$

证毕。

期望只说了其中的一个方面，比如有两个班各有 10 人，一次考试第一个班有 5 人 100 分，5 人 50 分，另一班全是 75 分，虽然二者的平均都是 75 分，但表现其实大不相同。期望就是平均，但不能描述离散程度。有一种值能度量偏离期望的可能性。

定义 15.4.2 样本空间 ω 的随机变量 X 的方差是

$$V(X)=E[X-E(X)]^2。$$

注意 $E(X)$ 是一个数，于是这个就是偏离期望 $E(X)$ 的平方的期望，平方是为了使所有的值为正。

同样可以将方差看成是一个从随机变量的集合映射到实数集合的函数，但它不是线性的。我们先看方差的另一种写法。

引理 15.4.1 对于样本空间的随机变量 X，有

$$V(X)=E(X^2)-(EX)^2。$$

证明

$$\begin{aligned} V(X) &= E[X-E(X)]^2 \\ &= E[X^2-2XE(X)+[E(X)]^2] \\ &= E(X^2)-2E(X)E(X)+[E(X)]^2 \\ &= E(X^2)-[E(X)]^2, \end{aligned}$$

证毕。

定理 15.4.2 设 X，Y 是两个独立随机变量，λ 是任意实数，

$$V(\lambda X)=\lambda^2V(X),$$

$$V(X+Y)=V(X)+V(Y),$$

由 λ^2 可以看出方差不是线性的。

证明

$$
\begin{aligned}
V(\lambda X) &= E[(\lambda X)^2] - [E(\lambda X)]^2 \\
&= \lambda^2 E(X^2) - [\lambda E(X)]^2 \\
&= \lambda^2 [E(X^2) - [E(X)]^2] \\
&= \lambda^2 V(X)。
\end{aligned}
$$

对于第二个式子我们需要用到 X，Y 独立的条件，因为独立可以推出

$$E(XY) = E(X)E(Y),$$

运用上面的引理，

$$
\begin{aligned}
V(X+Y) &= E[(X+Y)^2] - [E(X+Y)]^2 \\
&= E[X^2 + 2XY + Y^2] - [E(X) + E(Y)]^2 \\
&= E[X^2] + 2E[XY] + E[Y^2] - \\
&\quad [E(X)]^2 - 2E(X)E(Y) - [E(Y)]^2 \\
&= (E[X^2] - [E(X)]^2) + (2E[XY] - \\
&\quad 2E(X)E(Y)) + (E[Y^2] - [E(Y)]^2) \\
&= V(X) + V(Y),
\end{aligned}
$$

证毕。

一个随机变量的标准差是方差的平方根，即

$$\sigma(X) = \sqrt{V(X)}。$$

15.5 中心极限定理

在上一节我们用计数来定义了概率，但组合学就只能到此了，我们知道不断地抛硬币得到的正面数应该差不多是总数的一半，为了更好地理解我们需要引入下面定义。

定义 15.5.1 如果在独立重复试验中，每次试验可能的结果只有两个，并且整个试验中它们发生的概率不发生变化，则称这种试验为伯努利（Bernoulli）试验。

设 A 是伯努利试验中单次试验的其中的一个结果，其发生概率为 $P(A)=p$，则不发生 A 的概率就是 $P(\overline{A})=1-p$。记样本空间为

$$\omega = \{A, \overline{A}\},$$

我们想知道如果重复多次会有什么结果，下面定理很关键。

定理 15.5.1 （中心极限定理）考虑一个样本空间 $\omega=\{A, \overline{A}\}$，有概率 $P(A)=p$，$P(\overline{A})=1-p=q$。给定 n 个独立随机变量 X_1，

…，X_n，每个有

$$X_i(A)=1, X_i(\overline{A})=0。$$

令

$$S_n = \sum_{i=1}^{n} X_i,$$

$$S_n^* = \frac{S_n - E(S_n)}{\sqrt{V(S_n)}},$$

则对任意实数 a，b，

$$\lim_{n\to\infty} P\{a \leqslant S_n^* \leqslant b\} = \frac{1}{\sqrt{2\pi}}\int_a^b \mathrm{e}^{\frac{-x^2}{2}}\mathrm{d}x。$$

这个定理说的是如果进行大量次数的伯努利试验，则 S_n 的分布将是

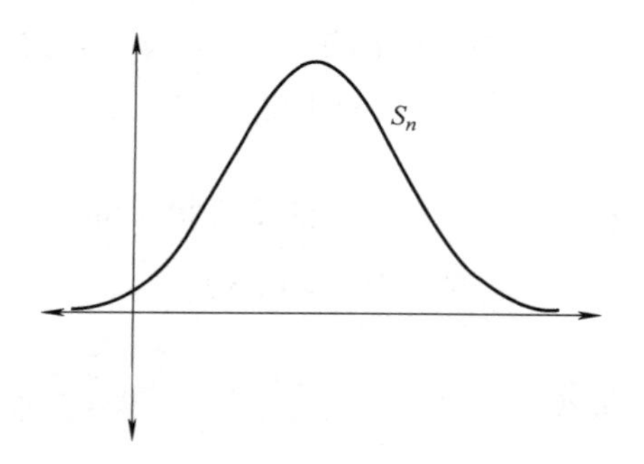

如果再对 S_n 进行标准化变成 S_n^*（我们将看到它均值为 0，方差为 1）就总能得到一个一样的分布。不论我们在现实世界中遇到的是什么情况，只要能用伯努利试验建模，就能这样做。任意的伯努利试验的分布将是 $\lim\limits_{n\to\infty} S_n$ 的图像。我们称 S_n^* 的分布为正态分布，其图像是 Gauss-Bell 曲线。

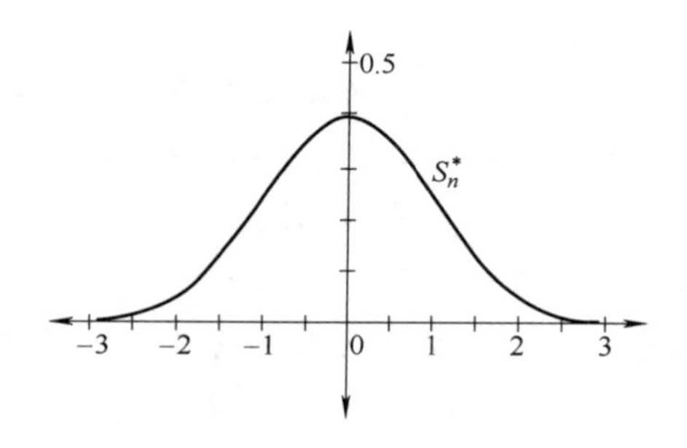

在证明中心极限定理之前（它的一般性论述见 [18]），先看随机变量 S_n 和 S_n^*。

引理 15.5.1　$E(S_n)=np$，$V(S_n)=npq$，$E(S_n^*)=0$，$V(S_n^*)=1$。

证明　对于任意 k，

$$E(X_k)=X_k(A)P(A)+X_k(\overline{A})P(\overline{A})=p,$$

则由期望的线性性质，

$$\begin{aligned}E(S_n)&=E(X_1+\cdots+X_n)\\&=E(X_1)+\cdots+E(X_n)\\&=np。\end{aligned}$$

至于方差，对一切 k，

$$\begin{aligned}V(X_k)&=E(X_k^2)-E^2(X_k)\\&=X_k^2(A)P(A)+X_k^2(\overline{A})P(\overline{A})-p^2\\&=pq,\end{aligned}$$

于是

$$\begin{aligned}V(S_n)&=V(X_1+\cdots+X_n)\\&=V(X_1)+\cdots+V(X_n)\\&=npq。\end{aligned}$$

现在

$$\begin{aligned}E(S_n^*)&=E\left(\frac{S_n-E(S_n)}{\sqrt{V(S_n)}}\right)\\&=\frac{1}{\sqrt{V(S_n)}}(E(S_n)-E(E(S_n)))\\&=0,\end{aligned}$$

这是因为其中 $E(S_n)$ 是一个确定的数。

再看方差，注意到常数的方差是 0，因此有

$$V(E(X))=0,$$

运用这点，

$$\begin{aligned}V(S_n^*)&=V\left(\frac{S_n-E(S_n)}{\sqrt{V(S_n)}}\right)\\&=\frac{1}{V(S_n)}(V(S_n)-V(E(S_n)))\\&=1,\end{aligned}$$

证毕。

再看这个式子

$$\lim_{n\to\infty}P\{a \leqslant S_n^* \leqslant b\} = \frac{1}{\sqrt{2\pi}}\int_a^b e^{\frac{-x^2}{2}}dx,$$

不管如何选择实数 a，b，右边的积分 $\frac{1}{\sqrt{2\pi}}\int_a^b e^{\frac{-x^2}{2}}dx$ 都不能直接计算出来，只能是用数值计算的方法求一个近似值，但是令人惊讶的是 $\frac{1}{\sqrt{2\pi}}\int_{-\infty}^{\infty} e^{\frac{-x^2}{2}}dx = 1$。事实上，如果中心极限定理成立，由于 $P\{-\infty \leqslant S_n^* \leqslant \infty\} = 1$，则这个积分式肯定是 1 。反过来它不是 1 说明中心极限定理是不成立的，下面我们先证明此式。

定理 15.5.2

$$\frac{1}{\sqrt{2\pi}}\int_{-\infty}^{\infty} e^{\frac{-x^2}{2}}dx = 1。$$

证明 将其平方

$$\begin{aligned}\left(\frac{1}{\sqrt{2\pi}}\int_{-\infty}^{\infty} e^{\frac{-x^2}{2}}dx\right)^2 &= \left(\frac{1}{\sqrt{2\pi}}\int_{-\infty}^{\infty} e^{\frac{-x^2}{2}}dx\right)\left(\frac{1}{\sqrt{2\pi}}\int_{-\infty}^{\infty} e^{\frac{-x^2}{2}}dx\right)\\ &= \left(\frac{1}{\sqrt{2\pi}}\int_{-\infty}^{\infty} e^{\frac{-x^2}{2}}dx\right)\left(\frac{1}{\sqrt{2\pi}}\int_{-\infty}^{\infty} e^{\frac{-y^2}{2}}dy\right)。\end{aligned}$$

第二个式子仅仅是换了下积分记号，因此不改变值。而 x，y 是无关的，故可写成二重积分形式。

$$\left(\frac{1}{\sqrt{2\pi}}\int_{-\infty}^{\infty} e^{\frac{-x^2}{2}}dx\right)^2 = \frac{1}{2\pi}\int_{-\infty}^{\infty}\int_{-\infty}^{\infty} e^{-\frac{x^2+y^2}{2}}dxdy,$$

为计算这个积分，我们进行极坐标变换，则有

$$dxdy = rdrd\theta,$$

$$x^2 + y^2 = r^2。$$

于是，

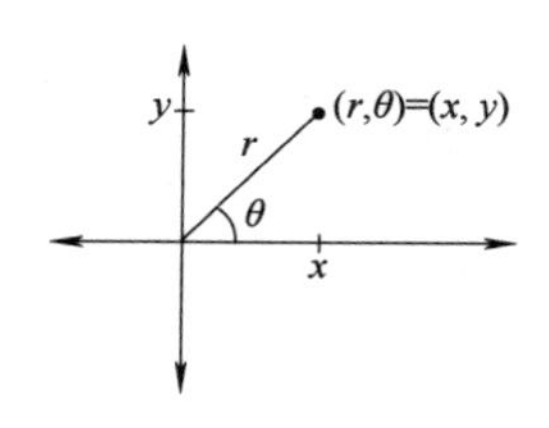

$$\begin{aligned}\left(\frac{1}{\sqrt{2\pi}}\int_{-\infty}^{\infty} e^{\frac{-x^2}{2}}dx\right)^2 &= \frac{1}{2\pi}\int^{2\pi}\int_0^{\infty} - e^{-\frac{r^2}{2}}rdrd\theta\\ &= 1,\end{aligned}$$

证毕。

中心极限定理的证明如下。

证明过程中的一个关键之处是我们将把

$$\binom{n}{k}p^k q^{n-k}$$

用式子

$$\frac{1}{\sqrt{2\pi npq}}e^{-\frac{x_k^2}{2}}$$

代替，其中 x_k 在下面会被定义，这个做法将在下节讨论 Stirling 公式时解释。

我们关心的是 $P\{a \leqslant S_n^* \leqslant b\}$，但从直观上看 S_n 更加简单，故希望从这二者之间建立联系。我们假设知道 $S_n = k$，即 n 次试验中有 k 次 A 发生（因此有 $n-k$ 次 A 不发生）。记 x_k 为此时对应的 S_n^* 的值，

$$\begin{aligned} x_k &= \frac{k - E(S_n)}{V(S_n)} \\ &= \frac{k - np}{\sqrt{npq}}, \end{aligned}$$

则

$$k = np + \sqrt{npq}x_k,$$

而

$$\begin{aligned} P\{a \leqslant S_n^* \leqslant b\} &= \sum_{a \leqslant x_k \leqslant b} P(S_n = k) \\ &= \sum_{a \leqslant x_k \leqslant b} \binom{n}{k} p^k q^{n-k}, \end{aligned}$$

$P(S_n = k) = \binom{n}{k} p^k q^{n-k}$ 的证明类似于二项式定理。我们现在将 $\binom{n}{k}$ $p^k q^{n-k}$ 用 $\frac{1}{\sqrt{2\pi npq}}e^{-\frac{x_k^2}{2}}$ 代替。于是得到

$$\begin{aligned} P\{a \leqslant S_n^* \leqslant b\} &= \sum_{a \leqslant x_k \leqslant b} \frac{1}{\sqrt{2\pi npq}}e^{-\frac{x_k^2}{2}} \\ &= \sum_{a \leqslant x_k \leqslant b} \frac{1}{\sqrt{2\pi}\ \sqrt{npq}}e^{-\frac{x_k^2}{2}}。 \end{aligned}$$

注意到

$$x_{k+1} - x_k = \frac{k+1-np}{\sqrt{npq}} - \frac{k-np}{\sqrt{npq}} = \frac{1}{\sqrt{npq}},$$

于是，

$$P\{a \leqslant S_n^* \leqslant b\} = \sum_{a \leqslant x_k \leqslant b} \frac{1}{\sqrt{2\pi}} e^{-\frac{x_k^2}{2}} (x_{k+1} - x_k)。$$

当 n 趋于无穷时，区间 $[a,b]$ 被 x_k 不断细分，故上式是一个黎曼和，极限就是所要的积分。

$$\lim_{n\to\infty} P\{a \leqslant S_n^* \leqslant b\} = \frac{1}{\sqrt{2\pi}} \int_a^b e^{\frac{-x^2}{2}} dx。$$

15.6 $n!$ 的 Stirling 近似

Stirling 公式告诉我们，对于较大的 n，可以用 $\sqrt{2\pi n} n^n e^{-n}$ 代替 $n!$。证明中心极限定理时，需要用到它。

首先给定两个函数 $f(n)$，$g(n)$，如果存在一个非零常数 c 使得

$$\lim_{n\to\infty} \frac{f(n)}{g(n)} = c,$$

则称这两个函数为同阶的，记为

$$f(n) \sim g(n),$$

即当 $n\to\infty$ 时它们以相同的速率增长。例如

$$n^3 \sim 5n^3 - 2n + 3。$$

定理 15.6.1 （stirling 公式）

$$n! \sim \sqrt{2\pi n} n^n e^{-n}。$$

证明 注意 $\sqrt{2\pi n} n^n e^{-n} = \sqrt{2\pi} n^{n+\frac{1}{2}} e^{-n}$，我们将先证明

$$\lim_{n\to\infty} \frac{n!}{n^{n+\frac{1}{2}} e^{-n}} = k,$$

再说明 $k = \sqrt{2\pi}$。假设 $\lim\limits_{n\to\infty} \frac{n!}{n^{n+\frac{1}{2}} e^{-n}} = k$ 已经被证明了，即有 $n! \sim kn^{n+\frac{1}{2}} e^{-n}$，然后用这个替换在上节证明中心极限定理时的 $\binom{n}{k} p^k q^{n-k}$，最后就会得到

$$\lim_{n\to\infty} P\{a \leqslant S_n^* \leqslant b\} = \frac{1}{k} \int_a^b e^{\frac{-x^2}{2}} dx,$$

再令 a，$b\to\infty$，由 $P\{-\infty \leqslant S_n^* \leqslant \infty\} = 1$ 和 $\frac{1}{\sqrt{2\pi}} \int_{-\infty}^{\infty} e^{\frac{-x^2}{2}} dx = 1$ 可知

$k=\sqrt{2\pi}$。

现在来看主要部分，即证明 k 存在。我们现在不知道 k 是什么，只知道它是正的，故将其记为 e^c，c 是某个其他的常数（这样是为了接下来求对数后记号更加简单）。则

$$\lim_{n\to\infty}\frac{n!}{n^{n+\frac{1}{2}}e^{-n}}=e^c$$

等同于

$$\lim_{n\to\infty}\log\left(\frac{n!}{n^{n+\frac{1}{2}}e^{-n}}\right)=c,$$

即

$$\lim_{n\to\infty}\left(\log(n!)-\left(n+\frac{1}{2}\right)\log n+n\right)=c。$$

为使记号方便，令

$$d_n=\log(n!)-\left(n+\frac{1}{2}\right)\log n+n,$$

我们想要证明当 $n\to\infty$ 时，d_n 收敛于某个数 c。考虑

$$\sum_{i=1}^{\infty}(d_i-d_{i+1})=d_1-d_{n+1}。$$

我们将证明无穷级数 $\sum_{i=1}^{\infty}(d_i-d_{i+1})$ 收敛，这意味着部分和 $\sum_{i=1}^{\infty}(d_i-d_{i+1})=d_1-d_{n+1}$ 收敛，进而说明 d_{n+1} 收敛，这就达到目的了。

我们将证明

$$|d_n-d_{n+1}|\leqslant\frac{2n+1}{2n^3}-\frac{1}{4n^2},$$

而右边的式子显然收敛，则由比较判别法可知 $\sum_{i=1}^{\infty}(d_i-d_{i+1})$ 收敛。

下面的计算较长，其中需要用到下面性质：对于任意 $|x|<\frac{2}{3}$，

$$\log(1+x)=x-\frac{x^2}{2}+\theta(x),$$

这里的 $\theta(x)$ 满足对任意 $|x|<\frac{2}{3}$，

$$|\theta(x)|<|x|^3,$$

这个是 $\log(1+x)$ 的泰勒展开，$|x|<\frac{2}{3}$ 的限制并不是关键，只是

要确保$|x|$充分地小于1。

现在，

$$\begin{aligned}|d_n - d_{n+1}| &= \left[\log(n!) - \left(n+\frac{1}{2}\right)\log n + n\right] - \\ &\quad \left[\log((n+1)!) - \left(n+1+\frac{1}{2}\right)\log(n+1) + n + 1\right] \\ &= \left(n+\frac{1}{2}\right)\log\left(1+\frac{1}{n}\right) - 1 \\ &= \left(n+\frac{1}{2}\right)\left(\frac{1}{n} - \frac{1}{2n^2} + \theta\left(\frac{1}{n}\right)\right) - 1 \\ &= \left(n+\frac{1}{2}\right)\theta\left(\frac{1}{n}\right) - \frac{1}{4n^2} \\ &\leqslant \frac{n+\frac{1}{2}}{n^3} - \frac{1}{4n^2},\end{aligned}$$

证毕。

推论 15.6.1.1 设A是一个常数，则对于$x_k \leqslant A$，有

$$\binom{n}{k} p^k q^{n-k} \sim \frac{1}{\sqrt{2\pi npq}} \mathrm{e}^{-\frac{x_k^2}{2}},$$

这里我们保持与上一节的记号一致，于是有

$$k = np + \sqrt{npq}\,x_k,$$

$$n - k = n - np - \sqrt{npq}\,x_k = nq - \sqrt{npq}\,x_k。$$

所以如果满足推论中的条件$x_k \leqslant A$，就有

$$k \sim np,$$

$$n - k \sim nq,$$

在下面的证明中我们将会用到这两个替换。

推论的证明　由定义

$$\begin{aligned}\binom{n}{k} p^k q^{n-k} &= \frac{n!}{k!\ (n-k)!} p^k q^{n-k} \\ &\sim \frac{\left(\frac{n}{\mathrm{e}}\right)^n \sqrt{2\pi n}}{\left(\frac{k}{\mathrm{e}}\right)^k \sqrt{2\pi k}\left(\frac{n-k}{\mathrm{e}}\right)^{n-k} \sqrt{2\pi(n-k)}} p^k q^{n-k} \\ &= \sqrt{\frac{n}{2\pi k(n-k)}}\left(\frac{np}{k}\right)^k \left(\frac{nq}{n-k}\right)^{n-k}\end{aligned}$$

$$\sim \sqrt{\frac{n}{2\pi(np)(nq)}}\left(\frac{np}{k}\right)^k\left(\frac{nq}{n-k}\right)^{n-k}$$

$$= \sqrt{\frac{1}{2\pi npq}}\left(\frac{np}{k}\right)^k\left(\frac{nq}{n-k}\right)^{n-k}。$$

下面就需要证明

$$\left(\frac{np}{k}\right)^k\left(\frac{nq}{n-k}\right)^{n-k} \sim \mathrm{e}^{-\frac{x_k^2}{2}}。$$

对于较小的 x，可以把 $\log(1+x)$ 换成 $x-\frac{x^2}{2}$，现在

$$\log\left(\left(\frac{np}{k}\right)^k\left(\frac{nq}{n-k}\right)^{n-k}\right) = k\log\left(\frac{np}{k}\right) + (n-k)\log\left(\frac{nq}{n-k}\right)$$

$$= k\log\left(1-\frac{\sqrt{npq}x_k}{k}\right) +$$

$$(n-k)\log\left(1+\frac{\sqrt{npq}x_k}{n-k}\right),$$

这里用到了 $k = np + \sqrt{npq}x_k$ 的变形

$$\frac{np}{k} = 1 - \frac{\sqrt{npq}x_k}{k},$$

对 $n-k$ 可以同样地做。我们将式中的 log 项替换掉，就得到

$$\sim k\left(-\frac{\sqrt{npq}x_k}{k} - \frac{npqx_k^2}{2k^2}\right) + (n-k)\left(\frac{\sqrt{npq}x_k}{n-k} - \frac{npqx_k^2}{2(n-k)^2}\right)$$

$$= -\frac{npqx_k^2}{2k} - \frac{npqx_k^2}{2(n-k)}$$

$$= -\frac{npqx_k^2}{2}\left(\frac{n}{k(n-k)}\right)$$

$$= -\frac{x_k^2}{2}\left(\frac{np}{k}\right)\left(\frac{nq}{n-k}\right)$$

$$\sim -\frac{x_k^2}{2},$$

证毕。

前面的两个证明过程中有许多巧妙的处理方法，它们被呈现在此是希望大家知道即便是有现代数学的抽象结构，这种巧妙的计算也是很必要的。

15.7 推荐阅读

Brualdi 的书［14］是不错的组合学入门书籍。van Lint 和 Wilson 写的教材［115］十分好但难度较大。Cameron 的书［16］也不错。Polya，Tarjan 和 Woods 的书［93］写得引人入胜。想要了解新近的组合学应用就看 Graham，Knuth 和 Patashnik 的书［47］，Stanley 写的教材［105］是在校生学组合学的标准教材。

对于概率论，很难想到有比 Feller 写的教材［34］更好的。该书充满了直观，美妙，精彩的例子。Grimmett 和 Stirzaker 的书［50］也是不错的入门书籍。概率论的进阶研究是测度理论。

另一个不错的来源是 Chung 的 *Elementary Probability Theory with Stochastic Processes*［18］，如前文所提到的，正是在这本书里，我得到上述关于中心极限定理的论证。

15.8 练习

1. 此练习的目的是看如何把概率用于玩牌。

a. 给一副标准的 52 张牌，5 张牌有多少种组合（不考虑次序）。

b. 其中 5 张牌中恰有一对时有多少种（不包括有三张一样的牌的情形）。

2.

a. 用归纳法证明

$$\binom{n}{k}=\binom{n-1}{k}+\binom{n-1}{k-1}。$$

b. 用从 n 个物体中取 k 个这一事件的两种方法的意义来证明上式。

c. 证明二项式系数$\binom{n}{k}$能由帕斯卡（Pascal）三角得到，其前五行是

```
            1
         1     1
      1     2     1
   1     3     3     1
1     4     6     4     1
```

d. 证明

$$\sum_{k=0}^{n}\binom{n}{k}=2^n。$$

3. 找到一个公式计算 n 个变量的 k 次单项式的种类数。（例如两个变量 x，y，单项式的次数为 2，则这样的单项式有 3 个，可以直接列举：(x^2, xy, y^2)）

4. 抽屉原理陈述如下：

如果 $n+1$ 个物品放入 n 个盒子中，则至少有一个盒子中不少于 2 个物品。

设 a_1，…，a_{n+1} 是整数，证明至少有一对整数满足 $a_i - a_j$ 能被 n 除。

5. 这个练习是为了证明容斥原理，即题 c。

a. 设 A，B 是两个集合，证明

$$|A \cup B| = |A| + |B| - |A \cap B|。$$

b. 设 A_1，A_2，A_3 是任意三个集合，证明

$$|A_1 \cup A_2 \cup A_3| = |A_1| + |A_2| + |A_3| - |A_1 \cap A_2| - |A_1 \cap A_3| - |A_3 \cap A_2| + |A_1 \cap A_2 \cap A_3|。$$

c. 设 A_1，A_2，…，A_n 是任意 n 个集合，证明

$$|A_1 \cup \cdots \cup A_n| = \sum |A_i| - \sum |A_i \cap A_j| + \cdots + (-1)^{n+1} |A_1 \cap \cdots \cap A_n|。$$

6. 证明

$$\binom{2n}{n} \sim (\pi n)^{-1/2} 2^{2n}。$$

第 16 章 算　法

基本对象：图和树
基本目标：计算算法的效率

在第 10 章选择公理时我们提到过 19 世纪末到 20 世纪初在数学的研究对象上的一场争论，一些人认为它需要实际地被构造，另一些人认为只要其存在性定义不引发矛盾就可以（最后后者被绝大多数人选择）。在 20 世纪 30 年代争论平息下来，有很多方面的原因，部分原因是由于哥德尔的工作成果，同样也有算法本质的研究。到 19 世纪末时由算法构造对象已经十分笨重并费时，并且没人可以实际地手算。对于大多数人来说，一个耗尽光阴的算法和它的存在性的证明并无多少实际区别，尤其是当存在性证明能给予直观清晰的感受时。

但当计算机发明之后一切都改变了。突然本来需要穷其一生的计算只需要在电脑上花百万分之一秒就行了，一些标准的软件计算很困难的问题时甚至不费吹灰之力。尽管计算机对于存在性证明有困难，但构造的需要十分强烈。现在一个真正让人关心的是算法的效率或者复杂度，一个构造本身有其内在的复杂度，这种想法成了很多数学分支的基础。

16.1 算法和复杂度

算法的一个确切定义很难理解，在 Cormen，Leiserson 和 Rivest 的书 *Introduction to Algorithms* [22] 中是如此陈述的：

通俗地说，一个算法就是一组定义良好的计算程序，它接受某些或一组值作为输入，并产生一些值或一组值作为输出。算法就是一系列把输入转化为输出的计算步骤。

这本书讲的大多数东西都可以用算法表示，当然，第1章的线性代数，比如行列式的定义，高斯消去法，本质上是最基础的算法。

我们关心一个算法的效率，它和函数逐渐增长的界限有关。

定义 16.1.1 设$f(x)$，$g(x)$是两个实值函数，如果存在正常数C和正数N，使得对于一切$x>N$，有$|f(x)|\leqslant C|g(x)|$。则称$f(x)$在$O(g(x))$内。

一般地，我们用"n"而不是"x"来表示变量。则在$O(n)$中的函数最快就是线性增长，在$O(n^2)$中的函数最快是平方增长，这样像多项式$3n^4+7n-19$是在$O(n^4)$中的。

对于一个算法来说，它有输入大小n，即有多少量需要初始给出。有运行时间，这是输入大小的一个函数。一个算法如果其运行时间$r(n)$在$O(n)$内就称为线性的，如果$r(n)$在$O(n^k)$内，称为多项式的。

还有更多的问题，比如一个算法的空间大小，即它作为输入大小的函数运行时所需占的空间。

16.2 图：欧拉和哈密顿回路

现下的许多算法问题都归结为图的研究。这节我们将定义图，并讨论其中的欧拉回路和哈密顿回路，并看到它们性质的不同。

直观地，图长得就像

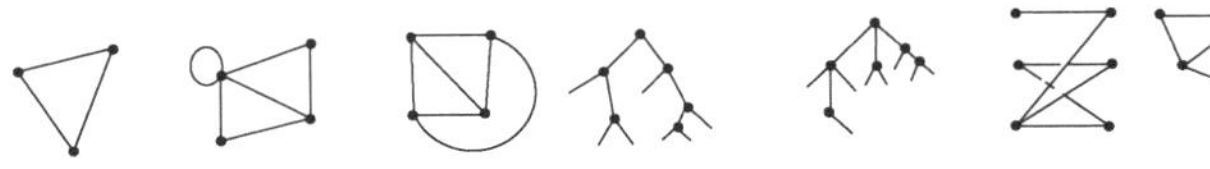

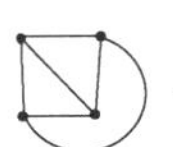

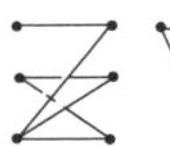
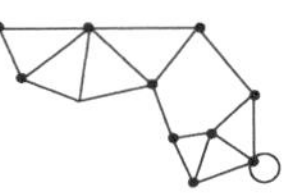

关键在于图是由点，点和点之间的边组成。不同的是哪些点之间有边。下面的两个图有不同的图像但实际被看作等价的。

定义 16.2.1 一个图G是由点的集合$V(g)$和边的集合$E(G)$以及函数

$$\sigma:E(G)\to\{\{u,v\}\mid u,v\in V(G)\}$$

组成。如果有$\sigma(e)=\{v_i,v_j\}$，则称点v_i，v_j由边e连通。

对于图G

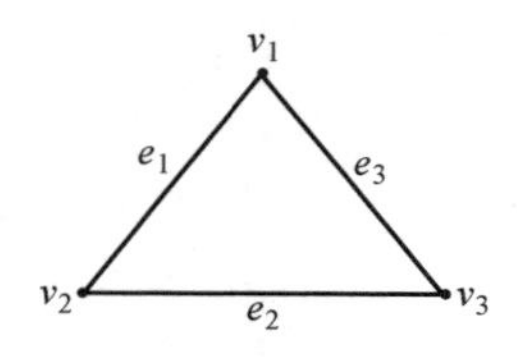

我们有

$$V(G)=\{v_1,v_2,v_3\},$$
$$E(G)=\{e_1,e_2,e_3\},$$

并且

$$\sigma(e_1)=\{v_1,v_2\},\sigma(e_2)=\{v_2,v_3\},\sigma(e_3)=\{v_1,v_3\}。$$

与左图相联系的是其邻接矩阵 $A(G)$。如果有 n 个点，它将是一个 $n\times n$ 矩阵。设点集

$$V(G)=\{v_1,v_2,\cdots,v_n\},$$

如果在 v_i，v_j 之间有 k 条边，邻接矩阵的 (i,j) 元就是 k，没有一条就是 0。这样左图的邻接矩阵是

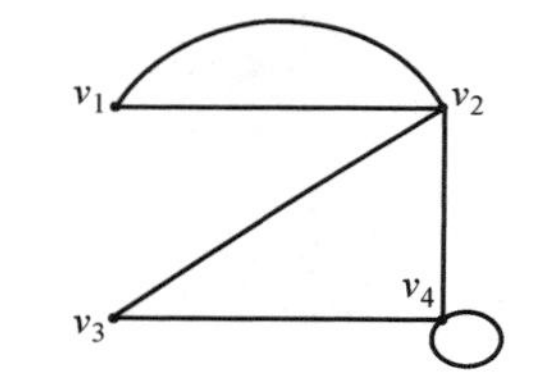

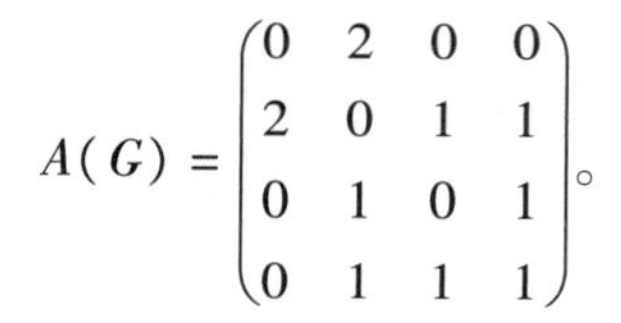

$$A(G)=\begin{pmatrix}0&2&0&0\\2&0&1&1\\0&1&0&1\\0&1&1&1\end{pmatrix}。$$

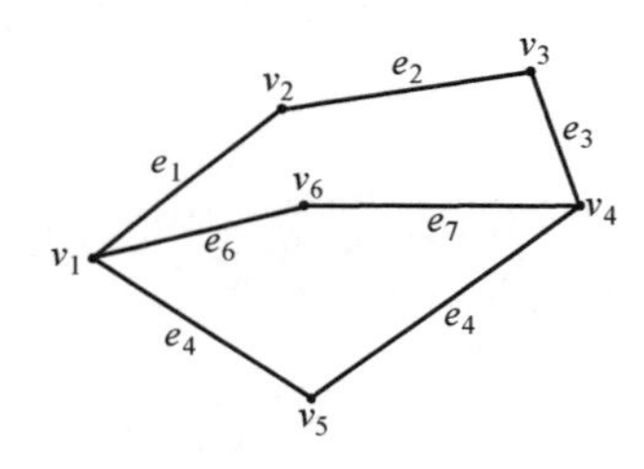

它的 $(4,4)$ 元是 1，反映了图中点 v_4 有一条自己到自己的边。$(1,2)$，$(2,1)$ 元是 2 说明点 v_1，v_2 间有两条边。

在图 G 中的路径是指一列依次相连的边，回路是指一条起点和终点相同的路径。例如 e_6e_7 是一条始于 v_1，终于 v_4 的路径，而 $e_1e_2e_3e_4e_5$ 是一个起点和终点均为 v_1 的回路。

现在可以来讨论欧拉回路了。我们和传统的方法一样先看哥尼斯堡七桥问题。哥尼斯堡有如下图的布置

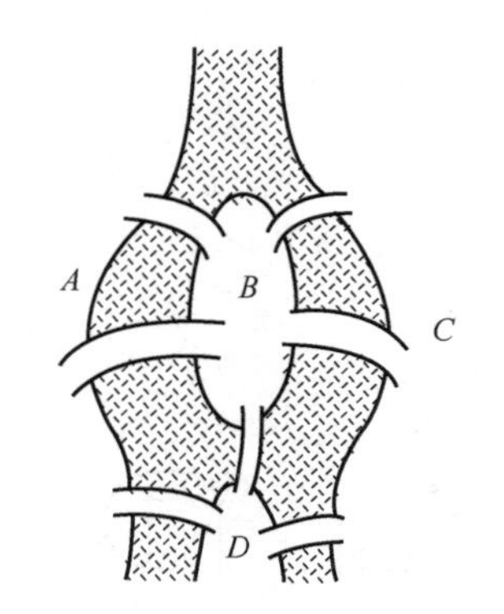

其中 A，B，C，D 表示陆地。

故事发生在 18 世纪的哥尼斯堡，人们想要尝试能否一次从起点出发恰好各个桥通过一次然后回到终点。欧拉将其抽象为一个图论问题，他把每块陆地用点表示，桥用边表示，哥尼斯堡就变成下图

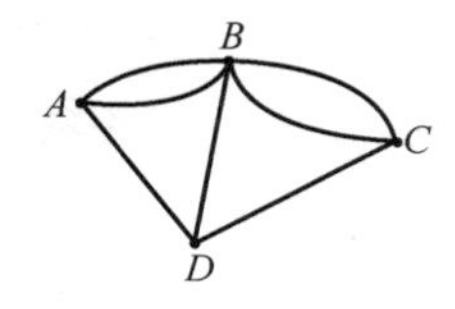

如果这个图存在一条包含所有边恰好一次的回路问题就解决了。这种回路有一个特殊的名字。

定义 16.2.2 一个图中的一条包含所有边恰好一次的回路称为一个欧拉回路。

为解决哥尼斯堡七桥问题，欧拉对于任意图是否有欧拉回路提出了简捷的判定标准。

定理 16.2.1 一个图有欧拉回路，当且仅当每个点发出偶数条边。

于是可以看出哥尼斯堡问题中的图不满足这点，所以没有人能做到每个桥都经过一次再回到原点。

一个欧拉回路的各点有偶数条边的事实是不难看出的，假设我们已经有了一个欧拉回路，每次我们经过图的一条边就把它删掉，这样当我们每次进入一个点再从这个点出来就会有两条与之相连的边被去掉，走到最后就会没有边剩余，意味着每个点初始时有偶数条边。

反过来就复杂一些，最好的方法是用算法实际构造出一个欧拉回路，我们不在此做了。对于我们来说重要的是有一个简便、清楚的判别方法存在。

下面我们将欧拉回路的定义做一个看似小的改动，即把包含每边一次的回路改成包含每点一次的回路，得到

定义 16.2.3 一个图中的一条包含所有点恰好一次的回路称为一个哈密顿回路。

例如，右上图中 $e_1e_2e_3e_4$ 就是哈密顿回路。而在右下图中没有哈密顿回路存在。在最后一个图中，可以把所有的回路罗列出来再检查有没有哈密顿回路。由于回路的个数总是有限的，因此这种罗列的算法对于任意图都有效，不幸的是，这将花费 $O(n!)$ 的时间，n 为边数。对于有相当数量边的图来说，这样的方法费时惊人，但是这与已知的最好的方法已很接近了。正如我们将在第 4 节看到的，找哈密顿回路问题难度很大并十分重要。

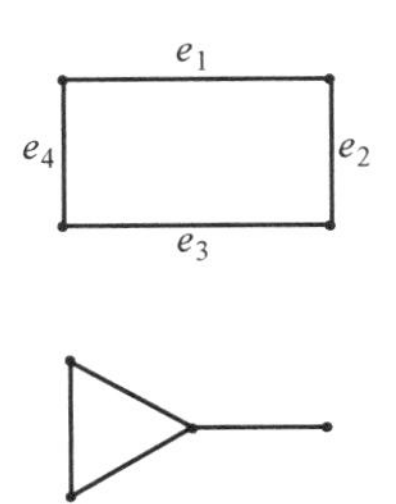

16.3 排序和树

假设给你一组实数，你想要将其从小到大排列，或者有一叠测试卷在你桌上，你想按顺序把它整理。这些问题都是排序问题。排

序问题涉及一组元素，它们之间存在次序，并且可以实际被排序。我们将在这节讨论排序问题如何与一种称为树的特殊的图相联系，并且任何排序算法的复杂度的下界是 $O(n\log n)$。

一棵树是一个连通的图（即任意两地之间有路径相连），并且不含任何回路。于是

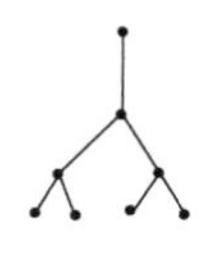
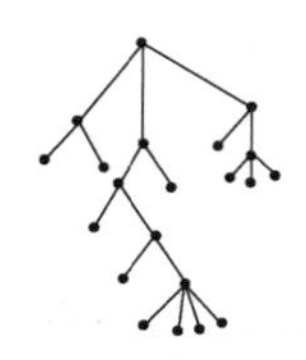
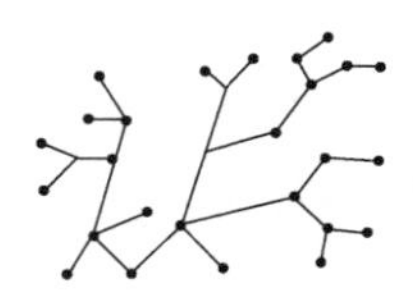

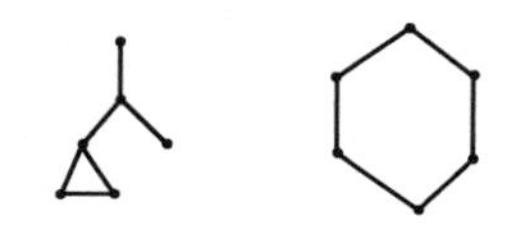

都是树。而左图不是树。只有一条边相连的点称为叶，在某种意义上它们是树的底部。我们将看一种特殊的树，二叉树。它们是这样构造的，先从一个顶点（称为根）开始，引出两条边，每边末尾以点结束，这两个新的点可以从每点处再引出新的两条边，也可以就此终止，这样继续有限步。这种树就像左图。这里 v_1 是根，v_4，v_5，v_7，v_9，v_{10}，v_{12}，v_{13}是叶。我们是将树倒置，使其根在上，叶在下。在每一个点中引出的两条边分别叫作左边和右边，每边的结束点叫作左子结点和右子结点。树的高度是从根到叶的最长的路径的边数。比如左下二图，此树的高度是3，左下图，该树的高度是6。

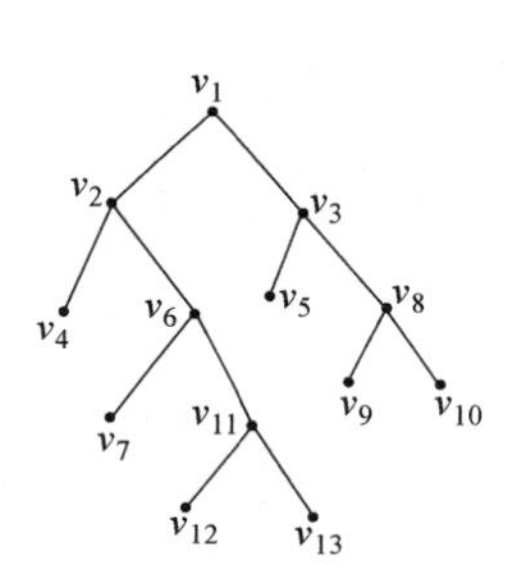

我们现在来看为什么排序和二叉树有关。给定一个集合$\{a_1,\cdots,a_n\}$，假设对于其中的任意两个元素都可以比大小。任何算法每一步都只能取两个数 a_i，a_j 比较大小然后告诉下一步应该怎么做，现在我们要把它用二叉树表示。树的根对应于第一对被比较的元素，比如 a_i，a_j。如果 $a_i<a_j$，就走左边，如果 $a_i>a_j$ 就走右边，算法的每一步都告诉我们应该要比什么，把到达的每一个新的点用这一对元素标记，一直做直到没有剩下的元素要比的，这样就会得到一棵树，它的每个点被集合中的一对元素标记，每个叶对应集合中元素的一个排序。

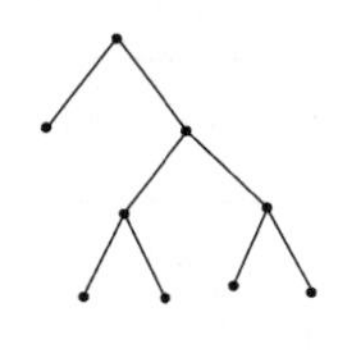

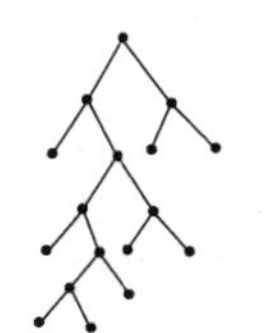

例如，有三元素集$\{a_1,a_2,a_3\}$。考虑下面简单算法。

比较 a_1 和 a_2。如果 $a_1<a_2$，比较 a_2 和 a_3。如果 $a_2<a_3$，则排序是 $a_1<a_2<a_3$，如果 $a_3<a_2$，比较 a_1 和 a_3，如果 $a_1<a_3$，次序就是 $a_1<a_3<a_2$，如果 $a_3<a_1$，次序就是 $a_3<a_1<a_2$，再回到 $a_2<a_1$ 的情况。然后我们比较 a_1 和 a_3，得到的次序是 $a_2<a_1<a_3$。如果 a_3

$<a_1$，我们比较 a_2 和 a_3。如果 $a_2<a_3$，那么次序就是 $a_2<a_3<a_1$。如果 $a_3<a_2$，那么次序就是 $a_3<a_2<a_1$，这就全部比较完成。同样地进行下去。即便是这样简单的例子用这样的方式写出的步骤也十分复杂。但我们可以将其变成树来表示：

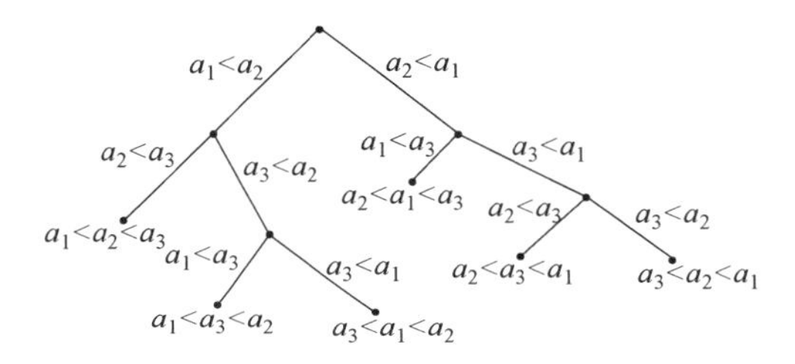

二叉树有内在的高度下界，这意味着排序算法的效率有下界。

定理 16.3.1 高度为 n 的二叉树最多有 2^n 个叶。

证明 用归纳法。假设顶点是0。这意味着树只有一个顶点，因此有 $2^0=1$ 个树叶。同样在这个条件下易证1也是它的根。

假设这个结论对任意高度为 $n-1$ 的树都成立。现在来看高度为 n 的树。从树的根部到高度为 n 的叶子至少存在一条路径。去掉该路径上所有的叶子以及和它相连的边。我们得到一棵新的、高度为 $n-1$ 的树。这时归纳法的假设开始生效，所以我们知道这棵新树最多有 2^{n-1}个叶子。从这棵树的每个高度为 2^{n-1}的叶子上引出两条边，得到一棵新的、高度为 n 并且包含原树的新树。但我们在高度为 $n-1$ 的树上的每个 2^{n-1}的叶子上都新上了两个顶点。因此这个最终的新树最多有 $2\cdot 2^{n-1}=2^n$ 个树叶。而我们原树的每一个叶子都是这棵新树的叶子，因此得出我们需要的结论。

定理 16.3.2 以对为基础进行比较的排序算法的效率至少在 $O(n\log n)$ 内。

证明 给出一个有 n 个元素的集合，则它的元素有 $n!$ 种排列，故对其排序的算法所对应的二叉树至少有 $n!$ 个叶。设此树高度至少为 h，则由前面的定理，

$$2^h\geqslant n!,$$

于是，

$$h\geqslant\log_2(n!)。$$

因此任何排序算法的效率都在 $O(\log_2 n!)$ 中。进一步由 stirling 公式，

对于较大的 n 有

$$n! \sim \sqrt{2\pi n}n^n e^{-n},$$

则

$$\log(n!) \sim \log(\sqrt{2\pi n}) + n\log(n) - n\log e,$$

故

$$\begin{aligned} O(\log(n!)) &= O(\log(\sqrt{2\pi n}) + n\log(n) - n\log e) \\ &= O(n\log n), \end{aligned}$$

证毕。

排序的效率确实是等价于 $O(n\log n)$ 的，我们能找出实际的例子，比如堆排列，归并等算法。

16.4 P = NP?

这一节来讨论数学中十分重要的开放性问题："P = NP?"。这个问题关注的是关于求某个问题的解和验证某个问题的候选解之间的区别。它的状态认识仍是未知的（并且很可能与其他数学公理相独立），这反映了数学家们对于存在性和构造性的内涵没有完全理解。

一个问题是在多项式时间内的，如果给定输入大小 n，存在一个算法，其效率是在 $O(n^k)$ 内，k 是某个正整数。一个问题是 NP 的，如果对于给定输入大小 n，一个候选解能在多项式时间内验证完。NP 表示"不是多项式"。

在拼图游戏中，完成一幅拼图需要不少时间，但检查一幅图是否拼好就很快。在代数中，求 n 阶矩阵的逆（如果可逆的话）并不容易，但如果有人声称他有一个矩阵是此矩阵的逆，你很容易就能检验是否如此。再举一例，判断在图 G 中有没有哈密顿回路十分困难，但检验某个回路是否为哈密顿回路就简单很多。几乎好像生成问题的解天生比验证解难办。

但人们并不知道 NP 问题的类与 P 问题的类谁更大（P 问题指在多项式时间内的问题）。

"P = NP?"就是这样的问题：

P 问题的类与 NP 问题的类相等吗？

这个问题保持未知状态很多年，最初人们打赌是 P≠NP，现在逐渐相信"P = NP?"与其他数学公理相独立。很少有人相信 P = NP。

更有趣的是 NP 完全问题。这种问题是 NP 的并且是一个是或否问题，重要的是每个剩下的 NP 问题都能转换为在多项式时间内的问题。因此如果存在一个在多项式时间内的算法解决这个 NP 是或否问题，那么对于每个 NP 问题都有在多项式时间内的解法。

每个数学领域都有其自身的 NP 完全问题，例如一个图像是否包含哈密顿回路就是一个经典的 NP 完全问题。

16.5 数值分析：牛顿法

由于微积分的发现，人们开始求解在实际中能用到的数学问题，通常这最终归结为求近似解。数值分析就是尝试求问题的近似解的数学领域。一个近似解是否足够好，它的逼近程度是否够快是数值分析中的基本问题。尽管这个学科的研究对象由来已久，但计算机的兴起使这个领域有重大的变革，以前难以手算的算法对于计算机是很简单的。因为数值分析最终是考虑算法的效率，我将在本章中的一节讨论这点。要注意的是在当今的数学世界里，数值分析和复杂性理论不被看作同一学科分支。这并不是说它们之间没有联系，更多是因为复杂性理论是从计算机科学中发展出来的，而数值分析始终是数学的一部分。

在数值分析中有些问题很重要。比如线性代数中计算算法的效率问题，还有求函数的零点。许多数学问题其实就是求函数零点。我们将用牛顿法来估计实值函数的零点，然后看这个方法背后的思想是如何运用的，并再去估计一些其他类型的函数的零点。

设 $f:\mathbf{R}\to\mathbf{R}$ 是可微函数。我们看一下牛顿法的几何思想，假设已知函数曲线图像（实际中一般是不知道的）

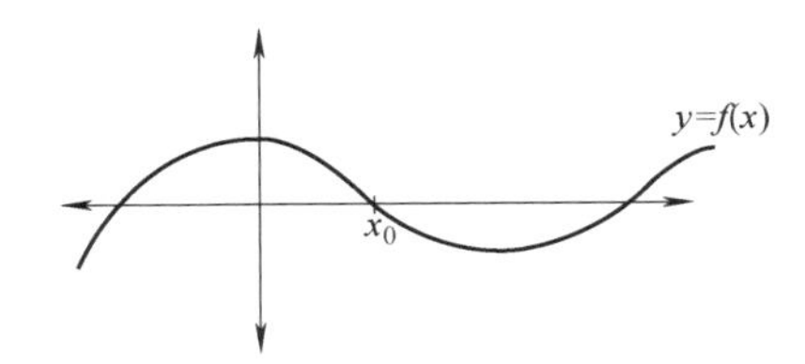

我们想要逼近 x_0。选择任意的点 x_1 并做点$(x_1,f(x_1))$处曲线的切线，记切线与 x 轴的交点为$(x_2,0)$，

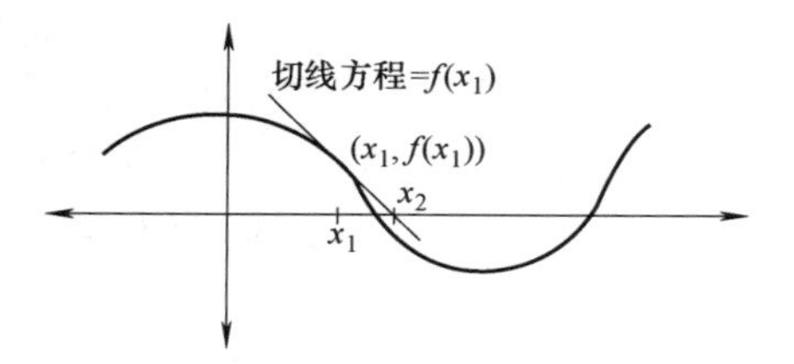

那么有

$$f'(x_1)=\frac{0-f(x_1)}{x_2-x_1},$$

解出 x_2，得

$$x_2=x_1-\frac{f(x_1)}{f'(x_1)}。$$

在图上看好像 x_2 比 x_1 更接近 x_0 了。我们再对 x_2 重复 x_1 的做法，将得到与 x 轴的交点 x_3，并有

$$x_3=x_2-\frac{f(x_2)}{f'(x_2)},$$

看上去 x_3 又比 x_2 更近了。牛顿法就是不断这样进行下去，则记

$$x_{k+1}=x_k-\frac{f(x_k)}{f'(x_k)}。$$

对于这些工作我们需要 $x_k\to x_0$。有时是有困难的，如下图

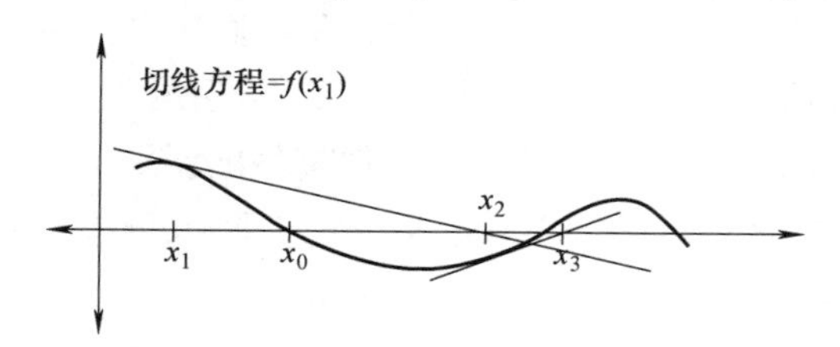

这样选初始点 x_1，x_k 肯定不会趋于 x_0，尽管好像它会逼近另外一个零点。问题在于 x_1 被选择在了局部最大值附近，意味着 $f'(x_1)$ 很小，使得 $x_2=x_1-\dfrac{f(x_1)}{f'(x_1)}$ 离 x_0 很远。

在特定的条件下，牛顿法总能生成一个正确的零点近似。我们将证明这点，其中中值定理很重要：对任意函数 $f\in C^2[a,b]$，存在 $c\in[a,b]$ 使得

$$f'(c)=\frac{f(b)-f(a)}{b-a}。$$

定理 16.5.1 设$f\in C^2[a,b]$，存在$x_0\in[a,b]$，$f(x_0)=0$，且$f'(x_0)\neq 0$。则存在一个$\delta>0$使得对于$\forall x_1\in[x_0-\delta,x_0+\delta]$，我们所定义的

$$x_k=x_{k-1}-\frac{f(x_{k-1})}{f'(x_{k-1})}$$

有$x_k\to x_0$。

证明 设

$$g(x)=x-\frac{f(x)}{f'(x)},$$

注意$f(x_0)=0$，当且仅当$g(x_0)=x_0$。接下来我们将证明牛顿法将生成$g(x)$不动点的近似。

先看如何来选择$\delta>0$。因为

$$g'(x)=\frac{f(x)f''(x)}{(f'(x))^2},$$

由于$f''(x)$连续，故$g'(x)$连续。又$f(x_0)=0$，所以$g'(x_0)=0$。由于连续性，对任意给定的$\alpha>0$，存在一个$\delta>0$使得对一切$x\in[x_0-\delta,x_0+\delta]$，有

$$|g'(x)|<\alpha,$$

我们使α严格小于1（这样做的原因一会就知道了）。

我们将把这个问题归结为证明下面的三个引理。

引理 16.5.1 设g：$[a,b]\to[a,b]$是任意连续函数，则在$[a,b]$存在不动点。

引理 16.5.2 设$g:[a,b]\to[a,b]$是任意可微函数，满足对任意$x\in[a,b]$有

$$|g'(x)|<\alpha<1$$

对某个常数α成立。则在$[a,b]$存在唯一不动点。

引理 16.5.3 设$g:[a,b]\to[a,b]$是任意可微函数，满足对任意$x\in[a,b]$有

$$|g'(x)|<\alpha<1$$

对某个常数α成立。那么给定任意$x_1\in[a,b]$，设

$$x_{k+1}=g(x_k),$$

则x_k趋于g的不动点。

如果这三个引理正确，容易知道我们通过选择$\delta>0$，函数$g(x)=$

$x-\frac{f(x)}{f'(x)}$满足所有引理条件，而 $g(x)$ 的不动点就是 $f(x)$ 的零点。所以就证明了原定理。

现在来证明引理。

第一个引理的证明　这只是介值定理的简单应用。如果 $g(a)=a$ 或 $g(b)=b$，那么 a 或 b 就是不动点。假如它们不成立，因为 g 的定义域在 $[a,b]$ 中，所以有

$$a<g(a),b>g(b)。$$

设

$$h(x)=x-g(x),$$

则 $h(x)$ 连续且有

$$h(a)=a-g(a)<0,$$

$$h(b)=b-g(b)>0,$$

由介值定理知，一定存在 $c\in[a,b]$，使得

$$h(c)=c-g(c)=0,$$

证毕。

第二条引理的证明　假设有两个不同的不动点 c_1，c_2，并记 $c_1<c_2$。由中值定理，存在某个数 $c_1\leqslant c\leqslant c_2$，使得

$$\frac{g(c_2)-g(c_1)}{c_2-c_1}=g'(c)。$$

又因为 $g(c_1)=c_1$，$g(c_2)=c_2$，所以有

$$g'(c)=\frac{g(c_2)-g(c_1)}{c_2-c_1}=1,$$

这就与题设所有导数应小于 1 矛盾了。证毕。

第三条引理的证明　由第二条引理我们知道 g 有唯一不动点，记为 x_0。我们将有规则地用 $g(x_0)$ 替换 x_0。

目标是证明 $|x_k-x_0|\to0$，我们将证明对于一切 k 有

$$|x_k-x_0|\leqslant\alpha|x_{k-1}-x_0|,$$

这意味着

$$|x_k-x_0|\leqslant\alpha|x_{k-1}-x_0|\leqslant\cdots\leqslant\alpha^k|x_1-x_0|,$$

由于 $\alpha<1$，故 $|x_k-x_0|\to0$。

现在看

$$|x_k-x_0|=|g(x_{k-1})-g(x_0)|,$$

由中值定理，在 x_0 和 x_{k-1} 间存在 c，使得

$$\frac{g(x_{k-1})-g(x_0)}{x_{k-1}-x_0}=g'(c)$$

等价于

$$g(x_{k-1})-g(x_0)=g'(c)(x_{k-1}-x_0),$$
$$|g(x_{k-1})-g(x_0)|=|g'(c)||x_{k-1}-x_0|,$$

而 $|g'(c)|\leqslant\alpha$。证毕。

上面的所有定理只是告诉我们如果初始点选得足够接近零点，用牛顿法是可以收敛到零点的，但它并没有告诉我们如何选得收敛的速度。

现在将把牛顿法用到其他环境中。设映射 $L: V\to W$，V，W 是两个向量空间。我们如何能求出这个映射的近似零点？假设在映射 L 上有导数的概念，我们记为 DL。然后形式地使用牛顿法，我们可能从任意一个元素 $v_1\in V$ 开始，递归地定义

$$v_{k+1}=v_k-DL(v_k)^{-1}L(v_k),$$

然后希望 v_k 将逼近这个映射的零点。这至少是一种推广的轮廓，难处在于如何理解 DL，特别是如何处理当它有某种类型的逆时。

例如，考虑一个函数 $F:\mathbf{R}^2\to\mathbf{R}^2$，

$$F(x,y)=(f_1(x,y),f_2(x,y)),$$

F 的导数应该是二阶 Jacobi 方阵

$$DF=\begin{pmatrix}\dfrac{\partial f_1}{\partial x} & \dfrac{\partial f_1}{\partial y}\\ \dfrac{\partial f_2}{\partial x} & \dfrac{\partial f_2}{\partial y}\end{pmatrix},$$

从任意 $(x_1,y_1)\in\mathbf{R}^2$ 开始，设

$$\begin{pmatrix}x_{k+1}\\ y_{k+1}\end{pmatrix}=\begin{pmatrix}x_k\\ y_k\end{pmatrix}-DF^{-1}(x_k,y_k)\cdot\begin{pmatrix}f_1(x_k,y_k)\\ f_2(x_k,y_k)\end{pmatrix},$$

如果 (x_k,y_k) 趋于 F 的一个零点就说明牛顿法是奏效的。对于 F 的零点施加合适的限制，比如 $\det(DF(x_0,y_0))\neq 0$，我们找到与一维情形类似的证明。事实上，它可以推广到任意有限维。

当情形变为无限维空间时就有更多的困难。它们在微分方程的研究中出现。人们仍在尝试类似牛顿的方法，现在 DL 的处理变成一个主要的障碍。这也是为什么求解偏微分方程会要研究无限维线性映射以及特征值的行为。因为你想知道当特征值是 0 或趋于 0 时会

发生什么，这是控制 DL 的逆的关键所在。特征值的这些研究是属于谱理论的，这也是为什么谱理论是函数论开始的一个主要部分，也是偏微分方程中的主要工具。

16.6 推荐阅读

算法的基本书籍是 Cormen，Leiserson 和 Rivest [22] 写的 *Introduction to Algorithms*，还有一本 Aho，Hopcroft 和 Ullman [2] 写的 *Data Structures and Algorithms*。

数值分析有着悠久的历史。许多有广泛数学背景的人需要学一些数值分析，这样的入门书籍很多（需要声明的是我对这些书了解有限）。

Atkinson 的 *Introduction to Numerical Analysis* [5] 很受推荐。另一本一直是保险考试的主要参考书，Burden 和 Faires [15] 写的 *Numerical Methods*。Trefethon 和 Bau 写的教材 [112] 是一本不错的讲线性代数中的数值分析方法的书。对于偏微分方程中的数值分析，有 Iserles 写的书 [66] 和 Strikwerda 的书 [110]。最后，Ciarlet 的 *Introduction to Numerical Linear Algebra and Optimization* [19] 联系到了优化理论。

16.7 练习

1. 证明恰有 k 个点的图中有无限多的非同构图。
2. 有多少 3 个点，4 条边的非同构图。
3. 假设将两个数相加或相乘一次耗时为 1，

a. 找一个算法将 n 个数加起来，耗时在（$n-1$）内。

b. 找一个算法计算 $\mathbf{R}^2$ 中的两个向量的点积，耗时在（$2n-1$）内。

c. 假设我们可以并行工作，证明相加 n 个数耗时在 $\log_2(n-1)$ 内。

d. 找一个算法并行计算 $\mathbf{R}^2$ 中的两个向量的点积，耗时在 $\log_2(n)$ 内。

4. 设 A 是图 G 的邻接矩阵，

a. 证明在 A^2 中存在非零元（i,j）当且仅当存在一条路径包含从点 i 到点 j 的两条边。

b. 推广 a，把矩阵 A^k 中的非零元与包含 k 条边相联系。

c. 找一个算法判断给定的图是否是连通的。

5. 用牛顿法计算 x^2-2 的根，以算出$\sqrt{2}$的近似值。

6. 设 $f:\mathbf{R}^n\to\mathbf{R}^n$ 任意阶可导，$x_0\in\mathbf{R}^n$ 且 $f(x_0)=0$，但 $\det(Df(x_0))\neq 0$，其中 Df 表示 f 的 Jacobi 矩阵。找到以 x_0 为不动点的函数 $g:\mathbf{R}^n\to\mathbf{R}^n$。

附录 等价关系

整本书我们都在使用等价关系。这里我们收集了一些等价关系的基本事实。本质上，等价关系就是一种广义的相等。

定义 A.0.1 （等价关系）集合 X 上的任意的 x，$y \in X$ 之间的一种关系，记为 $x \sim y$，这种关系如果满足

1. （自反性）对任意 $x \in X$，有 $x \sim x$。
2. （对称性）对一切 x，$y \in X$，如果 $x \sim y$，则 $y \sim x$。
3. （传递性）对一切 x，y，$z \in X$，如果 $x \sim y$，$y \sim z$，则 $x \sim z$。

则称这种关系是一个等价关系。

最基本的例子就是相等关系。另一个例子，在集合 $\mathbf{R}$ 上，如果 $x - y \in \mathbf{Z}$（整数集），称 x，y 满足关系 $x \sim y$，则这是一种等价关系。另一方面“$\leqslant$”关系就不是一种等价关系，因为不满足对称性。

我们同样可以对于有序对 $X \times X$ 的子集定义等价关系。

定义 A.0.2 （等价关系）对于 $X \times X$ 上的子集 R，如果满足

1. （自反性）对任意 $x \in X$，有 $(x,x) \in R$。
2. （对称性）对一切 x，$y \in X$，如果 $(x,y) \in R$，则 $(y,x) \in R$。
3. （传递性）对一切 x，y，$z \in X$，如果 $(x,y) \in R$，$(y,z) \in R$，则 $(x,z) \in R$。

则称 R 是 X 上的等价关系。

这两个定义的联系是 $x \sim y$ 和 $(x,y) \in R$ 是同样的意思。

集合 X 能被其上的一个等价关系分成许多不相交的部分，即等价类。

定义 A.0.3 （等价类）一个等价类是集合 X 的一个子集，满足如果 x，$y \in C$，则 $x \sim y$；如果 $x \in C$，并且 $x \sim y$，则 $y \in C$。

不同的等价类是不相交的，这可以从等价关系的传递性看出。

练习

1. 设 G 是一个群，H 是一个子群。定义对于 x，$y \in G$，如果 $xy^{-1} \in H$，则 $x \sim y$。证明这种关系是 G 上的一种等价关系。

2. 对于任意两个集合 A，B，定义关系 $A \sim B$，如果存在一个 A，B 之间的一一映射。证明这是一种等价关系。

3. 设 (v_1, v_2, v_3) 和 (w_1, w_2, w_3) 是 $\mathbf{R}^3$ 中三个向量组成的。定义 $(v_1, v_2, v_3) \sim (w_1, w_2, w_3)$，如果存在 $A \in \boldsymbol{GL}(\boldsymbol{n}, \mathbf{R})$ 使得 $Av_1 = w_1$，$Av_2 = w_2$，$Av_3 = w_3$。证明这是一种等价关系。

4. 在实数集上，记 $x \sim y$，如果 $x - y$ 是一个有理数。证明这种关系是实数集上的一个等价关系。（这在第 10 章证明存在不可测集时用到过。）

参考文献

[1] Ahlfors, Lars V., *Complex Analysis: An Introduction to the Theory of Analytic Functions of One Complex Variable*, Third edition, International Series in Pure and Applied Mathematics, McGraw-Hill Book Co., New York, 1978. xi+331 pp.

[2] Aho, A., Hopcroft, J. and Ullman, J., *The Design and Analysis of Computer Algorithms*, Addison-Wesley, Reading, NY, 1974.

[3] Artin, E., *Galois Theory*, (edited and with a supplemental chapter by Arthur N. Milgram), Reprint of the 1944 second edition, Dover Publications, Inc., Mineola, NY, 1998. iv+82 pp.

[4] Artin, M., *Algebra*, Prentice Hall, 1995. 672 pp.

[5] Atkinson, Kendall E., *An Introduction to Numerical Analysis*, Second edition, John Wiley and Sons, Inc., New York, 1989. xvi+693 pp.

[6] Bartle, Robert G., *The Elements of Real Analysis*, Second edition, John Wiley and Sons, New York-London-Sydney, 1976. xv+480 pp.

[7] Berberian, Sterling K., *A First Course in Real Analysis*, Undergraduate Texts in Mathematics, Springer-Verlag, New York, 1998. xii+237 pp.

[8] Berenstein, Carlos A.and Gay, Roger, *Complex Variables: An Introduction*, Graduate Texts in Mathematics, 125. Springer-Verlag, New York, 1997. xii+650 pp.

[9] Birkhoff, G. and Mac Lane, S, *A Survey of Modern Algebra*, Akp Classics, A K Peters Ltd, 1997. 512 pp.

[10] Bocher, M., *Introduction to Higher Algebra*, MacMillan, New York, 1907.

[11] Bollobas, B., *Graph Theory: An Introductory Course*, Graduate Texts in Mathematics, 63, Springer-Verlag, New York-Berlin, 1979. x+180 pp.

[12] Boyce, W.F. and Diprima, R. C., *Elementary Differential Equations and Boundary Value Problems*, Sixth Edition, John Wiley and Sons, 1996, 768 pp.

[13] Bressoud, David M., *A Radical Approach to Real Analysis* Classroom Re-

source Materials Series, 2, Mathematical Association of America, Washington, DC, 1994. xii+324 pp.

[14] Brualdi, Richard A., *Introductory Combinatorics*, Second edition, North-Holland Publishing Co., New York, 1992. xiv+618 pp.

[15] Burden, R. and Faires, J., *Numerical Methods*, Seventh edition, Brooks/Cole Publishing Co., Pacific Grove, CA, 2001. 810 pp

[16] Cameron, Peter J., *Combinatorics: Topics, Techniques, Algorithms*, Cambridge University Press, Cambridge, 1995. x+355 pp.

[17] Cederberg, Judith N, *A Course in Modern Geometries*, Second edition, Undergraduate Texts in Mathematics, Springer-Verlag, New York-Berlin, 2001. xix+439 pp.

[18] Chung, Kai Lai, *Elementary Probability Theory with Stochastic Processes*, Second printing of the second edition, Undergraduate Texts in Mathematics. Springer-Verlag New York, New York-Heidelberg, 1975. x+325 pp.

[19] Ciarlet, Phillippe,, *Introduction to Numerical Linear Algebra and Optimisation* Cambridge Texts in Applied Mathematics, Vol. 2, Cambridge University Press, 1989, 452 pp.

[20] Cohen, Paul J., *Set Theory and the Continuum Hypothesis*, W. A. Benjamin, Inc., New York-Amsterdam 1966 vi+154 pp.

[21] Conway, John B., *Functions of One Complex Variable* Second edition. Graduate Texts in Mathematics, 11, Springer-Verlag, New York-Berlin, 1995. xiii+317 pp.

[22] Cormen, Thomas H.; Leiserson, Charles E.; Rivest, Ronald L., *Introduction to Algorithms*, The MIT Electrical Engineering and Computer Science Series, MIT Press, Cambridge, MA; McGraw-Hill Book Co., New York, 1990. xx+1028 pp.

[23] Coxeter, H. S. M., *Introduction to Geometry*, Second edition, Reprint of the 1969 edition, Wiley Classics Library. John Wiley and Sons, Inc., New York, 1989. xxii+469 pp.

[24] Davis, Harry, *Fourier Series and Orthogonal Functions*, Dover, 1989, 403 pp.

[25] Davis, Philip J., *The Schwarz function and its applications*, The Carus Mathematical Monographs, No. 17, The Mathematical Association of

America, Buffalo, N. Y., 1974. 241 pp.

[26] De Souza, P. and Silva, J., *Berkeley Problems in Mathematics*, Springer-Verlag, New York, 1998, 457 pp.

[27] do Carmo, Manfredo P., *Differential Forms and Applications*, Universitext, Springer-Verlag, Berlin, 1994. x+118 pp.

[28] do Carmo, Manfredo P., *Riemannian Geometry*, Translated from the second Portuguese edition by Francis Flaherty, Mathematics: Theory & Applications, Birkhauser Boston, Inc., Boston, MA, 1994. xiv+300 pp.

[29] do Carmo, Manfredo P., *Differential Geometry of Curves and Surfaces*, Prentice-Hall, Inc., Englewood Cliffs, N.J., 1976. viii+503 pp.

[30] Dugundji, James, *Topology*, Allyn and Bacon, Inc., Boston, Mass. 1966 xvi+447 pp.

[31] Edwards, H., *Galois Theory*, Graduate Texts in Mathematics, 101, Springer, 1984.

[32] Euclid, *The Thirteen Books of Euclid's Elements*, translated from the text of Heiberg. Vol. I: Introduction and Books I, II., Vol. II: Books III–IX, Vol. III: Books X–XIII and Appendix, Translated with introduction and commentary by Thomas L. Heath, Second edition, Dover Publications, Inc., New York, 1956. xi+432 pp.; i+436 pp.; i+546 pp.

[33] Evans, Lawrence C., *Partial Differential Equations*, Graduate Studies in Mathematics, 19, American Mathematical Society, Providence, RI, 1998. xviii+662 pp.

[34] Feller, William, *An Introduction to Probability Theory and its Applications*, Vol. I, Third edition, John Wiley and Sons, Inc., New York-London-Sydney 1968 xviii+509 pp.

[35] Feynmann, R., Leighton, R. and Sands, M., *Feynmann's Lectures in Physics*, Vol. I, II and III, Addison-Wesley Pub Co, 1988.

[36] Finney, R. and Thomas, G., *Calculuc and Analytic Geometry*, Ninth edition, Addison-Wesley Pub Co., 1996.

[37] Fleming, Wendell, *Functions of Several Variables*, Second edition, Undergraduate Texts in Mathematics. Springer-Verlag, New York-Heidelberg, 1987. xi+411 pp.

[38] Folland, Gerald B., *Fourier Analysis and Its Applications*, The Wadsworth and Brooks/Cole Mathematics Series, Wadsworth and Brooks/Cole Advanced Books and Software, Pacific Grove, CA, 1992. 444 pp.

[39] Folland, Gerald B., *Introduction to Partial Differential Equations*, Second edition, Princeton University Press, Princeton, NJ, 1995. 352 pp.

[40] Folland, Gerald B., *Real analysis: Modern Techniques and their Application*, Second edition. Pure and Applied Mathematics. A Wiley-Interscience Publication, John Wiley and Sons, Inc., New York, 1999. xvi+386 pp.

[41] Fraleigh, John B., *A First Course in Abstract Algebra*, Sixth edition Addison-Wesley Pub Co. 1998, 576 pp.

[42] Fulton, W. and Harris, J., *Representation Theory: A First Course*, Graduate Texts in Mathematics, 129, Springer-Verlag, New York, 1991.

[43] Gallian, J., *Contemporary Abstract Algebra*, Fouth edition, Houghton Mifflin College, 1998. 583 pp.

[44] Gans, David, *An Introduction to Non-Euclidean Geometry*, Academic Press, New York-London, 1973. xii+274 pp.

[45] Garling, D. J. H., *A Course in Galois Theory*, Cambridge University Press, Cambridge-New York, 1987. 176 pp.

[46] Goldstern, Martin and Judah, Haim, *The Incompleteness Phenomenon*, A K Peters, Ltd., Natick, MA, 1998. 264 pp.

[47] Graham, Ronald L., Knuth, Donald E.and Patashnik, Oren, *Concrete mathematics: A Foundation for Computer Science*, Second edition, Addison-Wesley Publishing Company, Reading, MA, 1994. xiv+657 pp.

[48] Gray, Alfred, *Modern Differential Geometry of Curves and Surfaces with Mathematica*, Second edition, CRC Press, Boca Raton, FL, 1997. 1088 pp.

[49] Greene, Robert E.and Krantz, Steven G., *Function Theory of One Complex Variable*, Pure and Applied Mathematics. A Wiley-Interscience Publication, John Wiley and Sons, Inc., New York, 1997. xiv+496 pp.

[50] Grimmett, G. R.and Stirzaker, D. R., *Probability and Random Processes*, Second edition, The Clarendon Press, Oxford University Press, New York, 1992. 600 pp.

[51] Halliday, D., Resnick, R and Walker, J., *Fundamentals of Physics*, Fifth edition, John Wiley and Sons, 5th edition, 1996, 1142 pp.

[52] Halmos, Paul R., *Finite-Dimensional Vector Spaces*, Reprinting of the 1958 second edition, Undergraduate Texts in Mathematics, Springer-Verlag, New York-Heidelberg, 1993. viii+200 pp.

[53] Halmos, Paul R. *Naive Set Theory*, Reprinting of the 1960 edition, Undergraduate Texts in Mathematics, Springer-Verlag, New York-Heidelberg, 1974. vii+104 pp.

[54] Halmos, Paul R., *Measure Theory*, Graduate Texts in Mathematics, 18, Springer-Verlag, New York, 1976, 305 pp.

[55] Hartshorne, Robin, *Geometry: Euclid and Beyond*, Undergraduate Texts in Mathematics, Springer-Verlag, New York, 2000. xii+526 pp.

[56] David Henderson, *Differential Geometry: A Geometric Introduction*, Prentice Hall, 1998. 250 pp.

[57] Herstein, I., *Topics in Algebra*, Second edition, John Wiley & Sons, 1975.

[58] Hilbert, D. and Cohn-Vossen, S., *Geometry and the Imagination*, AMS Chelsea, 1999. 357 pp.

[59] Hill, Victor E., IV, *Groups and Characters*, Chapman and Hall/CRC, Boca Raton, FL, 1999.256 pp.

[60] Hintikka, Jaakko, *The Principles of Mathematics Revisited*, With an appendix by Gabriel Sandu, Cambridge University Press, Cambridge, 1998. 302 pp.

[61] Hofstadter, Douglas R., *Gödel, Escher, Bach: An Eternal Golden Braid*, Basic Books, Inc., Publishers, New York, 1979. 777 pp.

[62] Howard, Paul and Rubin, Jean, *Consequences of the Axiom of Choice*, Mathematical Surveys and Monographs, 59, American Mathematical Society, Providence, RI, 1998. viii+432 pp.

[63] Hubbard, Barbara Burke, *The World According to Wavelets: The Story of a Mathematical Technique in the Making*, Second edition, A K Peters, Ltd., Wellesley, MA, 1998. 286 pp.

[64] Hubbard, J. and Hubbard, B., *Vector Calculus, Linear Algebra, and Differential Forms: A Unified Approach*, Prentice Hall, 1999. 687 pp.

[65] Hungerford, T., *Algebra*, Eighth edition, Graduate Texts in Mathematics, 73, Springer, 1997. 502 pp.

[66] Iserles, Arieh, *A First Course in the Numerical Analysis of Differential Equations*, Cambridge Texts in Applied Mathematics, Cambridge University Press, Cambridge, 1996. 396 pp.

[67] Jackson, Dunham, *Fourier Series and Orthogonal Polynomials*, Carus Monograph Series, no. 6, Mathematical Association of America, Oberlin, Ohio, 1941. xii+234 pp.

[68] Jacobson, N., Basic Algebra, Vol. I and II, Second edition, W.H. Freeman, 1985.

[69] John, Fritz, *Partial Differential Equations*, Reprint of the fourth edition. Applied Mathematical Sciences, 1, Springer-Verlag, New York, 1991. x+249 pp.

[70] Jones, Frank, *Lebesgue Integration on Euclidean Space*, Revised edition, Jones and Bartlett Publishers, Boston, MA, 2001. 608 pp.

[71] Kac, Mark, *Statistical Independence in Probability, Analysis and Number Theory*, The Carus Mathematical Monographs, No. 12, Mathematical Association of America, New York 1969 xiv+93 pp.

[72] Kelley, John L., *General Topology*, Graduate Texts in Mathematics, 27. Springer-Verlag, New York-Berlin, 1975. xiv+298 pp.

[73] Kline, Morris, *Mathematics and the Search for Knowledge*, Oxford University Press, New York, 1972. 1256 pp.

[74] Kobayashi, Shoshichi and Nomizu, Katsumi, *Foundations of Differential Geometry*, Vol. I, Wiley Classics Library. A Wiley-Interscience Publication, John Wiley and Sons, Inc., New York, 1996. xii+329.

[75] Kobayashi, Shoshichi and Nomizu, Katsumi, *Foundations of Differential Geometry*, Vol. II, Wiley Classics Library, A Wiley-Interscience Publication, John Wiley and Sons, Inc., New York, 1996. xvi+468 pp

[76] Kolmogorov, A. N.and Fomin, S. V., *Introductory Real Analysis*, Translated

from the second Russian edition and edited by Richard A. Silverman, Dover Publications, Inc., New York, 1975. xii+403 pp.

[77] Krantz, Steven G., *Function Theory of Several Complex Variables*, Second edition, AMS Chelsea, 2001. 564 pp.

[78] Krantz, Steven G., *Complex Analysis: The Geometric Viewpoint*, Carus Mathematical Monographs, 23, Mathematical Association of America, Washington, DC, 1990. 210 pp.

[79] Lang, Serge, *Algebra*, Third edition, Addison-Wesley, 1993 , 904 pp.

[80] Lang, Serge, *Undergraduate Analysis*, Second edition, Undergraduate Texts in Mathematics, Springer-Verlag, 1997, 642 pp.

[81] Lang, Serge and Murrow, Gene, *Geometry*, Second edition, Springer-Verlag, 2000, 394 pp.

[82] Mac Lane, Saunders, *Mathematics, Form and Function*, Springer-Verlag, New York-Berlin, 1986. xi+476 pp.

[83] Marsden, Jerrold E. and Hoffman, Michael J., *Basic Complex Analysis*, Third edition, W. H. Freeman and Company, New York, 1999. 600 pp.

[84] McCleary, John, *Geometry from a Differentiable Viewpoint*, Cambridge University Press, Cambridge, 1995. 320 pp.

[85] Millman, Richard and Parker, George D., *Elements of Differential Geometry* , Prentice-Hall Inc., Englewood Cliffs, N. J., 1977. xiv+265 pp.

[86] Morgan, Frank, *Riemannian Geometry: A Beginner's Guide*, Second edition, A K Peters, Ltd., Wellesley, MA, 1998. 160 pp.

[87] Moschovakis, Yiannis N., *Notes on Set Theory*, Undergraduate Texts in Mathematics, Springer-Verlag, New York, 1994. xiv+272 pp.

[88] Munkres, James R., *Topology: A First Course*, Second edition, Prentice-Hall, Inc., Englewood Cliffs, N.J., 2000. 537 pp.

[89] Nagel, Ernest and Newman, James R., *Gödel's Proof*, New York University Press, New York 1960 ix+118 pp.

[90] Olver, P., *Applications of Lie Groups to Diferential Equations*, Second edi-

tion, Graduate Texts in Mathematics, 107, Springer-Verlag, New York, 1993.

[91] O'Neill, Barrett, *Elementary Differential Geometry*, Second edition, Academic Press, New York-London 1997. 448 pp.

[92] Palka, Bruce P., *An Introduction to Complex Function Theory*, Undergraduate Texts in Mathematics, Springer-Verlag, New York, 1991. xviii+559 pp.

[93] Polya, George, Tarjan, Robert E.and Woods, Donald R., *Notes on Introductory Combinatorics*, Progress in Computer Science, 4, Birkhauser Boston, Inc., Boston, Mass., 1990. v+192 pp.

[94] Protter, Murray H. and Morrey, Charles B., Jr. *A First Course in Real Analysis*, Second edition. Undergraduate Texts in Mathematics, Springer-Verlag, New York, 1991. xviii+534 pp.

[95] Royden, H. L., *Real Analysis*, Third edition, Prentice-Hall, 1988. 434 pp.

[96] Rudin, Walter. *Principles of Mathematical Analysis*, Third edition, International Series in Pure and Applied Mathematics, McGraw-Hill Book Co., New York-Auckland-Dsseldorf, 1976. x+342 pp.

[97] Rudin, Walter, *Real and complex analysis*, Third edition, McGraw-Hill Book Co., New York, 1986. xiv+416 pp.

[98] Seeley, Robert T., *An Introduction to Fourier Series and Integrals*, W. A. Benjamin, Inc., New York-Amsterdam 1966 x+104 pp.

[99] Simmons, George, *Differential Equations With Applications and Historical Notes*, McGraw-Hill Higher Education, 1991, 640 pp.

[100] Smullyan, Raymond M., *Gödel's Incompleteness Theorems*, Oxford Logic Guides, 19, The Clarendon Press, Oxford University Press, New York, 1992. xvi+139 pp.

[101] Spiegel, M., *Schaum's Outline of Complex Variables*, McGraw-Hill, 1983.

[102] Spivak, M., *Calculus*, Third edition, Publish or Perish, 1994. 670 pp.

[103] Spivak, Michael, *Calculus on Manifolds: A Modern Approach to Classical Theorems of Advanced Calculus*, Westview Press, 1971. 160 pp.

[104] Spivak, Michael, *A Comprehensive Introduction to Differential Geometry*, Vol. I - V. Third edition, Publish or Perish, Inc., 1979.

[105] Stanley, Richard P., *Enumerative Combinatorics*, Vol. 1, With a foreword by Gian-Carlo Rota, Cambridge Studies in Advanced Mathematics, 49. Cambridge University Press, Cambridge, 1997. 337 pp.

[106] Sternberg, S., *Group Theory and Physics*, Cambridge University Press, Cambridge, 1995. 443 pp.

[107] Stewart, Ian, *Galois theory*, Second edition, Chapman and Hall, Ltd., London, 1990. xxx+202 pp.

[108] Stewart, J., *Calculus*, Brooks/Cole Pub Co, third edition, 1995, 1015 pp.

[109] Strang, G., *Linear Algebra and its Applications*, Third edition, Harcourt College, 1988. 505 pp.

[110] Strikwerda, John C.. *Finite Difference Schemes and Partial Differential Equations*, The Wadsworth and Brooks/Cole Mathematics Series, Wadsworth and Brooks/Cole Advanced Books and Software, Pacific Grove, CA, 1989. xii+386 pp.

[111] Thorpe, John A., *Elementary Topics in Differential Geometry*, Undergraduate Texts in Mathematics, Springer-Verlag, New York, 1994. xiv+267 pp.

[112] Trefethen, Lloyd and Bau, David, III, *Numerical Linear Algebra*, Society for Industrial and Applied Mathematics (SIAM), Philadelphia, PA, 1997. xii+361 pp.

[113] van der Waerden, B. L., *Algebra*, Vol 1, Based in part on lectures by E. Artin and E. Noether, Translated from the seventh German edition by Fred Blum and John R. Schulenberger, Springer-Verlag, New York, 1991. xiv+265 pp.

[114] van der Waerden, B. L., *Algebra*, Vol 2, Based in part on lectures by E. Artin and E. Noether, Translated from the fifth German edition by John R. Schulenberger, Springer-Verlag, New York, 1991. xii+284 pp.

[115] van Lint, J. H. and Wilson, R. M., *A Course in Combinatorics*, Second edition, Cambridge University Press, Cambridge, 2001. 550 pp.

[116] Zygmund, A., *Trigonometric Series*, Vol. I, II, Reprinting of the 1968 version of the second edition with Volumes I and II bound together, Cambridge University Press, Cambridge-New York-Melbourne, 1988. 768 pp.

图书在版编目（CIP）数据

那些年你没学明白的数学：攻读研究生必知必会的数学/（美）托马斯·A. 加里蒂（Thomas A. Garrity）著；赵文，李娜，房永强译．—北京：机械工业出版社，2016. 10（2024. 7 重印）
书名原文：All the Mathematics You Missed：But Need to Know for Graduate School
国外优秀数学教材系列
ISBN 978-7-111-55478-3

Ⅰ. ①那…　Ⅱ. ①托…②赵…③李…④房…　Ⅲ. ①高等数学—研究生—教材　Ⅳ. ①O13

中国版本图书馆 CIP 数据核字（2016）第 279210 号

机械工业出版社（北京市百万庄大街 22 号　邮政编码 100037）
策划编辑：韩效杰　责任编辑：韩效杰　李　乐　王　芳　任正一
责任校对：肖　琳　封面设计：路恩中
责任印制：常天培
北京科信印刷有限公司印刷
2024 年 7 月第 1 版第 6 次印刷
190mm×215mm · 18. 5 印张 · 410 千字
标准书号：ISBN 978-7-111-55478-3
定价：59. 00 元

凡购本书，如有缺页、倒页、脱页，由本社发行部调换

电话服务	网络服务
服务咨询热线：010-88379833	机 工 官 网：www. cmpbook. com
读者购书热线：010-88379649	机 工 官 博：weibo. com/cmp1952
	教育服务网：www. cmpedu. com
封面无防伪标均为盗版	金　书　网：www. golden-book. com